第十一届全国高等院校建筑与环境艺术设计专业美术教学研讨会论文集

主编

中国建筑学会建筑师分会建筑美术专业委员会

全国高等学校建筑学学科专业指导委员会

内蒙古工业大学

执行主编

郑庆和

中国建筑工业出版社

图书在版编目（CIP）数据

第十一届全国高等院校建筑与环境艺术设计专业美术教学研讨会论文集/中国建筑学会建筑师分会建筑美术专业委员会等主编. —北京：中国建筑工业出版社，2011.9

ISBN 978-7-112-13515-8

Ⅰ.①第… Ⅱ.①中… Ⅲ.①建筑设计：环境设计－教学研究－高等学校－文集 Ⅳ.①TU-856

中国版本图书馆CIP数据核字（2011）第174195号

责任编辑：唐　旭　陈　皓　张　华
责任设计：陈　旭
责任校对：王雪竹　姜小莲

第十一届全国高等院校建筑与环境艺术设计专业美术教学研讨会论文集

主编：中国建筑学会建筑师分会建筑美术专业委员会
　　　全国高等学校建筑学学科专业指导委员会
　　　内蒙古工业大学

执行主编：郑庆和

*

中国建筑工业出版社出版、发行（北京西郊百万庄）
各地新华书店、建筑书店经销
华鲁印联（北京）科贸有限公司制版
北京中科印刷有限公司印刷

*

开本：889×1194毫米　1/20　印张：14⅗　字数：450千字
2011年9月第一版　2011年9月第一次印刷
定价：48.00元
ISBN 978-7-112-13515-8
　　（21298）

版权所有　翻印必究
如有印装质量问题，可寄本社退换
（邮政编码　100037）

前言

　　两年一次的全国高等院校建筑美术教学研讨会，已经历了二十多个春秋，迎来了第十一届的召开。近年来，全国各高等建筑院校美术教师以此为平台进行教学经验交流，举办教师美术作品展和各高校学生美术作品展。历次会议教师们都从各个角度探讨建筑美术教学的目的、方法、内容，以及与建筑学专业之间的关系。并提出许多改革的思路，从而促进了建筑美术教学朝着与建筑学科教学改革相适应的方向健康发展。我们从历届研讨会教师和学生的作品中看到了各高校美术教学改革的足迹及取得的可喜成绩。

　　2011年9月金秋时节，由内蒙古工业大学建筑学院承办第十一届全国高等院校建筑与环境艺术设计专业美术教学研讨会。本届会议的主题是"建筑与环境艺术设计专业美术教学模式的探索与实践"，同时举办第十一届全国高等院校建筑与环境艺术设计专业美术教师作品展和全国高等院校建筑与环境艺术设计专业学生美术作品展，旨在总结近年来教学所取得的研究成果，展开深层次的美术教学改革探讨和教学成果交流。此次研讨会新增了学生美术作品的评奖，策划了由中国建筑工业出版社出版的《第十一届全国高等院校建筑与环境艺术设计专业美术教学研讨会论文集》、《第十一届全国高等院校建筑与环境艺术设计专业美术教学研讨会教师作品集》、《第十一届全国高等院校建筑与环境艺术设计专业美术教学研讨会学生作品集》。这是研讨会自开办以来首次由中国建筑工业出版社出版发行的研讨会作品集。这三部论文、作品集从三个方面汇集了多年以来辛勤耕耘在建筑与环境艺术设计专业教学岗位上美术教师们的教学研究成果。反映了美术教师为适应建筑与环境艺术设计专业美术课教学改革的要求，体现了广大师生在不断探索研究中所付出的辛勤劳动。其中有部分高校从实践到理论初步形成了较为完整的教学改革思路，为我国建筑学科美术教学改革的发展做出了积极贡献。

　　《第十一届全国高等院校建筑与环境艺术设计专业美术教学研讨会论文集》，经专业委员会审核，共收录论文66篇，论文集汇集了多年从事建筑美术教学的教师们在教学中所取得的宝贵经验。

　　论文分为两个部分，第一部分为美术教学研究，论文从不同方面，不同角度，论述了建筑美术教学改革经验，并提出美术教学改革新思路。清华大学的周宏智老师的论文《多元化建筑美术教学模式》，论述了建筑美术教学模式的多元化，提出了建筑美术教学多元化是今后建筑美术教学模式改革的必然趋势。东南大学朱丹老师的论文《图解心智——中法联合教学的启示》中提出："设计往往被看成是一个灵感突现的过程。然而事实上，任何形式的设计从某种角度上来讲都是对于设计者精神世界的一种图解。一个心智成熟的设计师必然拥有极为丰富的经验或者那些从其他地方获得的与其专业相关联的东西，将之联合碰撞才能获得创新上更广泛的自由度。Philippe Guerin的工作营计划在培养学生如何发现、如何重新认知、如何创新等方面提供了很好的学习经验，给建筑美术基础教学带来了新的启发。最终，联合教学的成果以学生们用不同的图式来回答和定义他们对同一个课题的理解而结束。这一过程他们所经历的、所获得的,对于整个大学生涯甚至是日后的设计工作都将受益匪浅"。这个观点的提出,为我们日后的美术教学工作提出了新的发展思路。还有许多教师,从美术教学方式、方法、内容等方面进行了多方面的探讨,提供了宝贵的经验。促使教师们在特定教学环境中面对新的教学问题进行思考。对于进一步推动美术教学改革起到积极的作用。论文的第二部分是艺术创作与设计篇,主要是艺术创作、实践方面的理论研究。这些论文从美术教学和艺术创作的相互关系出发进行了探讨,反映了教师们在艺术创作中的研究成果。基础教学研究与实践环节相结合,把艺术设计与美术教学结合起来,从而使美术教师加深了对设计学科中美术教学的深层次理解,并应用于教学中,正确地把握美术教学的各个环节,采取科学的教学方法,是当今美术教学改革与培养学生实际能力的有效途径。

《第十一届全国高等院校建筑与环境艺术设计专业美术教学研讨会教师作品集》收录了近百位教师共200多幅绘画与设计作品。作品从不同的角度反映了教师们在科研与教学研究中所取得的成果,以及对艺术的感悟。发表的水彩画、水粉画、油画等不同画种的作品,集中体现了美术教师们深厚的艺术功力,对建筑及环境艺术设计专业的美术教学和提高学生的艺术修养发挥了重要作用。

《第十一届全国高等院校建筑与环境艺术设计专业美术教学研讨会学生作品集》,共收录了30多所参评院校的400多幅美术作品。在收录的学生作品中有水彩、水粉静物与风景写生,色彩归纳与构成训练;有明暗、结构、创意素描等不同的表现形式,另外还有建筑画表现、快图表现、综合绘画表现等作品。参评的作品题材丰富,表现内容广泛。在这些作品中,可以感受到在传统绘画教学模式培养下,学生们对绘画基本功的掌握。同时,也可领略到具有现代设计理念的创意素描、结构素描、意匠设计等作品所呈现出的创造力与视觉冲击力。参展的各学校学生作品集中反映了全国部分高等院校建筑及环境艺术设计专业教学改革探索的途径及各自形成的教学模式,对全国高等院校建筑与环境艺术设计专业美术基础的教学与改革有着积极的推动作用,是一本很好的教学参考书。

二十年光阴似箭,经过多年的美术教学改革探索,我们看到全国各高等院校取得了可喜的教学成就。而成绩只代表过去,未来任重道远。我们只有不断地努力与探索,提高自身的专业水平,才能适应我国高等院校建筑与环境艺术设计专业对人才培养的需求。

此次教学研讨会的召开及三本作品集的出版,是与全国高等学校建筑学学科专业指导委员会、中国建筑工业出版社、内蒙古工业大学、全国各高等院校相关专业的领导与广大美术教师的大力支持与积极参与分不开的。另外,我们还要感谢中国建筑工业出版社张惠珍副总编辑和李东禧主任,感谢内蒙古工业大学建筑学院领导的大力支持,感谢内蒙古工业大学建筑学院郑庆和教授领导的团队为本次会议的召开和作品集的出版所付出的辛勤劳动,感谢所有帮助与支持我们的人。

中国建筑学会建筑师分会建筑美术专业委员会

2011年8月

目录

教学篇

表现素描教学改革设想 2

捕捉与重建
——环境艺术设计手绘表现课程教学思考 6

从传统文化中探索现代景观设计元素教学研究 12

创意性绘画训练与创造性思维的培养 17

从学科交叉探讨中国建筑院校美术教学 25

从专业需求谈室内设计专业的美术基础教学 29

导入心理品质建构的设计基础教育及其评价策略 33

对建筑学生创造力与素质的见解 37

多元化建筑美术教学模式 41

工科背景下艺术设计专业"构成"课程教学方法探讨 45

关于建筑美术教学的思考 49

关于建筑院校学生设计表现能力培养的教学探索 53

关于设计素描教学的启发 58

环境艺术设计教学中虚拟课题与真实课题的比较探析 62

基础美术与建筑设计及其他 66

建筑钢笔画的符号学特征 69

建筑美术·很建筑·很艺术
——建筑美术实用性教育的拓展 74

建筑美术的"教"与"学" 79

建筑美术教学体系构筑 83

建筑美术教学中整体观察能力的培养 87

建筑美术教育的契机
——常识与记忆的感性表达 89

建筑美术教育中创意思维的训练
——以创意素描为例 93

建筑美术中的"创意素描"教学研究 98

《建筑学美术分阶教程》研究 101

论建筑水彩中类型建筑物的特征与情感表现 105

教学理念与方法的延伸
——建筑美术教学改革刍议 110

论对建筑师进行参数化空间造型设计艺术的培养 114

论建筑美术课程交叉性互动新教学模式 120

略谈建筑风景写生教学 126

媒体时代建筑美术教学研究 130

美术课程在建筑学专业学时分配之探讨 133

美术实习是建筑美术课堂教学的延续 136
浅谈建筑环境艺术设计专业美术基础课教学 140
浅谈建筑学专业学生艺术素养的培养 143
设计类多专业共享美术基础教学平台的改革
与探索——以北京建筑工程学院
素描课程教学实践为例 146
设计色彩课教学探索 150
设计师启蒙阶段的造型艺术感知培养 154
释放空间——雕塑在建筑学、环境艺术专业
教学实践中的应用 157
水彩画材料语言在实验中的拓展 162
素描各模块的教学重点 浙江大学建筑系
素描教学实践之研究 167
素色方宇 随类赋彩——对建筑风景素描写生
后期着色教学的相关思考 172

速写是设计的翅膀 176
图解心智——中法联合教学的启示 181
图形分析与图示新概念
——表现素描教学心得 187
拓展环境艺术设计专业学生设计思维的思考 189
新时期建筑美术教学的探索与研究 193
新语境 新教学 198
艺术教育框架下建筑美术教学的探索 201
由再现入手到形态想象与创造
——基础素描教学随想 205
扎实的基本功与教学方法的新与旧 208
中法联合教学的启示 210
重构在设计色彩教学中的应用 213
走向复兴 217

艺术与设计篇

壁画艺术与城市建设的研究 222
哈尔滨城市雕塑规划研究 226
建筑与雕塑 231
昆明市万辉星城居住区四期景观方案设计 237
浅谈低碳新理念如何切实地贯穿在家装设计
应用当中 243
浅析大学城绿地系统生态设计 247
浅析广告如何塑造国家城市形象 252

浅析建筑空间中女性空间的营造 255
浅析建筑摄影中的透视失真 259
试谈中国古代美学本体"道"的现代阐释
——生、爱、乐的美学观念在建筑设计
中的意义 262
天津滨海新区城市景观的色彩特征研究 266
文化差异下的中国建筑色彩 271
现代雕塑在美国城市环境中的作用 276

教学篇

表现素描教学改革设想

李学兵

北京建筑工程学院建筑与城市规划学院

摘　要：表现素描作为设计专业基础课程之一，是学生在前期素描基础课的延伸和发挥，是对前面写生素描课的转换和利用，是学生由再现向想象的转化，其目的是启发学生的创造力，从而为今后设计思维的训练打下基础。由于目前还存在传统的素描教学模式的影响，我们的表现素描课程还带有很强的写生素描或者具象表现方式的痕迹。当然不能否认写生素描和具象表现的作用，我想说的是仅仅如此是不够的，我们的想象素描还有很大的发挥空间。包括在表象方式上，在不同的材料运用上等。本论文的目的就是探讨在当下素描发展语境下，我们面临的问题，分析现代想象素描可以拓展的可能性。从而不断改进和完善我们的教学。

关键词：想象素描　设计素描　具象　抽象

Abstract: As one of the foundation courses of art design specialty, performance sketch is an extension and act for students in the preliminary sketch drawing lessons, and make students imagine from reproduction. It is to stimulate students' creativity, then to lay the foundation for the training of design thinking for the future. Due to the impact of the traditional teaching model of drawing, our performance courses also leave a deeply trace of painting sketch and figurative expression recently. Of course, it cannot be denied that drawing and representational painting play a certain role. However, this is not just enough. There is still much room for development of imagine sketch, including the way of the representation, the use of different materials, and so on. Therefore, this paper is to investigate the problems we face based on the development of contemporary drawing, and analysis the possibility of expansion for the imagination sketch, so as to continuously improve and perfect our teaching.

Key words: imagine sketch, design sketch, figurative

　　表现素描是针对学习设计专业的学生设置的美术基础课程，在整个系统设计上跟造型专业学生学习有相同点也有差别。其目的是培养学生的想象力，创造力和对设计思维的表现能力。素描的基本造型规律两者是相通的，都涉及线条、结构以及明暗光影描绘等。但表现素描在表现内容上不再以写生作为主要表现方式，也不再以写实表现作为主要表现方法。可以说设计素描恰恰需要以超现实，抽象等非具象表现为主要训练方式。因为我们当下的设计更大意义上是在工业文明发展和现代民主社会发展背景之下，不需要再为王权服务，不论是建筑还是工业产品都要考虑人本身的生活习惯、情感特点、审美方式，要考虑资源的节省和环保，同时还有设计的创造性，多元化等。这些都需要我们不断地去探索更新的思维和表现方式。纵观设计类素描的发展历史，西方从20世纪初期的包豪斯时期已经做出革命性变革，当时的绘画课教师像康定斯基、克利，他们分别是抽象表现主义和超现实主义流派的代表。基础课教师伊顿则是一个神秘主义者，十分强调直觉方法和个性发展，鼓吹完全自发和自由的表现，追求"未知"与"内在和谐"甚至一度用深呼吸和振动练习来开始他的课程，以获取灵感。艺术主张都不是传统意义上的具象表现。同时他们也为现代设计课程中绘画训练奠定了一个坚实基础。我国的现代设计教育相对西方和日本起步较晚，而设计素描教育相当一部分学校还是沿袭以写生和具象为主流的传统教育模式。

建筑学院的素描课基本上在写生训练的基础上进入表现素描的训练。由于课时局限和学生美术基础的局限，相应的观察方法，表现方法的过渡性训练不足，致使在构思和表现上作品思路比较狭窄，表现手法比较单一。在构思和材料表现上我想可以更多一些丰富和拓展。

1. 写实素描与表现关系分析

写实素描并非单指古典主义素描，其实在我国其含义比较宽泛，可以泛指建立在写生基础上的具象主义素描，它是现代设计教育背景下的表现素描的基础。两者既有联系又有区别。

1.1 两者之间的联系

写实素描是以忠实客观存在的物象为表现基础，以美感表现作为终极目的。以明暗调子、光影作为表现手段。当然所谓忠实表现并不是被动地抄袭物象。它也是建立在对物象观察感受的基础上，有所取舍，引申甚至发挥。所以这种训练是作为一个表现的基础的一种方式。它为画面表现提供了一个技术性基础。在古典建筑的描绘和设计表现上是极为适合的。这种训练的程序一般是从石膏几何形开始，依次向静物、石膏像以及人像过渡。是秩序、和谐、优雅为特征的美感表现方式。这种观察思维主要训练的是对适度的比例、节奏、形体结构的空间体量对比关系的把握。从某种角度讲，无论是中西方古典建筑，大到建筑整体，小到一根柱式、门楣我们都可以找到万物共有的和谐秩序的比例的影子。比如黄金分割比例，也许就是一个典型体现。拿一个古希腊的柱头或者花瓶来讲，我们都可以在感受上找出它头、颈、腹、足的部分，而在我们的意识里能感到那种比例是舒服的。在平时的素描训练中其实学生能感觉出自己画得对不对，即使他们还没有足够的能力把自己的感受尽善尽美地表现出来。所以在古典艺术的范畴里，不管是绘画雕塑还是建筑等，他们在艺术的规律上是完全相通的。而现在写实素描与拉斐尔或安格尔时期的素描当然不是完全相同的。我们甚至可以宽容地把塞尚或弗洛伊德绘画也看做写实主义艺术。当然它遵循了艺术与现实之间的紧密联系，它来源于第一自然并与之保持了极为密切的关系。正如古典建筑，它们也都保持了某种很明显的共同性特征。综上所述，写实素描在现代设计专业学生的专业基础训练中是不可或缺的重要组成部分。

1.2 两者的区别

毋庸讳言，仅仅把写实主义作为设计专业基础素描的表现方式是远远不够的。其实这是谁都明白的道理，但真正要建立并完善这个教学体系的改革却并非易事。原因我认为有如下几点。第一，设计教育也是包含在大美术范畴的，由于传统和历史的原因，大众的审美习惯在某种程度上更倾向于所谓"看得懂"的艺术，写实艺术更能贴近大众的欣赏习惯，所以更具有广泛的受众基础。当我们的美术教育还停留在写实教育体系的时候，那么作为基础素描不可能与之疏离。第二，西方从20世纪初就进入抽象艺术探索时期，自塞尚开始艺术从写实主义道路上改变方向。先后探索实验近百年时间。中国也有艺术家较早进入现代艺术探索，但毕竟都是零散的，甚至个人行为。即使现在美术院校的基础教育不论从入学考试还是进入大学的专业训练，很大程度上还是写实教育的训练。代表国内美术教育发展水准的几个专业美术院校，也是在90年代末开设研究非具象艺术的专业，那也仅仅是一个工作室而已。所以这个系统的建立和完善绝不是一蹴而就的。而且艺术的发展也绝不是寻求大同，要在自己文化的基础上去吸取有益的养分，使本民族文化之树不断蓬勃发展枝繁叶茂。

2. 建筑学院表现素描改革设想

当今设计教育随着人们生活方式的不断转变，所处环境日新月异的变化以及信息量大面积的接受和反馈。作为与人的生活和行为紧密关联的设计产业也在迅速更新发展。设计教育中素描课的教学很多走在中国设计教学前沿的学校，都不同程度地在进行改革。他们大力引进了一些在国外知名设计院校有留学背景，并取得一定研究成果的人进来做教师，每年定期举办国际间的设计师交流大会并对学生做学术讲座和交流活动，借鉴国外和兄弟院校在相关领域的先进教学经验，结合本校教学实际和中国传统文化背景以期改进和丰富自己的教学。基于建筑学院目前的教学现状笔者认为可以做一些拓展、改革尝试。

2.1 以原先教学体系为主干，引申若干分支

从更宽层面上让学生对当代艺术发展有个相对全面的了解。比如立体主义，超现实主义为学生拓展艺术想象空间提供了极好的范例。当然这些也是发生在19世纪的事了，但正如设计教育是建立在包豪斯的基础上一样，前人的艺术思想作为我们的精神财富必然有其积极意义。前几届学生作品总体面貌更大意义上是对课堂作业的一种延伸。往往带有很强写生痕迹在里面。作品也较多带有某种叙事性。当然从某种意义上讲这在学习过程中不可避免会出现。这种情况的原因也是学生思路太窄，作品构思不得要领。相信通过作品观摩和教师讲解以及学生思想和训练的不断加深能在很大程度上

解决这一问题。

2.2 多种材料的尝试

素描在传统意义上是黑白的或单色的平面绘画。从毕加索开始现成品在绘画中出现。以致后面的现成品艺术的发展成熟。材料本身的肌理色彩具有绘画完全不同的感觉，各种材质的巧妙运用能创造出原创性美感。同时材料本身有时又是富有内涵的，其本身也会承载某种社会意义，或者带有某种象征性。这样作品除了本身造型意义外又多了一层可欣赏或可思考的价值。比如谷文达的人发装置作品，徐冰的烟草计划等装置。当然作为基础训练学生涉及不一定太深入，但这是极富意义的尝试。因为这种表达方式使学生对作品多了一层思考，材料本身外在和内在的意义使学生对作品与自己的生活或身处的社会都会有一种看法或态度，这样的作品就不单纯是一种形式化的东西，他将会传达多面的意义从而更加厚重。

2.3 立体表现方式

不管是建筑、规划还是工业设计专业学生，立体的思维习惯和表达是非常重要的。当然这种立体训练并非只是立体构成。现在建筑学院基础课中有相对简单的雕塑训练，是以泥塑为主的。如果有可能可以增加一些陶艺或者金属焊接训练。通过对不同材料的运用和掌握，学生在今后的设计表达上将有更开阔的眼界和思维。因为现代设计作品除了满足使用功能，节约能源以外，外观造型和材质无疑是极重要的。我们倡导对新材料的运用，或者用不同寻常的方式来表达设计理念。给事物一种新的表达方式，给观者一种新的视觉经验。这种探索相信将是非常有意义的探索方式。对不同材料的接触，使学生不仅对不同类型设计有视觉上的感触，更有触觉上的感性经验，这样学生在面对新的课题会有更加多样的表现欲求。如此一来，个性化和多样化的设计将是水到渠成的事。

2.4 鼓励学生投身自己感兴趣的有意义的艺术实践活动

西方艺术在上世纪后半叶经历了所谓现代艺术，后现代艺术时期，艺术家们都在不遗余力地对艺术推陈出新。艺术形式上有了两条明显分支，一是纯艺术，即架上艺术或者说工作室艺术，另一条则是逐渐模糊艺术与非艺术的界限，使艺术生活化。比如大地艺术，装置、概念艺术等，艺术家走出室外，追求更大的，宏观的表现方式。艺术与生活观念，与自然环境甚至与社会政治发生关系。表面上看也许它已经脱离了常态艺术，但的确，艺术在此产生了更大的或更多样化的价值和意义。人的思想在这个过程中逐渐会更加成熟。也许你会问这与设计有什么关系，我觉得这样你做设计甚至做事的角度会不一样。我们知道著名华裔建筑师林璎每年都会拿出一部分精力做艺术作品。她在十九岁设计的越战纪念碑，同时带有一个地景艺术的痕迹在里面。可以说艺术与设计可以互为滋养。

结语

想象素描的宗旨是开拓学生思维，启发想象力，促进创造力。使学生在面对问题时有更多更新颖的表现方式。设计思维强调原创性，避免重复性。想象素描是建立在绘画基础上的更加开放自由的表现方式。我们应该在前人的基础上不断地去丰富和发展它，不断丰富和充实想象素描这一绘画宝库。

参考文献

[1] 裔萼. 康定斯基论艺. 北京：人民美术出版社. 2002.
[2] 现代艺术. http://baike.baidu.com/view/643948.htm.
[3] 林璎. http://baike.baidu.com/view/482619.htm.

捕捉与重建
——环境艺术设计手绘表现课程教学思考

谢明洋

首都师范大学美术学院环境艺术设计系讲师

摘　要： 本文探讨了当前环境下，环境艺术设计的手绘表现课程教学面临的困惑和解决思路。在对比分析了国内外相关教学现状的基础之上，提出了针对国内大部分研究实践型高校的教学方案。文章强调手绘表现与设计思维相结合，着重培养学生的图形归纳和分析能力，从而更加理性和全面的理解环境艺术设计。

关键词： 手绘表现　尺度感　空间抽象思维　逻辑关系

Abstract: This paper discusses the problems what hand-pained rendering course face now in present time and try to find the solutions. Base on the comparative analysis of the demestic and foreign teaching status, the author proposes a rational training program against most architecture college and art and design academy. The article emphasizes the combination of design concept and handrawing, focusing on cultivate the students' ability of graphic induction and interpertation. Therefore, the essence of architectuer and environment design can be understood more deeply and comprehensively.

Key words: hand-painted rendering, sense of scale, abstract concept of space, logic relationship

在高校的环境艺术设计专业中，手绘表现技法课一直是设计基础课中一门传统的、重要的核心课程。在设计师眼中，设计草图能力犹如武术修养的"内功"，是设计构思以及交流的语言；在设计委托者和欣赏者的眼里，准确明晰的手绘设计表现图往往意味着高水平的设计能力，是达成合作和信任的重要因素。而近年来，由于电脑技术的普及和网络信息技术的革命性发展，虚拟表达成为了设计行业的主流，已经发展成为相当成熟的商业产业系统，囊括了培训、表现和网络共享等领域。在这样的潮流之下，手绘表现的教学也悄然形成了新的潮流和理念。

19世纪60年代巴黎歌剧院的杰出设计图纸展现了巴黎美术学院在建筑设计中的严谨的写实和细部刻画的功底，在全世界范围形成深刻和广泛的影响。因循着这样的标准和模式，我国在八九十年代进入了手绘表现效果图的"黄金时期"。当时一张水粉喷绘的效果图几乎是设计的最重要依据。并且，设计的色彩，形态等细节完全忠实于设计师的本意，整个设计的风格一致，表现到位。这就是为什么人民大会堂，北京火车站等建国初期和国际俱乐部等八九十年代的室内设计反而相当具有原创性和突出的整体风格的原因。相比之下，现在的很多设计由于大多使用现成的模型，七拼八凑，貌似很丰富，却让人感到各种元素各说各话，不成语境。电脑介入进而几乎取代设计的这20年，我们的环境艺术设计水平究竟是提高了还是倒退了？事实上已经可以看到，对电脑效果图的程式化使用和对效率的扭曲追求，磨灭的是设计师的创造力和原创精神。近年来，很多美院与建筑学院把手绘能力的培养作为一个教学的重点课题。例如天津美院环艺系每年组织"环境艺术手绘竞赛"来鼓励更多的学生以手绘的形式表达设计;上海某学院组织手绘表现实践活动对上海世博会的千座场馆进行实地写生和表现等。手绘表现技法等教材和文章也是林林总总,内容丰富。很多教师强调应用手绘训练培养设计思维,也有相当教师主张结合电脑软件,手绘板等电子数码产品,提升手绘表现的准确性和工作效率。越来越多的社会专业人士也意识到这样的问题,目前逐渐兴起一股"手绘训练营"的风潮。某些训练营请来一些"明星大腕"设计师给学生们进行封闭式的集中训练,每天完成数十上百张手绘效果图,并且仪式化地喊口号唱歌等进行自我激励,期望通过短期速成掌握手绘表现的窍门。网络上的课程视频表现的多是绘画步骤,很像高考美术考前班的速成集训。由此看来,手绘表现课程的内容和形式迫切需要重新定位。

以笔者数年从事环境艺术手绘表现课程教学的经验来看,学生最难以掌握和克服的是两方面的问题,一是从客观对象中提取造型要素,抽象与概括,理解逻辑与秩序的能力;另一方面是应用设计元素,重新构建尺度比例准确,空间关系合理,色彩质感和谐的空间设计效果的能力。要真正通过手绘的课程提高设计思考和表达水平,建立一种属于设计师的思维方式,这方面的锻炼大约是必不可少的,单纯的大量临摹或指望掌握某种以一应百的"技法",都是标而非本。

1. 捕捉对象的特质,训练观察,提炼与归纳能力

观察是所有创造的源泉,创造力的培养必须建立在细致、深入、广泛的观察经验之上。所以,在手绘表现课的前期,教师往往布置大量的临摹练习。不可否认,和所有的绘画一样,手绘的水平取决于练习量的积累,使绘制者形成肌肉记忆,下笔果断、准确。但是,综合设计特点的手绘表现教学,更多的应当引导学生观察临摹和写生对象的特点,提取构成要素和规律,进行从具象到抽象的归纳训练。

从北美和欧洲的大学类似课程的教学方法来看,主要有这样几种形式值得参考借鉴。一是对简单对象的分析表达训练。最开始,教师提供素材,可以是一张大师建筑的照片,一张电影海报或是一台比较有设计感的咖啡机。学生首先讨论对象的点、线、面的构成,色彩的构成,几何体量的构成规律等,然后完成从概括的写生到变形的写生等3-5张快速草图,每张的时间控制在5-10分钟(图1、图2)。

另一种是对复杂对象或是设计问题的图形语言表达过程训练。目前在外出写生或考察教学中,对于具体的建筑或景观对象,往往是绘制对象的形态色彩。很多学生直接拍照片,回去后临摹照片。这样做也有一定的训练效果,但是无形中学生失去了动态的、全面的观察和体检对象的过程。环艺设计专业的写生应当更多地融入分析与归纳的内容:即用符号和图形记录观察对象的体量、色彩、空间关系,与周边环境影响因子的关系等要素。这是一种培养从观察中捕捉事物规律能力的过程,而这种能力对设计师而言,至关重要(图3)。

2. 重建设计空间,培养准确尺度感,演绎空间关系

手绘设计表现的最直接目的是表达空间效果,也就是综合设计各方面的因素考量之后,将设计的过程和结果及相互关系准确、清晰、有感染力地表达出来。

2.1 平面与透视的相互转化

这是手绘表现效果图的"骨架"部分,也是最难以迅速掌握和运用纯熟的能力。很多学生构图时不是把空间画大就是画小,视点、灭点、视平线等概念也很混乱。室内设计使

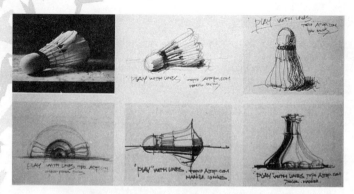

图1 以静物为对象拓展设计语言的练习（图片来源于翻拍资料）

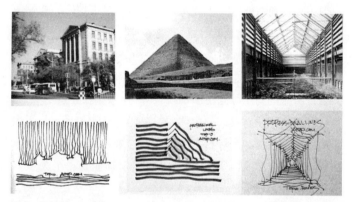

图2 以建筑素材为依据，进行点、线、面等基本造型的练习（图片来源于翻拍资料）

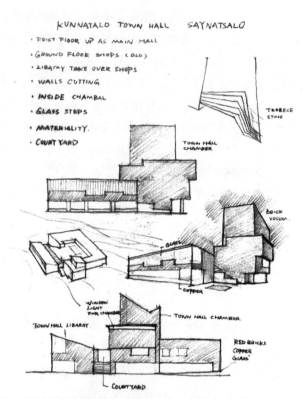

图3 外出考察所做的记录建筑的理解性速写 赵柯作

用的透视主要是一点透视和两点透视的作图方法，景观设计要区分空间尺度：500平方米以下的空间主要用一点透视的作图方式体现人视角的视觉效果，更大的空间则以轴测图为基础，用鸟瞰图的方式表达空间效果；前者着重表现视觉尺度景观空间效果的种植层次，景观构筑物等设计细节，后者着重表现空间的整体结构和相互关系。这一阶段的练习以快速地依据平面绘制透视线稿为主（图4）。这个练习主要锻炼学生的空间想象力，表达能力和尺度感。

2.2 光影与空间关系的理解

解决了透视尺度问题，另一个难点就是画面空间感的处理。没有经过系统长期写生训练的学生很难正确地理解和表达光影关系，空间关系，并且很容易被资料上手绘高手潇洒的笔触和留白等技巧吸引，滥用在自己的画面上，使得画面的效果"处处精彩，整体混乱"。现实生活中的物体和照片中的形象也往往处在十分复杂的光线环境下，并不能够很好的体现形体自身的结构，也并不利于学生直接模仿。所以，引导学生理解"主光源"、辅助光源、反光、高光等概念就显得十分必须。这部分课程可以与摄影课的影棚搭建原理结合起来，使学生学会自己设计最有利于表现物体形态特征的光环境。这部分的练习可以借用彩色照片资料,绘制"单色图",即运用单色系,如青蓝色系,黄褐色系等重新绘制照片资料(图5)。这个练习可以锻炼学生的抽象概括能力。

2.3 材质与细节的表达

材质与细节可以说是表达设计风格与视觉效果的关键因素,也决定了手绘图的艺术品位和视觉感染力。很多手绘培训机构给学员提供一系列"速成画法",也就是用几个步骤画出一把椅子,一棵树等,颇受欢迎。很多学生也醉心于收

图5 单色设计草稿能更好地表现体块空间 邹靖康 作

集快题案例,以记背的方式练习手绘。不可否认这种大量重复的训练可以迅速提高技能技法和手绘的熟练程度,但是对于提高设计能力而言却是事倍功半的。很多没有经过美术训练的设计师的设计表现完全用PS合成图片完成,也能体现出精彩的构思和震撼的场所感,正是因为每一个细节物体的大小、材质、光影关系等都完全符合场景的视觉规律(图6)。同样一把椅子,放在不同环境和气氛的画面中,其表现形式,如笔触,线条等必定不同,唯一不变的是椅子的造型规律。而手绘表现的本质,就是要看到这椅子自身的客观造型规律和其在特定场所内受到的"影响"。再例如,一段优美的曲线必定由几段圆弧构成,凡是不符合这个条件的曲线必定不美,也很难应用到设计的造型中。所以,国外的设计学院大多开设"design principle"这样的造型规律课程,就是帮助学生理解这种造型内在的"合理性"(图7)。快速手绘表现是一种半真实,半抽象的表现方法,相对于绘画的写生,有很多概念性,符号化的表达,而这些抽象的提取其实就是对自然规律的深入认知。

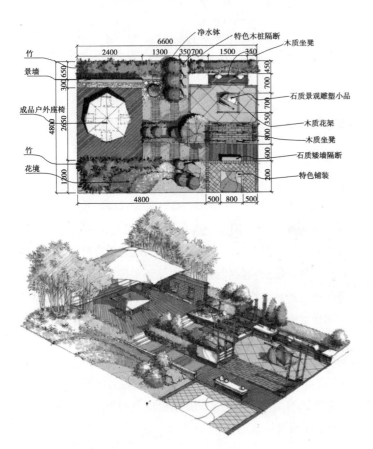

图4 根据平面生成透视图的训练,旨在培养比例和尺度感
刘熙阳 作

3. 课程设置与教学体验

环境艺术专业的手绘效果表现课应当在本科1-3年级分阶段的设置，最少应当设置两次各80学时左右的课时量。第一次应在一年级下学期或二年级上学期，以"捕捉"为主，强调感性的体验和直接经验获取，训练学生的观察和归纳能力，形成用半抽象图形描述事物的结构，相互关系的设计表达习惯。因为对于刚刚接触专业的学生而言，没有知识的积累和设计的意识，以临摹或写生的教学过程是必要的。第二次应设置在二年级下学期或三年级上学期，以"重建"为主要教学目的，强调逻辑关系分析和抽象的间接经验表达。这

图7 设计规律课："线的空间"为主题的空间表达 赵柯作

时学生具有一定的设计经验积累，对于设计的尺度，形态元素等都有较为理性的认知，可以借助具体的设计案例深入训练设计表达的能力。手绘表达最好与设计课程相结合，或者与史论课相结合，用手绘图的方式对设计案例进行分析介绍。这样的练习对于培养设计思维，建立模数尺度观念，提高平面与三位空间的转换能力都是非常有帮助的。从实际教学的效果来看，传统的临摹照片能力强的学生未必能够在设计课程中体现出优势。经过这样的系统训练，学生从不同程度对设计有了多视角的思维观念，更为理性，观察能力也得到了显著的提高。最为重要的是，通过带有分析过程的手绘训练，学生能够将设计本身看作一个系统，能够注意到设计元素之间的关系，而不仅仅是单体形态本身，并且对美与合理性有了更深层次的认识。

图6 用拼贴的手法表现设计意图，关键在于对造型规律的理解，而不是表现技法的掌握。（图片来源于《国际景观竞赛作品》）

4. 结语：手绘表现的培养目标和愿景

在建筑相关与环境艺术设计教学领域，关于手绘表现课程的培养模式一直争议不断。从过去懂美术，善绘画的人才能成为优秀的建筑师的观点，到现在美术教育在建筑相关专业中的边缘化现状，使相关的专业教师们倍觉困扰。然而，笔者以为，手绘就如同语言，永远无法被真正地取代。手绘的图纸就是设计师交流的语言。手绘图纸就是图形的文章。文章有提纲、有描写、有叙事、有议论，以类比的方式对应图形语言，就是概念构思图、施工图、渲染图、分析图。可以说，手绘图，就是设计本身。与之相比，任何空间造型软件都是一种构建逻辑，使用者必须遵守这个逻辑或者说是规律才可以应用，这是一种二次转换后的结果，必定会丢失最初的形态信息。在目前的市场与技术背景下，设计的理性与内在逻辑本身就是一种独立的艺术规律，对这些规律的认知和把握，才是设计师所需要掌握的。

笔者在调查与交流中得知，目前大部分的专业院校，包括一些有影响力的建筑学院，仍然在教授传统的水彩，水色，以临摹照片为主。教师是专业的水彩画家，不是设计师。当然，对于提高学生的修养，这些课程是非常必要的。只是，应当注意到，我们的手绘表现课程在培养设计师的创造性思维和图形思考能力方面，的确存在着普遍的缺失。在现代，设计师们的选择不是太少，而是太多，缺乏的是对事物规律和本质的把握，而不是堆积素材。手绘表现的教学应当从具象，写实的单一训练模式，逐渐转化为以发现和创造为主，注重造型规律，比例和尺度的把握等内在设计逻辑的探索的模式。手绘表现是设计师的图形语言能力，能让电脑技术取代的内容，当果断舍弃。

从传统文化中探索现代景观设计元素教学研究

魏泽崧　孙石村

北京交通大学建筑与艺术系

摘　要：随着我国城市化的进程，景观设计日益蓬勃发展。作为一名高校设计教学工作者怎样才能引导学生在设计中做到既具有现代设计风格，又能充分体现我国传统民族与地方文化特色是我们面临的一个重要问题。本文将从提炼传统文化元素角度探讨在设计教学中如何指导学生进行实践设计，创造同本地风土文化紧密相连的优秀作品，以供教学切磋探索。

关键词：传统文化　现代景观设计元素　教学实践　设计手法

Abstract: Along with the process of urbanization, the landscape design is in the vigorous development. As a design teacher of college, how to guide the students to design works that can reflect modern design style, and can make full protection and digging our traditional national and local culture is an important problem that we are facing. This paper will discuss how to guide students to do practice design from the traditional culture elements, and to create excellent works closely tied to local climate culture for the teaching exploration.

Key words: traditional culture, modern landscape design elements, teaching practice, design technique

景观艺术设计作为建筑与环境艺术设计的重要组成部分，是伴随着城市化发展进程应运而生的一个新型专业方向。近年来，由于城市景观设计的蓬勃发展，景观设计方面人才急需，各地高校都纷纷设立了景观艺术设计或相关专业；当代景观设计也早已不再局限于单一美化与程式化设计，而是更高层次与意义上的综合性创新设计。作为一名高校设计专业教师，针对当前景观设计发展状况，同时结合自身教学实践，想借本文从提炼传统文化元素角度针对指导学生搞好景观艺术设计的教学工作谈谈切身体会，以供切磋探讨。

1. 现代城市景观教育中存在的问题

虽然国内经济的迅猛发展和人们对物质、精神生活需求的不断提高给我国城市建设带来了突破性进展，让人们开始逐步重视到城市景观艺术设计，但由于与国外相比起步较晚，盲目追求短期表面时效，存在着设计周期短促、前期调查不够彻底等问题。因此作为景观艺术设计的教师，在教学过程中迫切需要从城市历史文化遗存研究角度出发，注重城市历史文脉的延续，体现其人文环境的个性与特点，努力从发掘、创造城市地域性特色入手，引导学生结合当地传统文化元素进行景观设计创作。

2. 从传统文脉中提炼现代城市景观设计元素

传统文化相对于现代设计而言，确有时序上的差别，然而究其根源传统虽然是旧有的，却并不一定意味着落后。传统是人类文化的积淀、具有多元性、变化性与发展性等特点，从古至今生生不息。多元的文化传统又必然是流动有机而非凝固僵化的，在时光的漫漫长河中不断演进。

作为人类文化重要内容之一，景观设计也有着自己悠久的历史传统，而传统文化正是现代艺术设计的巨大资源与宝贵财富，是人们心理认同、文化认同的依据，是民族精神的依托，体现出中国民族文化的多元，博大与精深，也更加强了文化传统间的交流与融合。在景观设计教学中我们需要努力指导学生将传统文化、地域文化经过现代设计思维的选择与消化，融汇于现代设计之中。在此传统文化既是有形可识的，又是无形隐喻与内涵的，即为结构性、精神性的东西。

3. 结合理论进行设计实践探讨

下面针对近期本人所从事的景观设计教学实践课程，结合选题当地历史文化，采用象形、借用、会意、平面转意等设计手法引导学生从传统文化中提炼现代景观设计元素的教学方法进行初探。

3.1 课堂设计题目介绍

课堂设计题目设定为：河北省涿州市金竹首府小区景观规划。地点处于河北省中部的涿州市，属暖温带半湿润季风区，四季分明，地质构造稳定，古有"幽燕沃壤"、"督亢膏腴"之称。涿州城历史悠久，文化底蕴深厚。是一座具有2300多年历史的文化名城，自秦置涿县始，三国魏时设范阳郡，元为涿州路，明清时期先后隶属北平府、顺天府，民国时称涿县，始隶属于河北省。1986年撤县建市，被列为河北甲级开放城市、河北省四大旅游区之一，素有"天下第一州"之美誉。

3.2 从地域传统文化中提炼现代景观设计元素

金竹首府小区景观规划设计，计划依据起景——过渡——高潮——结景这样的序列来安排，使整体空间主次分明，开、闭适当，让人们在小区中能充分感受到不同景致，同时又会产生一定的视觉冲击力。贯穿整体设计的两轴主要包括：入口景观轴、中心景观轴。总体设计主要结合了涿州的地域文化特色，将小区划分为4个主题园：玲珑灯影、百戏技艺、桃源通幽、金丝玉帛。从功能上又将小区的景观平面依次分为入口集散区、主题文化展示区、宅前休息区、健身运动区等，而设计的重中之重是"主题文化展示区"。（图1）

在此项设计教学中，我主要强调金竹首府小区景观规划设计应充分挖掘当地文化内涵，将涿州地域文化与景观设计相结合，增强人们对当地文化的认同感与自豪感。整体设计中贯彻以人为本，自然、人文、居住三者相结合的理念。课堂教学力图使学生从民俗文化中寻求大雅，体现地方特色。皮影、花灯、三国文化、金丝挂毯，正是涿州独具的传统文化艺术特色，而在设计实践中我们可以将这些民间艺术形式通过一定象形、借用、会意、平面转意等处理方式提炼为小区景观现代设计元素，更加充分地体现其独具的地方特色与现代艺术感染力。

（1）独具特色的涿州皮影艺术于现代设计中的"象形"表达

据考证，早在明朝万历年间，皮影就在甘肃东部的华亭地区流行，之后传播到邻近北京涿州一带，又从涿州传到北京的西部和北郊，被称为"涿州皮影"。演出时使用的文场伴奏乐器有京胡、二胡、四胡、扬琴、小三弦等，行当分生、旦、净、丑，各行当都有自己独特的唱腔。剧目主要为神话故事和历史故事，如《西游记》、《白蛇传》、《三国演义》等，一般用语比较讲究，文学性较强且通俗易懂。

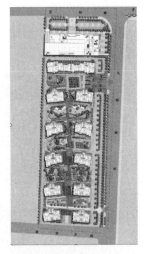

图1 金竹首府小区总平面设计

针对涿州皮影这一独具特色的文化艺术形式，课堂上我着意引导学生借助象形的表现手法将其自然引入到现代景观设计中，以"百戏技艺"为主题，采用传统民间皮影形象，借鉴中国古典园林中漏花窗的表现手法将这段主题平面的景墙部分处理为"皮影墙"——小区砖墙作为一种隔断，可以将空间进行一些大小得当疏密有致的分隔，墙体镂空成各种富于情趣的皮影角色形状，体现独具特色的涿州皮影艺术文化，既丰富了人的主观情趣，同时又为分隔开的空间带来一定通透性。（图2）

（2）涿州特色的活动花灯节于现代设计中的"借用"表达

涿州花灯原为通会灯市，始于汉、兴于唐、盛于明清，是个具有悠久历史的传统民俗文化活动。而且由于规模较大，灯艺高超，曾博得"南有扬州、北有涿州"之美誉，且有诗为证："春风初到月圆时，不夜城中沸管弦，万盏灯光双塔影，一时辉映鼓楼前"。如今，花灯节已成为涿州人不可缺少的迎春文化活动，每年都会吸引周边京津冀数十万人前去观赏。

图2 "百戏技艺"皮影墙

涿州小城传承千百年的文化自然少不了大红灯笼，在教学中我引导学生采用了"玲珑灯影"作为主题，意寓涿州特色活动花灯节。设计大量借用了灯影遮阳伞等表现手法，在此提取了当地特色节日"花灯节"中"灯"的元素，将其设计为灯影遮阳伞，错落地分布于景观之中，旨在营造出一种观花灯、观灯影的氛围，这些灯影在满足实用功能的同时，亦增强了景观的视觉效果。（图3）

（3）特色的民间工艺金丝挂毯于现代设计中的"会意"表达

涿县工艺金丝挂毯又名涿州地毯，以其古朴典雅的风格，新颖多姿的图案，精巧娴熟的技法而驰名中外，在国际市场上赢得了很高的声誉。金丝挂毯古称"红绣毯"或"红线毯"，是皇室贵戚的御用品，已有两千多年的历史。涿州县金丝挂毯厂的老艺人，继承我国古老的传统技法，以大方新颖的立意，倜傥洒脱的风格，严谨浑厚的构图，优美绚丽的色彩和精湛的织工，创造了我国独具一格的丝绒片与丝盘金两种丝毯，进入世界先进行列。

针对涿州民间工艺金丝挂毯这一传统文化艺术形式，在景观设计教学中着重引导学生采用了会意的处理方法，以"金丝玉帛"为主题，将特色民间工艺金丝挂毯在现代景观设计中具体表达为镂空曲线遮阳板形式。该区域景观地势略微空旷，处于小区的交通主干道路，光照充足是其最大的优势，于是设计便有利于将当地的金丝文化充分概括后合理引入。由于金丝玉帛的特性是柔软质地和磅礴纹案，在实践中将其处理为带有镂空的曲线遮阳体，充分利用了光影的斑驳效果，并覆以各色植被表达丝绸肌理，体现出丝绸的柔美曲线和精致质地。（图4）

（4）传统名人文化于现代设计中的"平面转意"表达

物华天宝，人杰地灵。汉昭烈帝刘备、宋太祖赵匡胤、汉桓侯张飞、北魏地理学家郦道元、"初唐四杰"之一卢照邻、苦吟诗人贾岛皆出于此。这里正是刘、关、张"桃园三

图3 "玲珑灯影"花灯节

图4 "金丝玉帛"工艺金丝挂毯形式遮阳板

结义"的故地，是"三国文化"的源头。

对于上述历史传统文化，我们在现代景观设计教学中又以"桃源通幽"为主题，将"三国"等名人文化题材，借助平面转意的手法，采用结义亭的形式进行表达。其设计灵感来源于一幅中国画，画中元素有结义亭、乌鸦、水、山、桃花、梨花、诗人贾岛，营造出世外桃源的感觉。设计旨在创造一种当人们进入这个小区时，仿佛置身于中国山水画的境界之中，令人不禁思忆昔日的田园生活。同时，本处景观充分结合小区的绿化和理水作为空间分隔的天然工具，亭台楼榭作为其中的重要节点，并全面考虑到人与周边的尺寸关系，令有限空间得到充分利用，丰富了小区的空间布局。（图5）

以上景观规划设计可以说是我在景观教学实践工作中，对于引导学生从中国文化传统与地区特点出发提炼现代设计元素进行的一次初探，从中不难窥见作为中国未来的景观设计师有必要更深地去理解与消化中国传统艺术与文化精髓，并为之注入一种新的艺术养分，通过象形、借用、会意、平面转意等多种表现手法使之在现代设计中得以再生，这种方

图5 "桃源通幽"三国文化结义亭的表达

法令传统中国文化与现代时尚元素在历史长河中得以碰撞交织，为现代城市空间注入凝练唯美的中国古典情韵。可见，在教学中我们不应只让学生将简单的元素进行堆砌，而是应该通过让他们对传统文化的深彻领悟，将现代元素与传统元素融为一体，以现代人的审美需求打造出富有传统韵味的景致，令使用者领悟到内敛沉稳的中国文化内涵。只有这样才

能使深具意义与价值的传统文化作为一种新的视觉传达语言在城市景观设计中重现生机，创造出独具民族精神和美感的优秀设计，这也正是当代每个中国设计师与教育工作者的责任与追求。

参考文献

[1]（美）尼尔·科克伍德. 景观建筑细部的艺术. 杨晓龙译. 北京：中国建筑工业出版社，2006.
[2] 马辉. 景观建筑设计理念与应用. 北京：中国水利水电出版社，2010.
[3] 李砚祖. 艺术设计概论. 武汉：湖北美术出版社，2009.

创意性绘画训练与创造性思维的培养

靳超

北京建筑工程学院

摘　要： 北京建筑工程学院建筑与城市规划学院美术课在二年级设置"设计素描"和"创意色彩"两部分，其目的是通过本课程训练，最大限度地激发学生的创作热情，在自行设计和创意中体味创造的乐趣，调动学生的学习情绪。本文探讨了创意性绘画训练的方法和目的，进一步论述创意性绘画训练对创造性思维的培养作用，并对创造性思维的培养提出自己的见解。

关键词： 创意　绘画　创造性思维　视觉语言

Abstract: Trainings for Design Sketch and Creative Color have been established in art course for sophomore in School of Architecture and Urban Planning, Beijing University of Civil Engineering and Architecture. The trainings aim to spark students' passion for creating, help them enjoy designing and creating, and build up their interest in learning. By discussing the methods and purpose of Creative Painting Training (CPT), the author illustrates how CPT improves students' creative minds. Suggestions on development of creative minds have also been proposed.

Key words: creativity, painting, creative minds, visual language

我们知道在建筑学及艺术设计的圈子里学习绘画其目的并非要成为一个专业画家，学习画画很大的一个目的是为了在设计时能够亲自动手画画草图，然而在现今电脑高度发达的时代，电脑绘图比手绘来得快捷便利，效果更佳，因此，学画画的"实用性"大大减弱。可为什么美术教学在建筑或设计院校仍然这般大张旗鼓、热热闹闹地进行呢，且教者乐此不疲，学者孜孜以求呢？这就引出另一个话题——学习绘画对设计师审美能力和创造能力的培养问题。关于这一点很多专家学者和教师的论述汗牛充栋，本文无须赘述，这里我们主要是通过对北京建筑工程学院建筑与城市规划学院的创意性绘画课程的分析，探讨创意性绘画训练与创造性思维培养的关系问题。

1. 创意性绘画训练

1.1 创意绘画与视觉语言

北京建筑工程学院建筑与城市规划学院美术课在二年级设置"设计素描"和"创意色彩"两部分，其目的是通过本课程训练使学生从写生思维跳出来，最大限度地发挥同学的创作激情，在自行设计和创意中体味创造的乐趣，激发学生的学习热情。无论是"设计素描"和"创意色彩"，其总体来说都是一种创意性质的绘画，本文姑且统称为"创意性绘画"。那么练习这种绘画的目的是什么呢？我们认为通过这种自由开放的绘画形式，可最大限度地放开存在于学生内心的过多关于写生的技巧限制，给学生一个尽情发挥想象和描画的自由空间。美国艺术教育家贝蒂·爱德华说；"绘画——那仅仅是一种工具或方式，而不是最终目的。通过学习如何

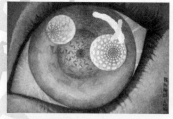 

绘画，我相信你将学到如何以不同的方式看事物，以提高你进行创造性思维的能力……你能发现这种新的语言在与词汇性的、分析性的思维语言组合使用时，不仅可以为真正的创造力——也就是具有社会价值的新颖独特的念头、想法、发明或发现——提供至关重要的元素，还能为日常生活中遇到的问题提供有创意的解决方案。"[1]学习这种绘画重要目的是通过设计、重组，在物化完善过程中让学生找到视觉感知，发现绘画和创造之间的联系，发现自我的创造能力。在进行创意性绘画授课之中要让学生知晓创意的内涵和外延，在看似随意的描绘当中去唤醒每一个学生创造的潜能。创意是一种偏离传统甚至是叛逆传统的创作活动，是打破常规的哲学思维；首先要告诉学生要敢于发挥你的想象力，在普通常见的物体之中发现新的描绘形式，发现造型艺术的视觉语言。创意绘画是一种智慧和勇气，面对坚固的形体轮廓，能够智慧而有趣地将其分解与重构，在分解与重构的过程中，理解视觉语言的语汇规律，使之成为今后设计创作递进升华的内在推动力。

创意性绘画练习是一种刺激思维及帮助整合思想与信息的思考与表现方法，也可以说是一种观念图像化的行为方式。此法主要采用图志式的概念，以线条、图形、符号、颜色、文字、等各样方式，将意念和信息果断地以上述各种方式描绘下来，成为一幅心智图。结构上，具备开放性及系统性的特点，让学生能自由地激发扩散性思维，发挥联想力，又能有层次地将各类想法用具体的形象组织起来，在组织、重构的描绘中，刺激大脑作出各方面的反应，从而得以发挥全脑思考的多元化功能。创意性绘画练习目的是启发学生创造意识，是一种智能拓展。学生可根据自己的想象，感受自行设计画面。创意性绘画强调运用造型手段，如线条、明暗、色彩、空间等组合成画面的"构成"因素，通过创意训练培养学生的创造意识和想象力，锻炼对画面的组织与设计能力，并通过组合、重构等练习让学生了解现代设计艺术与基础造型的关系，提高对造型艺术形式感的理解能力，培养设计意识。美国艺术设计师马丁内兹和布鲁克说："假设我们去理解一张设计、一张画或一件雕塑正在说明什么，那么，我们就需要去理解视觉语言、视觉语法、视觉语言规则，那是一种形的语言，直接的、色彩的语言还有其他的一些元素作为词汇"。[2]创意性绘画是一种探究视觉语言规则的有效途径，是一种思维闪光的震撼；是点题造势的把握；是跳出窠臼思路、超越自我、超越常规的导引；是思想与智慧能量的释放；是深度情感与理性的思考与实践；是思维碰撞、智慧对接；是让学生对自然与自身进行探索与挑战，是走向未来设计的重要过程。简而言之，创意就是将具有新颖性和创造性的想法激发出来并付诸实践与行动。

创意性绘画练习可以不断地增加学生对艺术创造的认

维是一种高超的艺术,创意性绘画过程中的内在的东西是无法模仿的。这内在的东西即创造性思维能力。这种能力的获得依赖于敏锐的观察能力和分析问题能力,依赖于平时对艺术设计知识的积累和知识面的拓展。而每一次创意性绘画练习过程就是一次锻炼思维能力的过程,因为要想获得对视觉语言的认识,就要不断地探索和尝试新的、别人没有采用过的思维方法、思考角度和表现形式去进行创作,就要独创性地寻求没有先例的办法和途径去有效地观察物象,分析问题和解决问题,从而极大地提高学生对艺术中视觉语言的点线面、明暗、色彩、空间、肌理等的理解、认知与表现能力,所以,创意性绘画练习是培养学生理解视觉语言的特性、培养创造意识的开始。创意绘画的独创性与不可知性特征赋予了它敢于探索和创新的精神,在这种精神的支配下,要鼓励

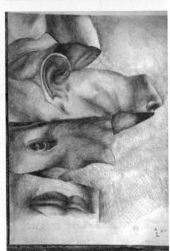

知水平,不断推进我们认识世界的水平。创意绘画的创造性思维因其对象的潜在特征,表明它是向着未知或不完全知的领域探索前进,不断扩大学生的认识范围,不断地把未被认识的东西变为可以认识的东西。科学与艺术上每一次的发现和创造,都增加着知识总量,为艺术创作与设计由必然王国进入自由王国创造着条件和基础。创意性绘画练习还可以提高学生的艺术感知能力,创造性思维的特征表明,创造性思

学生不满于现状,不满于已有的知识和经验,力图探索创意绘画中视觉语言的本质和规律,并以此为目的,进行探索性实践,逐步养成独辟蹊径的创作意识和设计思想。

1.2 创意绘画与直觉思维

直觉思维是指不受某种固定的逻辑规则约束而直接领悟事物本质的一种思维形式。它不是经过理性的逐步分析而是突发的领悟或理解。心理学家认为它是创造性思维活跃的一种表现,它既是发明创造的先导,也是冥思苦想之后突然获得的灵感,在创造发明的过程中具有重要的地位。直觉思维是迅速的、直接的、具有本能意识的一种反映,它作为一种心理现象贯穿于日常生活之中,也贯穿于科学研究和艺术创作之中。而艺术家的绘画和设计很大成分得益于直觉思维,在绘画与设计史中直觉思维与灵感引领艺术家、设计师创造了无数伟大作品。创意性绘画训练就是让学生们在描绘过程中让直觉思维和灵感得到充分释放,为了培养学生的创造性思维,当这些想象纷至沓来的时候,鼓励他们千万不要怠慢自己的直觉与灵感,不要被条框所束缚。青年人感觉敏锐,好奇心强,想象极其活跃,在这种学习过程中,可能会出现突如其来的新想法、新观念,要及时捕捉这种创造性思维的灵感,善于发展自己的直觉思维。

培养思维的灵活性和独创性是培养创造力的两个重要因素,也是我们创意绘画课程的目的之一。灵活性:是指在构图和描画过程中随机应变的能力。独创性:是指构思与表现的唯一性,具有新奇的,耳目一新的感觉。美国心理学家曾采用所谓急骤的联想或暴风雨式的联想的方法来训练大学生们思维的流畅性,即所谓的"头脑风暴"。训练时,要求学生在思索问题时头脑活动像暴风雨一样,迅速地抛出一些观念,不容迟疑,也不要考虑质量的好坏或数量的多少,评价在结束后进行。速度愈快讲得越多则表示思维的流畅性越高。这种自由联想与迅速反应的训练,对于思维,无论是质量,还是流畅性,都有很大的帮助,可促进创造性思维的发展。创意性绘画训练也是具有类似性质的一种训练方法;在构思与构图时大量的各种信息、图式、想法、物象都可能是创作灵感的源泉,抛弃一切条条框框的束缚,自由大胆的联想与想象,随心所欲的组合与重构,在这个过程中去寻找和完善视觉语言的最佳语汇,在点线面、明暗,色彩,空间、形体的组合中去发现形式美感和情绪表达。

创意绘画训练能够培养学生的求知欲望学习兴趣。积极的创造性思维,往往是在人们感到惊奇时,在情感上燃烧起来对这个问题有着追根究底的强烈的探索兴趣时开始的。因此要激发学生的创造性学习的欲望,首先就必须使他们具有强烈的求知欲,而人的欲求感总是在需要的基础上产生的。没有精神上的需要,就没有求知欲。要有意识地为给他们提出问题,激发其创造的本能,告诉学生要自己在万物之中发现形式之美,激发自己的求知欲。青年人的求知欲最强,如果我们不加以有意识的发掘和激励,这种欲望和兴趣就会萎缩,学习热情就会大大降低。求知欲和兴趣体验会促使学生去探索,去进行创造,每当他们较好的完成某种新奇的创意作品时,都会给他们带来欣喜与愉悦,一种创造的快乐。只

有在探索过程中，才会不断地激起好奇心和求知欲，使之不枯不竭，永为活水。一个人，只有当他对学习的心理状态，总处于"跃跃欲试"阶段的时候，他才能使自己的学习过程变成一个积极主动"上下求索"的过程。这样的学习，就不仅能获得现有的知识和技能，而且还能进一步探索未知的新境界，发现了解新知识、新领域。

2. 创造性思维的培养

2.1 创造性思维特性的认识

创造性思维是一种具有开创意义的思维活动，即开拓认识新领域，开创认识新成果的思维活动，在艺术创作中它往往表现为新形式、新视角、新手法，形成新观念，创建新理论。在创意性绘画练习的过程中始终强调的是自我选择、自我发现、自行设计，在这一点一滴逐步自我完善的描画的同时，潜在于学生内心的创造力就会被一点一点激发出来，那种创造意识和思维方式会渐渐形成。在自我选择、自我发现、自行设计中形成自我的思维模式。创造性思维不仅表现为新发现和新发明的思维过程，而且还表现为在思考的方法和技巧上，在画面构思和表现上具有新奇独到之处的思维活动。创造性思维可以想别人所未想、见别人所未见、做别人所做的事，敢于突破原有的框架与窠臼，取得创造性成就。创造性思维的逐渐养成不但实现了知识、信息的增殖和积累，而且在表现方法上亦会有所突破。我们强调创意性绘画练习是对已有物象进行新的分解与建构，实现画面的重新组合与设计，由此来实现画面结构信息量的增加。所以从信息活动的角度看，创造性思维是一种实现了知识即信息量增殖的思维活动。创造性思维的养成需要付出艰苦的脑力劳动。一张具有创造性思维的成功作品，往往需要经过深入的探索、刻苦的钻研，甚至多次的挫折之后才能取得，而创造性思维能力的培养也要经过长期的知识积累、智能训练、素质磨砺才能具备，创造性思维培养过程还离不开选择、想象、联想、直觉等思维活动，所以，创意性绘画练习从主体活动的角度来看，是培养学生今后进行专业学习的先导活动，是形成具有创造性设计能力的一种思维活动。

认识创造性思维特性是本课教学的先决条件。创造性思维特性其一是独创性和新颖性。创造性思维的本质特性在于创新，它或者在思路的选择上，或在思考的方式上，或在思维的结论上，具有独到之处，具有首创性、开拓性，就要在别人没有涉足，不敢前往的领域"开垦"出自己的一片天地，要站在前人的肩上再进一步，不能在前人的成就面前踏步或仿效，不要被司空见惯的事物所迷惑。因此，创造性思维就是事物具有浓厚的创新兴趣，在创作活动中善于超出思维常规，对似乎完善的、司空见惯的事物进行重新认识，以求新的发现，这种发现就是一种独创、一种新的见解、新的发明和新的突破。其二是极大的灵活性和可变性。创造性思维并无现成的思维方法和程序可循，所以它的方式、方法、程序、途径等都没有固定的框架。创造性思维活动，在考虑问题时可以迅速地从一个思路转向另一个思路，从一种意境进入另一种意境，灵活多变去处理问题，这样，创造性思维

活动就表现出不同的结果或不同的方法、技巧。其三是艺术性和唯一性。创造性思维活动是一种开放的、灵活多变的思维活动，它的发生伴随有"想象"、"直觉"、"灵感"之类的非逻辑思维。这种不确定的思维活动，如"思想"、"灵感"、"直觉"等往往因人而异、因时而异、因客体和对象而异，所以创造性思维活动具有极大的特殊性、随机性和技巧性，他人不可以完全模拟。创造性思维活动的特点同艺术创作如出一辙，艺术创作就是每个人充分发挥自己才能，包括利用直觉、灵感、想象等非理性的活动。澳大利亚艺术家奥班恩说："艺术家的创造性发端于他的自我生命的开始而不是情节，只有艺术家领会了这种关系时，作品的形体、色彩、空间极其诸种关联才能产生出与情节无关的美的魅力"。[3] 认识了创造性思维的特性，在教学当中要积极的引导学生去独立思考，努力关注绘画语言而不是文学情节。在构思和表现上按照自己的想法去完成画面。要灵活运用绘画造型手段，巧妙布置，扬长避短。还要鼓励学生建立自信心，树立自我意识和设计意识。

2.2 创造性思维培养的关注点

创造性思维的关键在于多角度、多侧面、多方向地发现和处理事物。在创造性思维培养过程中我们重点关注以下几个方面：（1）多向思维；多向思维也叫发散思维或扩散思维，是指对某一问题或事物的思考过程中，不拘泥于一点或一条线索，而是从掌有的信息中尽可能向多方向扩展，而不受已经确定的方式、方法、规则的约束，从这种扩散的思考中求得多种设想的思维。多向性思维能力是可以通过锻炼而提高的，在训练中要敞开思路，不重复自己或别人的东西，重复和模仿是不会发散出独特性的思维的。在思维时尽可能多地提出一些假定、假设以及不可思议因素，从新的角度思考自己或他人从未想到过的画面式样。（2）侧向思维；"他山之石，可以攻玉"。要敢于跳出本专业、本学科的范围，摆脱习惯性思维，侧视其他方向，将注意力引向更广阔的领域；从其他领域例如音乐、诗歌文学、建筑等得到启发，形

成对绘画、设计的创造性设想,用侧向思维来产生创造性的突破。要勇于跳出本专业领域,克服线性思维的思考方式。关键要善于观察,留心那些表面上似乎无关的事物与现象,在研究设计画面的同时,也要间接注意其他一些偶然发现的物象。(3)逆向思维;人们往往养成一种习惯性思维方式,即只看其中的一方面,而忽视另一方面。如果逆转一下常态的思路,从反面想问题,便能得出一些创新性的设想。逆向性思维在各种领域、各种活动中都有适用性,由于对立统一规律是普遍适用的,而对立统一的形式又是多种多样的,有一种对立统一的形式,相应地就有一种逆向思维的角度,所以,逆向思维也有多种形式。如性质上对立两极的转换:软与硬、高与低等;结构、位置上的互换、颠倒:上与下、左与右等;在绘画里则经常用违反日常我们所见形象各色彩、色调来描绘事物等。逆向思维常常是对传统、惯例、常识的反叛,是对常规的挑战。它能够克服思维定势,破除由经验和习惯造成的僵化的认识模式。敢于用逆向思维作画,会发现它经常给我们带来惊奇。(4)联想思维;联想思维是指由某一事物联想到另一种事物而产生认识的心理过程。联想是每一个正常人都具有的思维本能。由于有些事物、概念或现象往往在时空中出现,人的头脑会自动地搜寻过去已确定的某种联系,从而马上联想到另外一些事物。世界上纷繁复杂的事物之间是存在一定联系的,这些联系不仅仅是时间和空间上的联系,还有很大一部分是情感与记忆的联系。创意绘画练习给我们的联想提供了广阔的天地,在这个天地里我们的思维任马由缰自由驰骋,联想使创造性思维更加多彩,也更富于活力。(5)形象思维;形象思维就是依据生活中的各种现象加以选择、分析、综合,然后加以艺术塑造的思维方式。艺术的创作和设计离不开形象思维,一笔一画都是在建构形,这种形象既可以是具象的,也可以是抽象的。造型艺术里无论是具象或抽象,可视的形无时不在,"形象"是形象思维的根本,没有了形则无从谈起。形象的思维活动并不是仅一种感性认识形式,而且还是具有形象概括性的理性认识形式,另外,形象思维的创造性与独特性最能体现出艺术家的思想和品格。康定斯基说:"每一位创造性艺术家自己使用的表现手段(即形式)都是最好的,因为它能够最为恰当地表达出这位艺术家所强烈希望表达的东西"。[4]无论是设计素描还是创意色彩,都可以按主观需求或联想来分解或重组画面,由于绘画形象带有浓烈的主观随意性和感情色彩,所以形象思维能够支撑艺术家创造出丰富多彩的作品。

通过创意性绘画训练去培养创造性思维,首先是从冲破束缚开始,展开"幻想"的翅膀,"想象力比知识更重要",想象不仅能引导我们发现新的事物,而且还能激发我们作出新的努力和探索,去进行新的创造。二是培养发散思维,拚弃僵化的、单一直线思维。同一问题能找出若干个适当的答案,使思考的方向往外散发。三是发展直觉思维,直觉思维是创造性思维活跃的一种表现,它是发明创造的先导。四是培养思维的灵活性和独创性,使思维活动处在一个流动的不断向前的状态。五是培养强烈的求知欲,在绘画的世界里去发现,去寻找,去创造。当然,仅是一个画画并不能解决培

养创造性思维的全部问题，只是为今后漫长的学习征途铺一块垫脚石。

参考文献

[1]（美）贝蒂·爱德华. 像艺术家一样思考之二[M]. 张索娃译. 海南出版社、三环出版社，2004.
[2]（美）本杰明·马丁内兹/杰奎琳·布鲁克. 现代美术与设计基础[M]. 毕盛镇/姜凡译. 吉林美术出版社，1991：12-13.
[3]（奥）德西迪里厄斯·奥班恩. 艺术的涵义[M]. 孙皓良，林丽亚译. 学林出版社，1985：8.
[4]（俄）瓦·康定斯基. 论艺术的精神[M]. 查立译. 中国社会科学出版社，1987：76.

从学科交叉探讨中国建筑院校美术教学

黄向前　蔡雪辉

河南工业大学土木建筑学院

摘　要：学科交叉是现代科学发展必由之路，我国众多高校都在积极进行学科交叉方面的构建和探索，本文就从学科交叉的角度探讨了建筑美术教学，通过艺术和审美教育以及通过美术学学科和构成学交叉学习，提高建筑系学生的美学修养，激发建筑系学生想象力、创造力，发掘和培养建筑系学生的创造潜能。

关键词：学科交叉　建筑美术　审美修养　创造力

Abstract: Discipline intersection is the route one must take the development of modern science, a lot of our country colleges and universities are actively doing interdisciplinary aspects of construction and exploration, this article from the interdisciplinary perspective of architectural art teaching, through the art and aesthetic education as well as through art discipline and constitute interdisciplinary learning, enhance the construction of student 's esthetics tutelage, excitation building students' imagination and creativity, to explore and develop students of architecture creation potential.

Key words: interdisciplinary, architectural art, aesthetic education, creativity

建筑美术教学是建筑学专业非常重要的一门基础课程，它可视为建筑学和美术学之间的一门特殊学问。探讨这方面的文章已经很多，不同的教师有不同的看法和观点。由于最近看了一些高校进行学科交叉方面构建和探索，所以本文想从学科交叉的角度来探讨一下中国建筑院校的美术教学。学科交叉是现代科学发展的必经之路，对于高校学科建设具有深层次的影响，对于目前高校学科精细分化趋势的学科构建起到相互联系和整体化的作用。

1. 学科交叉的含义及其对中国建筑院校美术教学的意义

学科交叉是相对学科分化而言的。学科交叉指的是两个或多个学科相互合作，在同一个目标下进行的学术活动。从"交叉"活动的方式、结果和过程来看，发生在学科之间，或者学科之内，只涉及学科这一对象群的"交叉"活动，可称之为学科交叉。形成交叉学科狭义的途径就是学科交叉。这种交叉发生在学科之间或者学科之内，是一种科学行为。[1]

从20世纪80年代以来，关于学科交叉的概念解释达16种之多，本文的论述是从上文的概念解释来阐述的。

在近代科学时期，学科的分化越来越精细，这与古代科学综合的整体认识相比较有了很大进步，但是这种学科分化脱离了自然界综合的抽象，不足以真正认识自然界的全部内在联系。而学科交叉则融分化和综合于一体，实现了科学的整体化。学科交叉点往往就是科学新的生长点、新的科学前沿，这里最有可能产生重大的科学突破，使科学发生革命性的变化。因此，大力提倡学科交叉，注重交叉科学的发展，有助于实现"科学知识体系整体化的本质特征。"

学科交叉是学术思想的交融，实质上是交叉思维方式的综合、系统辩证思维的体现。著名物理学家海森伯认为："在人类思想史上，重大的成果发现常常发生在两条不同的思维路线的交叉点上"。1986年，诺贝尔基金会主席在颁奖致辞中说："从近几年诺贝尔奖获得者人选可明显看到，物理学和化学之间不仅相互交叉，而且没有鲜明界限的连续区，甚至在生物学和医学等其他学科，也发生了同样的关系。"这些表明，在多学科之间、多理论之间发生相互作用、相互渗透，能够激发人类的想象力、创造力、开拓出众多的学科新领域。

目前在西方欧美国家，本科、研究生、博士同一个专业从一而终者不多，教育专家认为，知识是普遍联系的，不同学科交叉学习可以互相启发，互相促进。宽厚的知识基础、跨学科知识的学习和不同学科专业研究的训练，有助于培养学生的创新思维，激发学生的创造潜能，因此，国外大学在招收研究生博士生时都十分强调专业背景的多元化。

作为融建筑学与美术学于一体的建筑美术教学，从其知识结构上就具有学科交叉的特征。为了更科学完善地构建本学科的教学体系，更有效地激发建筑类理工科学生的创造潜能，从学科交叉的角度深入探讨建筑美术教学就具有相当的现实意义。通过艺术和审美教育，提高建筑学院学生的美学修养，而美学修养的健全是创造力培养的前提和动因。通过美术学学科和设计学以及构成学交叉学习，激发建筑系学生想象力、创造力，开拓出学科新领域，发掘和培养建筑系学生的创造潜能。

2. 从学科交叉角度探讨建筑美术教学

所谓建筑美术，是相对于纯美术和工艺美术而言。它的研究中心是美术、美学和美育，它的实践对象是人、建筑和环境，它是一门介于建筑学和美术学之间的交叉学科。建筑美术教学不同于纯美术和工艺美术教学，教师面对的教学对象是建筑师，而不是画家和艺术家，所以建筑美术教学应该从提高审美素质、理解空间、结构、解构和体量分割等形式语言，培养想象力创造力方面去教学和引导。建筑美术教育的目的是对建筑学院学生的审美素质和创新素质的培养。下面我就从学科交叉角度谈谈我对建筑美术教学的一点个人观点：

2.1 建筑美术教学要注意"科学知识体系整体化的本质特征"

我国目前建筑院校招生基本是以"数理化"为主的理科生，这种招生模式使学习建筑的学生在文科方面的修养先天不足，还可能产生一种人文学科（如文学、史学、哲学、美学）在建筑学习中无足轻重的概念，但是实际上，建筑是一门综合性的艺术，与哲学、社会学和高科技、文化艺术等相关领域的关系日趋密切。在众多艺术范畴里，建筑与美术的血缘关系最近。从历史上看，绘画、雕塑和建筑艺术的结合，是古典美学大放光彩的主要原因。在20世纪20年代，抽象主义、立体主义、构成主义、风格主义等现代艺术流派的绘画与雕塑，曾对西方新建筑运动产生过重大影响。贝聿铭先生在某次访谈中，一如既往地赞扬了立体主义绘画，说它对于现代建筑师们理解"新的空间"，起到了启发、引导和帮助的作用。现代建筑的倡导者们，柯布、密斯、格罗皮乌斯，都曾从毕加索、波拉克那里取过经。

从某种意义上来说，建筑是具有长期存在性和实用性的公共艺术，建筑师可以塑造一个城市的风貌，荡涤一个城市的灵魂。对于建筑师的审美素养的要求本应该普遍高于普通的产品设计师。可是我国长期以来，尤其是在城市扩建期所涌现出来的大量的只照顾了实用性或者盲从媚俗的建筑，正说明了我国建筑人才审美教育的偏颇与缺失。因此，建筑美术教学理应担当起建筑学院美育重任,美育是现代素质教育的重要组成部分,它的根本任务之一是培养人的审美能力和创造美的能力。[2]作为培养未来建筑师的建筑美术教育,应当重视和加强审美素质教育。美感思维和审美意识的培养不是一蹴而就的,它是一个潜移默化的过程。通过美学、美术史、作品鉴赏和参观艺术展览等方式,使学习建筑的学生得到审美教育,从美术史中了解到艺术家的多样性和强烈的个性特征以及艺术作品表现手法和效果的多样化。在审美教育和美感培养中,强调构图,引导学生从绘画形态要素,比如点、线、面、色彩、肌理等的不同情状中体验美感,从绘画形态的组合关系和效果比如节奏、均衡、律动、对比、调和等获得美感,以此强化审美意识、个性意识和设计意识。通过这些人文艺术学科的学习,增强学生审美情趣、审美判断和审美直觉敏感度,进而提高学生的美学修养,弥补建筑系招生的"先天不足",使建筑学院学生在人文和科学知识方面得到完整系统的教育。

2.2 建筑美术教学需注意"多学科相互作用,激发想象力和创造力"

建筑美术教育另一个目的是创新素质的培养。建筑设计创新能力一直是我国建筑教育的一个薄弱点,是建筑教育者共同面临的大课题。重视学科之间、理论之间的相互作用、相互渗透,能够激发人类的想象力、创造力、开拓出众多的学科新领域。诺贝尔物理学奖获得者李政道博士认为"艺术是科学创造的亲密伙伴,经常从事艺术活动有助于培养和提高人的想象力和形象思维能力"。[3]

美术教育可以启发建筑系学生的设计思维,培养学生的设计创新能力。作为建筑美术教学基础训练素描、速写、色彩等,有助于提高建筑系学生艺术审美力和在进行设计时的"眼、手、心"的协调能力。绘画重感性,重在表达主观精神,设计重理性,重在实现实用目的,但是两者都关注平面、空间、色彩诸要素,都表现为感性和理性的统一,都体现一定的表现性和设计性。绘画构图以及如何处理画面以获得满意的视觉效果的训练,就是强化学生的审美意识和设计思维的培养。绘画构图中的形式美原则,与视觉形态设计所要求的形式美法则是一致的,绘画中对于画面形象和视觉效果的主观处理,目的就是为了获得某种视觉心理的秩序与和谐,实质上是一种设计行为。同时,建筑美术教学与纯艺术教育目的有所不同,要加强结构素描教学,强调"线"的表现手段的重要性,紧紧抓住造型最关键而又最本质的因素——空间结构及其构造关系,使视觉思维指向的不再是纯艺术的而是设计性的,从具象的物象明暗关系的表现,转化为抽象的黑、白、灰关系的设计处理,从而有效地训练学生的抽象设计思维。在色彩教学阶段,除了传统从绘画的角度去感受自然界色彩的丰富变化和对色彩的艺术修养的培养,把设计也作为重要教学内容,以增强学生对色彩的理性认识和感性培养。通过素描、色彩这些绘画基础课程提高学生的形态感知能力和形象思维能力,使学生通过把握现实造型到主动创造新形态的能力,进而提高学生的设计思维和设计能力,起到发掘和培养建筑系学生的创造潜能的作用。

建筑作为一门视觉艺术,它的要害是构成学。清华大学的吴冠中先生认为建筑系教学不是培养纯艺术家,建筑系教学更应该重视形式构成。[4]构成概括了宏观与微观、有机与无机、同类与异类之间不同形态的联系、差异与变化规律,是一种科学有效的设计思维训练。普通高等教育《建筑构成》是结合建筑系学生需要的专业教材,着重讲解了与建筑密切相关的形态设计基础与空间构成原理,对平面和色彩构成部分又适可而止。通过这门课程严格的理论体系分析,可以强化建筑系学生的"设计"意识,突出设计思维和创造性思维的培养。使建筑系学生对构成、材料、结构、肌理、色彩等有科学的技术的理解,而不是艺术家的个人见解。

要想培养出优秀的建筑系学生,需要很多相关艺术学科的交叉学习，以提高建筑系学生的美学、美术、结构、空间等各方面的审美素质和创新能力。丰厚的艺术修养在设计创作中起了很大作用，它常常是各种创造性灵感思维的诱发因素。

综上所述，要实现建筑领域科学与艺术、科技与人文的完美结合，进行广泛的学科交叉是一条十分重要的途径。当然，这不是一朝一夕的事情，也不仅仅局限于课堂教学，而是需要学生在平时生活和学习中广泛涉猎人文艺术、现代绘画和现代雕塑以及服装、影视等其他门类艺术学科。同时，它的作用也不可能即时体现在一个人的建筑设计里。所以对待建筑美术教学效果不能急功近利，不能指望教了即用。它是一个优秀建筑师长期浸淫各种艺术形式所形成的人文素养，而一个建筑师的人文素养将最终决定他的作品风格和走向。

参考文献

[1] 杨永福. "交叉科学"与"科学交叉"特征探析[J]. 科学研究, 1997（4）: 3.
[2] 曾繁仁. 论美育的现代意义[J]. 山东大学学报（哲学版）, 1997（3）: 25-27.
[3] 李政道先生致"促进人文教育与科学教育的融合高级研讨会"的贺信[J]. 中国高教研究, 2002（6）.
[4] 赵鑫珊. 建筑：不可抗拒的艺术[M]. 天津：百花文艺出版社, 2002: 288.

从专业需求谈室内设计专业的美术基础教学

莫日根

内蒙古工业大学

摘 要： 在现有的应试教育体制下，很多高中生抱着为上大学而学设计的心态，通过短暂突击式的美术培训大量涌入设计专业，造成很多学生低分低能，严重影响了设计专业的发展和学生的就业。当大量这种"低门槛"类型的生源进入高校，设计院系如果在教学环节上没有做好有针对性的补充工作，结果将会导致这类学生出材率的低下，难以适应社会对高素质设计人才的需求。针对这种现象，作者认为有必要在低年级的美术基础教学中，就有意识地加入跟室内设计专业相关的内容，将美术基础教学和专业设计教学密切联系起来，尽早地使学生进入专业学习状态，来弥补其自身的不足。

关键词： 美术基础教学 专业设计

Abstract: In the current exam-oriented education system, many high school students for college while holding the study design mentality, short-term assault-style art by the influx of trained design professionals, resulting in many students' low scores low, seriously affected the design professional development and employment of students, when a large number of such "low threshold" type of students entering colleges and universities, design teaching faculty if not well targeted on the improvement and additional work, the results will lead to these students out of wood rate is low, it is difficult to adapt to social needs for high quality design talent for this phenomenon, the author considers it necessary in the lower grades of basic education in art, there is the added sense of interior design professionals with relevant content, the basic art of teaching and closely linked to the professional design of teaching, as soon as possible so that students enter the professional learning of the state, to make up their own deficiencies.

Key words: art-based teaching, professional design

美术教学一直以来作为室内设计专业低年级开设的基础课程，主要包括素描教学和色彩教学两部分。随着时代的发展，美术教学同其他课程一样，也尝试着进行了不断的改革和深化，如在传统的光影素描基础上扩展出了结构素描、设计素描，在传统的色彩写生基础上扩展出了装饰色彩写生、设计色彩等。这些创新都大大提升了美术教学的内涵和层次，同时顺应了时代的发展需求，丰富了美术教学的课堂内容。如果作为一类独立的教学课程，现有的教学改革已打破超越了传统的课程模式，取得了一定的成果，但如果放在整个设计专业的大平台上看待，可能还是会有一些问题。应该明确一点的是设计专业的美术教学课程是一门先行课程，对于设计专业的学生，具有引导和过渡作用，应本着为专业设计服务的宗旨，一味地强调其丰富性，而脱离专业本身的需求和特点，都会造成不同程度的课程前后衔接的脱节。

现在好多高校教改成风，在教师追求浮夸成绩的背后，我们更需要站在整个专业大的层面上去探讨课程的何去何从。作者认为设计专业院系的美术教师应该对所在院系的专业情况有一定程度的了解和认识，同时应积极地与负责设计专业教学的教师交流沟通,而不是一味强调美术教学自身的体系改革,以不变的模式对待万变的专业显然不适合当代人才培养的需求。室内设计专业的学生在入学时大都进行过较专业的美术基础训练,这与一些未经美术专业考试的设计专业的学生有着明显的区别,学生对低年级开设的美术课程不陌生,容易接受,教学过渡较自然,但也容易形成错误认识,产生应付心理。因此在课程设计安排上,教师应对学生明确专业美术基础课程与入学前的美术培训不同,在教学设计中有意识地注入与专业相关的内容训练。

1. 加强美术教学中设计思维的培养

由于设计专业的独特性,创造性思维的培养已经被各高校的设计专业教学所认可并成为贯穿设计教学始终的一个主要方向,所以对于设计性思维这个词现在在设计教学中已经不再陌生,人们会在方方面面谈到设计性思维或者把很多方面跟设计性思维联系在一起,简单地说,创造性思维就是一种带有创造性的思维活动,这种思维活动是设计师需要具备的一种能力,但不特属于设计师,任何一个专业或行业中都会有这种思维活动的出现,只是相比较而言,在设计行业中体现得更突出,更直白,但这种设计性思维并非与生俱来,大多数人需要后天的培养,渐渐从习惯养成一种自然,这也是设计教学中所追求的一个必经过程和一个最终目标。当人们大谈设计性思维的好处时,不妨从最根本的基础教学谈起,从自身专业谈起,考虑如何把设计性思维教学做到"从娃娃抓起"。

室内设计作为一门综合性的边缘学科,因此它的思维特征构成了室内设计程序的特有模式。对于室内设计师来说,设计能力的高低与思维能力的高低密不可分,设计行为受设计思维的支配,不同设计师在面对设计命题时,思考的角度由于自身设计思维能力的高低而导致设计作品的优劣。对于

刚刚进入室内设计专业学习的学生,由于入学前基本都经历过一定程度的美术训练,美术教学是学生最易自然接受的一类课程,对学生具有亲切感,教师应抓住这点,启发学生大胆进行带有设计思维特点的绘画训练,帮助学生在思维意识上逐渐建立起对物象的分析、组织、判断能力,这种能力在低年级学生中可能显得还很薄弱,甚至幼稚,但早期有意识地加入比在进入专业学习时的突然加入自然得多,随着学生对事物理解认知能力的不断提高,早期的设计思维训练会在后期的专业设计中随着年级的升高有所体现。

2. 加强素描教学中对场景空间的训练

素描从广义上来讲是指用一种颜色深浅、浓淡,或一种笔墨的粗细变化刻画出来的客观物象,从狭义范围讲,是指在室内或室外进行的、相对静止的、时间稍长的单色绘画。其目的是锻炼造型技巧和正确的观察方法及表现方法。在室内设计专业美术教学中,很多院校都加入了设计素描的内容,要求学生打破传统的观察方式,多角度、多视点的观察事物,在画面上进行设计性的重组。这一方法较好地调动了学生的创作兴趣,一定程度上引导学生开始尝试运用设计性思维来进行全新模式的素描创造,取得了可喜的成果。但同时我们也经常可以看到一种现象,一些学生在不同的教学内容阶段所表现出的教学成果却大不相同,在传统素描基础训练阶段,学生的作业成果可能很差,但进入设计素描阶段,学生的作业又可能取得不错的成绩,此时教师会认为教学取得了渐进性的教学成果,从而忽略了教学内容间本身侧重的不同,作业可以显露出学生的优点,同时也会暴露出学生的不足,而这种不足正是教师应关注和帮助学生加以改善的地方。现在进入设计专业的很多学生美术基本功较弱,这就要求美术教师在进行设计素描训练中,除了要积极启发学生,充分调动学生的创造热情,进行主动地设计思维训

练，同时还要注重加强基本功的训练。在训练中，要考虑专业特点，要求学生在画面中加入空间场景表现，通过素描的形式进行空间的描绘，从而在训练中让学生感受空间，强化空间意识。

3. 加强装饰性色彩与色彩间搭配能力的训练

色彩作为一种主要的视觉语言，具有强烈的视觉冲击力。在传统的美术教学中色彩教学表现为对写生实物的色彩捕捉，通过色彩来刻画塑造形体，同样，在室内空间设计中，色彩作为一种设计手段，与造型、材料、灯光等共同完成对空间的氛围营造。如何使学生从传统的对物写生自然过渡到后期专业色彩设计中，需要美术教师在课程设计上了解室内设计专业自身对色彩的要求。在室内空间设计中，色彩间的配合具有强烈的设计主观性，设计师可以通过几块颜色完成空间色彩，让空间变得干净单纯，也可以动用繁杂的色彩营造令人炫目的空间意境，这些都要求设计师具有对色彩良好的驾驭能力。低年级的学生对于色彩的主观驾驭性较差，入学前的美术培训更多的处于摹写状态。在近几年的色彩教学中，有的教师已加入了设计色彩内容部分，引导学生按照一定的规律去组合色彩间的相互关系，通过学生的主观创作，训练学生对色彩装饰性与色彩间搭配的能力，这种训练大大提升了学生对色彩的认识、理解，同时作为设计专业教师，建议美术教师给学生多看一些优秀绘画和室内设计作品，分析色彩在作品当中发挥的重要作用，在认识上达到一定的高度，积极引导学生进行主观性色彩创作，有意识地帮助学生摆脱摹写色彩的模式，提高学生对色彩的驾驭组织能力。

4. 加强速写能力的训练

速写作为一种美术基本技能，对于室内设计专业的学生，在入校时已具有一定基础，但随着年级的升高，大部分室内设计专业学生的速写水平却出现有降无升的现象，而且具有一定的普遍性。究其原因，在低年级的美术教学中更多地侧重于素描与色彩的训练，速写往往作为辅助练习或课下练习完成，有的甚至不做要求，这种安排导致学生疏于速写，放弃速写。在进入高年级后，由于没有相关的硬性速写训练要求，大部分学生不会自主自觉地对这一技能进行持续性的课下训练，导致在进行专业设计方案构想表达时，显得不知所措，有的学生即使有好地创意构思，但在速写表达上不过关，无法通过纸面很好地将自己的构想清楚准确地传递出来，造成与教师交流上的困难。从专业设计的角度看，作者认为速写对于设计专业的重要性不次于素描和色彩，对于任何一个设计专业，都十分强调学生的手头绘制表达能力，俗称"手绘"能力，这种能力在设计思维表达、方案阐述、交流上都起着重要的作用，电脑时代的来临使图纸电脑绘制方式得以普及，对设计专业低年级学生思想上造成很大冲击，很多学生热衷于学习电脑软件绘制技术，更有一部分人认为学好电脑软件绘制技术，自身的设计水平就会自然提高，这些片面甚至错误的想法需要院系专业建立合理的教学体系来给予纠正，近年来，由于考研、注册师考试及工作笔试中都涉及专业快速表现这一内容，学生开始主动意识到这种技能的重要性，同时各种培训机构也如雨后春笋般冒出来，学生在完成学校规定的教学后，还要投入额外的精力、财力去学习这一技能，这一现象应该引起院系专业的重视，只有当学校提供给学生的学习内容不能满足学生的需求时，学生才会转向校外去寻找补充，教师在教学过程中应该有意识地将空间速写纳入教学环节，结合专业特点，多让学生进行建筑、室内空间的环境速写，通过速写训练这种纸面表达形式使学生逐渐培养起对空间的认识、理解，从而进一步对空间加以设计，并且通过这种快速、自由的表述手段更好地激发学生的创造力和表现力。

结语

在室内设计专业中，随着社会的发展需求对专业人才要求的不断提高，美术教学的重要性将会在后期的其他专业教学环节中体现得越来越明显，美术教学与后期的专业绘画、空间设计的表达其实是一条由宽变窄、由粗到精的教学路线，美术教学则是这条教学路线上的起始点，这也要求高校的美术教师应及时地适应社会及专业的需求，创新出适合本设计专业学生学习的美术教学方法，社会在发展，社会需求也在不断地变化，一成不变的教学计划和体系已满足不了设计专业的现实需求，作为基础课程的美术教学，美术教师应该有意识地了解一些设计专业的特点，在教学中有重点地指导学生学习，一味地沿用传统的教学方法或套用他处的教学方法只能应付一时教学，而对于专业的长远发展、学生的专业成长有百害而无一利。

参考文献

[1] 尹传根. 环境艺术设计表现与创意. 北京：机械工业出版社，2008.
[2] 陈侗. 速写问题. 长沙：湖南美术出版社，2001.
[3] 陈易. 室内设计原理. 北京：中国建筑工业出版社，2006.

导入心理品质建构的设计基础教育及其评价策略

刘杰　马辉

哈尔滨工业大学建筑学院艺术设计系

摘　要： 近年来，我国无论是在设计理论还是设计教学实践方面，都对设计师的培养给予了极大的关注，形成了许多重要的理论成果。但是这些成果大都将研究重点放置在智力系统，忽略了对设计师创造能力的动力系统——心理品质的研究。本文探讨了将心理品质的培养与发展纳入设计师基础教育的意义，通过对著名设计师成长经历、设计实践和创作个性语言来讨论设计师的发展与其心理品质的关系，并揭示其内在联系。进而提出培养其具有创新能力和良好心理品质的评价策略。

关键词： 心理品质建构　设计基础教育　评价

Abstract: In recent years, whether in the fields of design theory or practice, our country has paid extremely high attention to designer's innovation ability and formed a lot of important theoretical results. Now, we have so many results, but most of them lay emphases on the intelligence system and have neglected to research the dynamic system of the designer's creation ability. This thesis has explored the significance of integrating the cultivating and developing into the enlightening stage of designer s' education, then clearly pointed out that the basic value orientation of this education stage is cultivating the creative ideology and ability of the designer, and further more proposed the educational strategies to cultivate creativity and excellent of designer, and let them get these merits.

Key words: construction the psychological quality, basic education on design evaluation

1. 前言

1.1 良好的心理品质是创造活动的动力系统

诸多卓越的设计师成长经历和设计实践证明设计人才成功与否与人格等心理品质培养紧密相关，人格的培养与发展越完善，就越能发挥其聪明才智。这种属于非智力范畴的心理品质主要是后天"习得"决定的，多数学生先天智力是差不多的，学习成功与否的主要原因在于非智力心理品质的区别。几乎所有著名的设计师在求学中都拥有广泛的兴趣，强烈的求知欲和进取心、坚强的意志、有恒心、勇敢和抗挫折的心理承受能力以及一丝不苟等良好的人格特征，并富有创新意识和创新激情。

1.2 设计发展对设计师创造力提出更高的要求

进入20世纪90年代以来，中国的设计行业进入了一个空前繁荣的阶段，中国的设计既迎来了难得的历史机遇，也面临着一系列严峻的挑战。中国设计师的成长历程中，不缺少设计技能的学习，有良好的表现能力，无论是手绘还是软件的应用。但缺乏创新意识和创新精神是无法全面、良好发展的。因此，造成中国设计领域当前缺乏竞争力、创新力的原因虽然是多方面的，归根结底是未在设计师学习过程中将智力、非智力心理品质的培养与发展有机地结合到教育体系中，非智力因素未发挥其对设计、对创造力的推动和激励作用。

2. 设计师心理品质构成要素

2.1 兴趣是积极探究事物的引导力

著名心理学家皮亚杰认为："一切有成效的工作必须以某种兴趣为先决条件。"[1] 兴趣作为人的一种内部活动动机，其作用是多方面的。兴趣对活动有始动和定向作用。设计师的创造性活动往往是由兴趣始动的。稳定的兴趣在创造活动中最突出的功能是动力作用。它可以给予设计师以巨大力量，令其废寝忘食地工作和探索。付出很大体力或长时间工作，反而能体验到愉快而不知疲惫。

美国当代著名设计师伊姆斯夫妇早期使用自制的模压机做家具模型，力图寻找一种以模压成型层压板为材料的椅子座面的最佳设计方法，反复多次进行了实验。产品的试制过程是危险的，设备简陋导致加热的容器爆炸，差点将两人炸死。这种日后被称为DCM的餐椅为使用者提供了舒适的支撑，赋予廉价材料以优美的外观，并具有一种清新、简洁和自然的风格并获得了巨大的成功。直到今天，这个系列的样式还在生产，成为20世纪家具设计的经典之作。他们创造的眼界非常开阔，同时从事展览、电影和多媒体的设计与创作。伊姆斯夫妇最著名的多媒体展示是1959年在莫斯科放映的"美国掠影"，两人设计了7块屏幕，同时快速播放2200张图片，配合声音和通过空气调节设备把清新的空气注入放映厅，在当时冷战中的苏联展示了美国生活的方方面面，正如彼得·布莱克形容的那样："几乎每个人走出展厅时都因深受感动而热泪盈眶。"凯文·罗切（Kevin Roche）曾形容伊姆斯，"集各种角色于一身，在跨度很大的各种行业都游刃有余，并能在其间建立起令人难以置信的联系，……"当今各种学科纵横交错、相互渗透，边缘学科、交叉学科层出不穷。只有单一学科的知识和兴趣，无法适应当今学科发展的要求。伊姆斯夫妇的经历充分说明了这个问题。

2.2 动机是设计行为的内在启动力

动机是设计师作为创造主体为实现自己的理想目标而激发的一种内在启动力量，是激励设计主体去行动的直接动力。动机的正确与否及其强弱程度将对创造活动的效果产生直接影响。建筑师安藤忠雄从小就酷爱独自远足旅行，常常有一种"想去发现别人从不知晓甚至想象过的东西"的欲望。在安藤游学初期，在书店中发现一本柯布西耶的书。为此，他用了好几个星期的时间，节省下零花钱去购买了这本书。"在我的心中萌生了一个强烈的愿望，就是想知道柯布西耶是怎样构思出这些东西的"，以至于没过多久书的每一页就被他翻得发黑。这也形成了安藤日后的设计在建筑空间上对几何形体及其构成"纯粹空间"的强烈偏爱。

2.3 意志是完成任务的坚持力

当设计师为达到一定的设计目的，自觉地组织自己的行为，并与困难相联系的心理过程就成为意志过程。意志是执行操作的直接原因，意志受目的所指引，受动机所推动。近年来心理学中有些实验研究证明，人的意志行动是可以通过条件学习来塑造的。只要控制好环境条件，就可以培养创造个体的坚强意志。

3. 导入心理品质建构的设计基础教学目标

本科教育是一个整体，第一年便是这个整体的奠基部分。教学的第一年也正像育种、播种等操作一样具有关键的作用。重视学生的素质培养，重视学生的创造力与个性应该说在包豪斯时代就已经开始提倡，这已经是现代艺术与设计教育者的共识。导入心理品质建构的设计基础教学目标不仅强调对所学知识、技能的实际运用,更注重学习的过程和学生的实践与体验,并将学生创造力与非智力心理品质的培养贯穿于整个教学过程。

目标可以从智力和非智力心理品质目标的维度进行描述。设计师启蒙阶段基于非智力心理品质的探究教学模式的具体教学目标见表1。

表1 导入心理品质建构的设计基础教学目标

	导入心理品质建构的设计基础教学目标
智力目标	① 逐步提高学生的思维品质,塑造开放的、多维的思维方式; ② 培养学生解读、思考、判断、交流信息的技能,如寻找课题资源,选择经典型的示范作品,辨识参考作品的代表性,写作表述技能与口头表述技能,在此基础上形成和发展自主学习的能力; ③ 增强学生的视觉思维能力,以及运用这种能力对设计进行分析、综合、评价的技能; ④ 促使注意应用能力,综合运用所学知识体系方法如理论、方法、创意、表现、技术的技能等,在此基础上形成和发展解决课题作业、实际问题和获得创造的能力
心理品质目标	① 使学生具有广泛的兴趣及广阔的视野,不断提高对各课题之间知识联系认识和构建的能力; ② 使学生体验设计过程的艰难性与发展的愉悦性; ③ 通过各种训练方式,培养学生对设计学科的兴趣与情感,以及积极的学习态度; ④ 发展学生全面的心智结构,努力发展学生的观察力、想象力、思维力、判断力,形成对趣味的鉴赏力与个人偏好; ⑤ 培养学生正确的价值观念,同时懂得尊重不同价值观和文化背景的文化艺术,养成一种积极开放、努力吸取世界上一切优秀文化成果的心态; ⑥ 在课程实施中尤其通过具有一定反复的课题练习之后,培养学生积极进取、奋发向上、坚毅顽强、吃苦耐劳、谦虚谨慎的个性心理品质; ⑦ 能够对课题、示范作品、教师辅导与讲评、同学作业提出有创见的评价

4. 评价策略

设计基础的教学过程不是单纯技能传递或培养的基地,而是借助学习评价肩负起奠定学习基础、激发学习信念、促进学生终身学习的使命。尤其是刚刚进入大学的新生,在学习上心态的压抑和不安,将使学习过程成为他们一段痛苦的心路历程,必然影响他们的心理健康,既造成了学习过程效率低下,又对今后的学习制造了心理障碍。

几乎每个新生都有积极上进和展示自我的天性,都想得到肯定和赞赏。如果他们的这种天性得到保护和有力的激发,那么,它将转化为一种学习的信心和动力,从而以一种平衡的心态投入到学习中去。相反,如果学生受到的是过多的呵斥和失败后的批评打击,他们将丧失学习的兴趣和勇气,甚至时刻担心自己再次失败,在怀疑和不安中封闭、孤立自己,最终使得心态失衡,他们的课堂生活成为一段压抑和不安的情绪体验。而解决这一问题的关键在于良好的评价。

表2　导入心理品质建构的设计基础学习成果评价表

主要评价指标	具 体 内 容	等级
智力与心理品质	① 对设计有良好的学习兴趣和学习行为； ② 善于收集教学过程中的有效信息进一步学习的能力； ③ 在独立观察的基础上，创造性地运用技巧； ④ 能积极有效参与到教学全过程； ⑤ 能对专业内容进行有意义的选择，能够用多种方法解决设计问题； ⑥ 追求超越，善于独立思考； ⑦ 有宽松的学习心态和表现欲； ⑧ 可以向老师和同学发表自己的设计见解，展现自己的特长； ⑨ 自己的兴趣、爱好和需要得到满足但不过火，个性得到充分的发展	

参考文献

[1]（美）J·皮亚杰. 可能性与必然性. 熊哲宏译. 上海：华东师范大学出版社，2005.
[2] 叶晓健. 安藤忠雄的建筑讲义. 建筑创作. 2002,（2-3）：121.
[3]（美）J·布罗菲著. 激发学习动机. 陆怡如译. 上海：华东师范大学出版社，2005.

对建筑学生创造力与素质的见解

程远

清华大学建筑学院美术研究所

摘　要： 文章分析了建筑专业学生提高创造力与素质所需的基本要素，认为提高创造力和综合素质必须做到挑战习惯，提高自信，有感而发，实现自信和行动的统一。

关键词： 建筑学生　创造力　素质　见解

Abstract: This article analyses the basic elements that make architectural students' creativities and qualities improve. We consider that creativity and comprehensive quality must do the challenge habits, boost confidence, unbending, realize the unification of the confidence and action.

Key words: architecture students, creativity, quality, opinions

1. 创造力

1.1 独创

在理论课程中，我让底下的学生对"现代派绘画作品"发表感受。

一位同学站起来，沉思了片刻，说："嗯——看不懂、不明白……"

赢得底下一片掌声。

这便引起了本人的不理解，心想："现代派，都已然过去一百多年了，你有什么可不理解和可不明白的呢？你可以不喜欢他们的作品，但现代派的实质，是在于'个性'与'独创性'啊！"

作为普通老百姓的鉴赏习惯，往往是根据社会上习惯的认可，尤其会对画面的写实精细而赞叹不已。他们不会从艺术整体演变的角度，来阐述艺术作品。而作为学生，其鉴赏力要比老百姓宽泛得多，可以通过历史的对比，来恒定某件艺术作品的水平。但局限在于，他们的实际操作由于过多滞留在基础层面上，因此不易焕发出对艺术刻骨铭心的犀利。

个人的喜爱，基础的扎实，都不能对其带有过多的贬义。然而问题是，艺术是人类文化现象最为活泼的形式之一，一段时间挺喜闻乐见的作品，突然观众就有了看腻性。而且随着信息时代的发展，这种状况会愈演愈烈。

时代需要创造力。

真正具有创造力的人所与众不同的是，他们带有对"真理"怀疑的态度。假如能从怀疑的审视中看到了破绽，那么创造的契机也就来临了，正如大师怀特所说："啊呀，我不相信人们为什么要建造这样丑陋的房子？"于是，他开创了一个新的时代。

看不见丑，怎样去构筑美？

1.2 挑战习惯

艺术家做的是什么呢？

有人说："每一个伟大的艺术家所创造的，都是一个全新的世界。在这个世界里，一切原为人所熟悉的事物，都有一种从未见过的外表，这个新奇的外表，并没有歪曲或背叛这些事物的本质，而是以一种扣人心弦的新奇、启发作用的方式，重新解释那些古老的真理。一个艺术家，不应该让幻想有喘息的机会，应该运用自己创造的样式，将观赏者全部想象活动吸引住。"

因此，当我们的学生进入到"创造"领域的时候，应该很明确地排斥以往大家所常见的、自己所习惯的表现形式，借以避免平庸。即使选择了历史性符号，也要与崭新的现代意识相碰撞，与你自身的现实感悟相碰撞，如此我们的作品，就能进入到一个生机勃勃的想象局面中来。

想象与创造，从来都是跟以往打交道，人不可能在大脑一片空白的情况下，能创造出什么东西来。它之所以给人"无中生有"的印象，在于它起码要用两种完全不同的要素进行组合，所导致的结晶才会令人感到新意。

所以在同学们面对新的挑战时，千万不要呆在往日的积淀中苦思冥想，尽量避免以固定的方式去获得主题与灵感。因为这样做，非常容易使你在旧有的思路里绕圈子。就像有些人规范了诸多的现象而获得了经验，结果把自己限制起来，习惯于以往的题材、手法、观念，一旦碰到"创新"的要求，往往不得适从。

其实，每人都有自己的交流圈，也就是说，有固定谈得来的朋友，彼此路数熟悉、相互理解。可你要认识到这种交流范围，往往是很局限的，它只能是以往完善的继续，不易产生崭新灵感的启示。随着时间的无限积淀，如此交流方式还可能导致思维的僵化，甚至客套而无所事事。

再举个例子：谁都知道，一个人的成功需要机遇。

许多同学把这种机遇的希望，寄托给所谓很有实力的老朋友身上。而实际情况是，旧日朋友所给予你"成功机遇"的可能性是很小的，因为两人彼此太熟悉、太类同了。由于缺乏"距离感"，相互之间迸发不出钦慕的激情，大多只能起到帮助、交流及牵线作用。确切地说，

一个人的成功，往往是凭借自己的努力所具备的实力，再加上你原来根本不认识的人，双方鉴赏与利益平台的合作偶成。

同学们，其实挑战习惯挺有趣味的，请开动你自己最初对社会好奇的心理，不单单是多找一个人、多上几次电脑、多动几次手，而是要获得更新的整体观念。要明白：创新的底线在于夸张；想象的灵感在于断章取义；与众不同的诀窍在于反向思维。

你要毅然地走出去，也许在原野，也许在睡觉前的偶然，在发呆的一瞬，包括水塘、土丘、山脉、乌云、沙石、斑驳、肌理……历史与材料、实力与敌人、习惯与偶然……一句话，在你意想不到的地方。

当大家都沉浸在粗野的浪漫之中时，你不妨加入典雅的机制；当大家都在讴歌钢铁的伟大时，你不妨将木头与之碰撞一下；当权威提出"行万里路"时，你不妨留心一下自己的周围，因为"细腻"是大师另一个成立的前提，它能从一般中提炼出与众不同的端倪。

电子照相机的完善，给收集素材以极大的方便，它可以不用闪光灯就能拍摄到较暗环境的景象，这在以往是难以想象的。尽管如此，但假如你仅像平常一样地取景，结局依然会显得平庸如故。于是建议你，可否考虑趴到地面？可否应该将相机贴近素材？可否……

总之，创造需要转换角度，不同要素的组合。

创造力每个人都有，但创造力的强弱程度往往取决于个人的素质。

2. 素质

我认为一个人最主要的素质，无非两点：自信与行动能力。

你要明确，对于事业的成功，最重要的并不在于技术层

面，而是你气质的魄力。就像俗语所称："心有多大，事就能办多大"。主导你内在心理的，应该是股积极向上、自信自主的大气，敢于与社会争锋的霸气。

性格内向并不是缺点，没准在表面的平静下，内心孕育着一股更大的激动。所怕的是你的"双弱"，外在也弱，内心也弱，导致毫无生气的未来。

2.1 自信

我们常说，谦虚使人进步。但如果它使你形成一种拘谨、不自信的心态习惯，那就大错特错了。

自信，谁都想获得。

光在主观上想想这两个字是非常容易的，可你的潜意识却不同意，它深层次的客观性，对于你所传递的信息有所恐惧、抵触。因为，最实际的自信来自于实力。

毋庸置疑，每个人在面对新的挑战时，或多或少都会感到有点"恐惧"，这种恐惧将是成功巨大的敌人。主意识以"暗示"的方式向潜意识挑战，是一种增强自信心理非常有效的方式，甚至能达到"明知是假，信以为真"的境界。

"暗示"与宣传所不同的，在于它并不表面说出来，通常归于个人心理活动范畴，所运用的都是积极向上、夸奖为主的语言。也有人将之归为一股"气"，或"穷则独善其身"，或浩然"达则兼济天下"。但每个人所要明白的是，这股气别人是给不了你的，必须自己培育。

怎样暗示呢？

有本书这样写道：潜意识隐含着一股令人难以想象的推动力，它能使你的感情或情绪丰富明朗化，蛰伏的思想源源而出。这股伟大的力量虽然存在，但始终处于冬眠的状态中，必须靠着不断的自我提升才能使它醒来。

请注意这个"不断"。重复能加强记忆，重复能产生节奏，重复能使慌张的主意识追求，变成为强大的潜意识自然。

你首先，要有一种对追求成功巨大的愿望，相信自己会成功，相信在你的潜意识中有一股难以想象的力量，并以积极的心态，激活内心酣睡的巨人。随着不断的自我提升，那股暗藏的能量必将涌现出来，最终，它足可令你的行为具有非凡的创造性。

"不是猛龙不过江"。

你想得到吗？其实最有效获得自信心的方式，就是"当着别人的面，自己真诚地夸奖自己"，即使对方表现出疑义，也不退缩。

其难度在于：这种方式有悖于国人的传统道德，容易引起别人的反感，觉得你太爱吹牛。所以，你的表达要有一定的技巧性。通常要以谦虚作为表达的反衬，与夸奖形成相辅相成，这样就可以缓冲过于"张狂"的压力。

如果你真的建立起这种"自我表扬"的习惯，势必会在未来创作和个人的气质上，获得不可思议的成功。不过，请记住"真诚"两个字。

2.2 有感而发

清华"大礼堂"草坪南有一碑记，写着：行胜于言。于是，这句话就成了清华学子的座右铭。

任何人，都不能空谈成功，都必须与具体的事业结合起来。如果说"自信"属于气质与魄力的基础，那么"有感而发"就归于行动的最佳状态，它是成功的起点与载体。

我们平常的执著、吃苦、奋斗为的是什么？当然是为了悟性的来临、灵感的勃发，也就是获得"有感而发"的状态。

有的同学问：我没感觉怎么办？

没有感觉是件很糟糕的事，图虽然画了，文章即便写了，事情即使做了，意义也不大，充其量可以练练自己的毅力。只有一条路可以改变此种状态，那就是培养自己的感觉。如果你每天真的培养了，"有感"来临的机遇也真的会出现。

还有个说法:"头顶天,脚踏地"。

"头顶天"干吗?显然是充满理想,或者是判明方向;"脚踏地"干吗?显然是找准位置,继而踏实肯干。

从行动角度讲,一个人最主要的素质就是要认认真真做好眼前的事,一步步地解决问题,如此,会离成功越来越近。切忌朝三暮四,到头来一事无成。

而对于人生,照我理解:你行动腻了,就要找自信;而自信暗示结束了,就要展开行动,一辈子周而复始,生机勃勃。

最后,愿自信和行动与你同在。

多元化建筑美术教学模式

周宏智

清华大学建筑学院美术研究所

摘　要： 历经多年的探索与改革，我国高等院校的建筑美术教学模式已呈现出多元化的现状。无论从当前或是长远来看，这种多元化模式既切合现实又合乎情理。我们所寻求的不再是统一规范的教学模式，而应是多样的、生动的、结合各校和各教学单位实际需要的教学模式。从整体上来说，现代建筑是功能主义与技术主义的胜利。科学与技术的高速发展，给那些唯科学、唯技术论者们提供了排斥艺术的理由。毋庸争辩，当下的建筑已经与艺术渐行渐远。我们应该清醒地看待这种偏执的学术风气，以艺术家和教师的双重名义，在课堂上将更多的人文精神和艺术知识传授给学生。

关键词： 建筑美术　教学模式　多元化　现代建筑

Abstract: After explorations and reforms in ages, the architecture art teaching mode has presented the diversity of the status in quo. No matter from the current or the long run, this diversity model with both realistic and reasonable. We look for is no longer a unified and standard teaching mode, but should be varied and vivid, combined with the schools and all the teaching unit the actual demand of the teaching mode. Overall, the modern building is the function of technology of socialist victory. The rapid development of science and technology, to those who only science, but the technology provides the rejection their art reason. There is little dispute that, the current architecture and art has been further away from it. We should treat illiberal tendencies of sphere of learning in sober, humanistic spirit and art, In the name of teacher and artist, pass on our knowledge, including to the students.

Key words: architecture art, teaching mode, diversity, modern architecture

1. 共识

关于建筑美术教学模式的讨论是一个老话题了。在一些基本内容上，广大专业教师已有普遍的共识，如：我国建筑美术教学的历史沿革、意义与作用，当前的基本状况以及改革的迫切性等。这些问题似乎都十分清晰无需讨论了，之所以一而再地老话重提，反映了大家对一些焦点问题的关切。

首先是教学模式的改革议题，这个议题之所以常论常新，是因为当前的一切改革举措都处于探索实验阶段，尽管这样的探索已历经多年，但是从长远的眼光来看，从教育工作的规律和科学性来说，今天的所有改革尝试仍然处于"进行时"。常言道："十年育树百年育人"，谁都清楚，任何未经时间检验的教育体系或模式，都无法体现其绝对的权威性。况且在现实情况中，各个学校的具体条件不同，个别的成功经验未必就能移植到其他的教学单位。但是这并不妨碍我们进行积极的交流和探索。相反，面对同样的挑战，我们必须经常交流沟通才能通力协作成果共享。

另一个大家普遍意识到的问题是：美术课在建筑教育中的合理性越来越受到部分业内人士的质疑，而这种质疑的基本理由就是在数字化技术时代，传统上由绘画来完成的建筑视觉表达，今天完全可以利用计算机解决了。对一个建筑师来说，"绘画是一门无关紧要的技艺了"。我们看到，在现实中这是一种非常强势的学术偏见。持这种观点的人，过高地相信和依赖科学技术的效率与作用，低估了美术课的美育功能。尤其在我国当代特殊的教育背景下，无论是在中等教育还是高等教育阶段，艺术教育基本上处于严重缺位的状态。多数进入高等院校建筑学专业的新生从未接触过造型艺术也不了解艺术史。从当下的情况来看，美术课几乎发挥着艺术扫盲的功能，承担着审美启蒙的责任。

美术课绝不仅仅是一门传授技艺的课程，更重要的是引导学生如何发现美、表现美、创造美！它是直接作用于思想的学问。从这个意义上来说，它的成效是隐性的、长远的，它的作用无法用量化的指标来说明。20世纪伟大的建筑师、教育家格罗皮乌斯认为：绘画融入了最丰富的想象，而且涉及了对当代与未来的思考，人们可以从绘画中找到发展新建筑的动力。美术是一种思想、一种推动力，而不单纯是一门基础学科。

2. 现实

据不完全统计，我国目前设有建筑学专业的院校约有200余所，其中多数开设了美术课。在教学模式和教学内容方面，各校不尽相同。在教学改革上，各校同仁付出了积极的努力，进行了深入的理论研讨和实践探索。从历史上看，我国的建筑美术教学从来没有像今天这样多元化。统一的、僵化的教学模式及教学内容已经被打破，而这一点恰恰是我们付出努力后的最大成果。

无论以现实或是发展的眼光来看，建筑美术教学模式和内容的多元化，既切合实际亦合情合理。首先，从社会大背景来说，多元文化的确立；多向度文化思维与创造时代的来临，必然要求教育基础面的多元化。其次，从当前的实际情况来说，各个学校、各教学单位的具体条件不同——师资条件、教学环境、学术方向等都存有差异。如此情况下，与其追求统一标准，不如各施所长根据自身条件，建立与完善富有学术深度与特色的教学模式。

在教学内容和课程设置方面，亦应强调多元化，无论是写实、抽象；抑或是模仿、构成，都具有各自的合理性，不存在孰优孰劣、孰高孰低的问题。没有证据表明，写实或抽象、有机与构成、明暗和线条等风格样式在美术基础教育阶段哪个更优越；在启发学生的形象思维能力、想象力与创造力方面哪个更有效。从艺术史上看，什么风格都出大师，无论是美术大师还是建筑大师。至于采用何种技术工具或材料进行教学，是水彩、水粉，还是铅笔、钢笔、马克笔，包括计算机绘图、软件的应用与操作等，都只涉及技法层面无关乎审美教育的本质。

美术教学可以是必修课，也可以是选修课；可以是公共课，也可以设工作室。一切都应从自身条件和办学需要出发。素描、色彩、油画、雕塑、国画、工艺美术，只要有条件都可以开课。在20世纪以前，中国人从来不懂得光影素描为何物，照样设计出具有民族特色且极富高端艺术品位的建筑：从宫殿到民居，从城市规划到园林景观。这说明审美修养源于多维度、多层面的感知与接触。

应该摒弃狭隘的实用主义思维，建筑美术课并不意味着只能画模型、画静物和建筑。尽管这些教学内容已经形成历史难以撼动，在许多人看来建筑美术专业理所应当地画建筑，这种思想的出发点是实用主义的。如若从培养学生的审美与形象思维能力的角度来说，就不应该被这些有限的题材所约束。克利在谈及艺术家的创造性和作品与生活的关系时曾用树来比喻："谁都不能确定，树冠会长成树根的形状。根部和顶部不可能一模一样。"[1]创造力源于丰富的知识、经验和想象力，古希腊建筑在形式与比例上受益于对人体的崇尚和研究。蒙德里安那些矩形的图画是从自然中演化而来的，他从自然中发现了普遍的和谐，进而将感官认识上升为哲学沉思，最后创造出他那著名的几何抽象图形。立体主义、风格派曾对现代建筑产生过重要的影响，但这些风格不是从建筑中归纳出来的，相反是从自然中抽象出来的。

3. 反思

西方现代建筑在理念与实践上与西方现代艺术的发展密切相关。这种看法没错，但需要指出的是：从总体上看，西方现代建筑是功能主义的胜利，是技术主义的胜利。涉及美学方面，它更多地接受了立体主义、纯粹主义、至上主义、构成主义、新造型主义乃至极少主义等形式主义的艺术风格，而这些风格普遍带有前工业化时代机械美学的特征。因为它适应了工业化的生产需求与技术特征，因此就顺理成章地与现代建筑观念相融合。于是，一切模仿的、浪漫的、巴洛克式的以及表现主义的艺术都在主流现代建筑理念的排斥之列。"装饰就是罪恶"、"少即是多"等振聋发聩的现代主义口号体现了工业化时代的审美偏见。

然而，美的形式是多样化的，所谓后现代文化就是对现代主义霸权的反驳。尽管模仿的艺术、浪漫的艺术不合工业制造的口味，但没人能否定它们的美学价值。可以预见，伴随着后工业时代的到来，科学技术的进一步发展，尤其是数字科技以及新材料、新工程技术的创造与革新，个性化的艺术风格与生产过程的高效率将不再成为尖锐的矛盾，一种更人性化的、更富装饰性和曲线美的建筑必将挑战现代主义的几何式霸权。2010年上海世界博览会的各国展馆建筑，让我们清晰地看到了这样的美学趋势。

包豪斯是现代设计理念的策源地。格罗皮乌斯领导下的包豪斯积极容纳和促进各种艺术流派与学术思想的共存，无论是表现主义艺术家还是构成主义者，他们在包豪斯为了一个共同的理想而工作——"一切创造活动的终极目标就是建筑"。格罗皮乌斯的继任者——瑞士人汉纳斯·梅耶，则是一个完完全全的实用主义者，他基本上排斥自由艺术在包豪斯的地位，强调艺术家的任务就是要设计出功能性的建筑。梅耶曾写道："建筑是一个生物学的过程。建筑不是一个审美的过程……有些建筑所产生的效果大受艺术家们的推崇，这样的建筑没有权利存在下去……新的住宅是工业的产物，因此，它是专家们的创造：经济学家、统计学家、卫生学家、气象学家……法规、采暖技术专家……建筑师吗？……正在变成组织专家……建筑只不过是组织：社会组织、经济组织、思想组织。"[2]梅耶的此番论述道出了功能主义的真正意图：彻底地排除艺术在未来建筑中的地位和意义。而当时在包豪斯任教的康定斯基和克利等人是坚决反对这种社会实用主义及唯技术论观点的。克利曾对他的学生们说："机器实现功能的方式是不错的，但是，生活的方式还不止于此。生命能够繁衍并且养育后代。一架老旧的破机器几时才会生个孩子呢？"[3]克利言论的弦外之音就是：机器不能取代人的思想，人是有创造力的而机器不过是工具而已。

实际上，功能主义与理想主义、注重技术与注重艺术的思想冲突，在包豪斯的办学过程中就表现得非常突出了，最后取得胜利的是功能主义。然而，包豪斯最有创造活力的时期恰恰是在它的前半程。之后，随着它对实践教学内容的清除和对纯艺术课程的排斥，以及诸多艺术家、画家的纷纷离去，最后包豪斯只能是沦为一所传统式的建筑设计学校。

随着功能主义的胜利，现代建筑实际上建立起了它自身的美学标准：符合功能需要；符合工业化、标准化生产条件的美学观念或艺术风格，就积极容纳，不符合这一标准的就排斥，诸如：现实主义、浪漫主义、巴洛克、表现主义等，都在现代建筑美学的排斥之列。如果说这是现代建筑在功能主义驱动下患了美学偏食症的话，那么，美术教育，尤其是基础美术教育为什么要屈从于它呢？建筑美术教学应该着重于全面性、基础性。与时俱进不等于盲目追随，如果我们总是习惯性地追随西方的模式，永远也追不上。人家画写实的我们也画写实的；人家搞构成练习我们就紧随其后；人家不画画了我们就要取消美术课。难道我们不仔细想一想，西方的做法就真的正确吗？中国的现代建筑直接照搬了西方的理念和形式，结果怎样？当我们环顾那些城区住宅——千篇一律的水泥盒子，除了僵化、呆板、低档之外，哪里谈得上半点"美"？再看看近年来坐落在京城核心地带那些来自西方建筑师的"大手笔"、"大制作"，多半是虚张声势。它们给人最深刻的印象是炫耀资本和权力，而不是人性和艺术。

　　前些年，我作为一个普通游客多次造访了现代艺术与现代建筑的发源地——欧洲。在西欧、北欧、东欧诸国，都无一例外地把他们引以为自豪的文化遗产展示给来自世界各地的游人。在这些文化遗产中，最重要的内容就是传统建筑。因为这些古老建筑是"凝固的音乐"，铸就了永恒的美。每年都有千百万人来到卢浮宫、来到圣马可广场。毋庸置疑，人们所关照的是那些精美绝伦的艺术品和传统建筑；是那些充满装饰的美丽"罪恶"。如果不是出于专业兴趣或主动申请的话，没人带你去参观那些充斥着现代建筑且功能齐备的新城。在德国，导游会津津乐道地向你介绍新天鹅堡，但没人带你去看包豪斯。

参考文献

[1] 常宁生. 现代艺术大师论艺术. 北京：中国人民大学出版社，2003.
[2]（英）弗兰克. 惠特福德. 包豪斯. 林鹤译. 北京：三联书店，2001：195.
[3]（英）弗兰克. 惠特福德. 包豪斯. 林鹤译. 北京：三联书店，2001：137.

工科背景下艺术设计专业"构成"课程教学方法探讨

李丽

内蒙古工业大学建筑学院

摘　要：本文针对工科院校设计类专业"构成"课程在教学中存在的问题，对"构成"课程教学现状进行了分析，从教学内容、教学方法两个方面展开了对"构成"课程的教学方法的探讨，以期进一步提高构成课程的教学质量。

关键词：构成课程　现状分析　教学内容　教学方法

Abstract: In this paper, specialty design engineering colleges "constitutes" in teaching and learning problems, the "form" teaching are analyzed, from two aspects of Teaching content, teaching methods Launched the "form" method of teaching the course, to further enhance the quality of the teaching of composition courses.

Key words: composition courses, analysis, teaching content, teaching methods

在世界美术发展史中，现代构成艺术居于一个不可取代的位置，从20世纪20年代前苏联构成主义、荷兰风格派、德国包豪斯的教学体系，20世纪40年代的法国具体主义艺术，20世纪60年代的欧普艺术与活动艺术到20世纪80年代、90年代的高科技艺术，其造型理念与艺术形式，无不影响着各个时期的设计观念与设计风格。构成艺术新方法与新形式的开发、新造型的研究，对现代设计产生积极的促进作用。

我国将构成教育作为系统科目引进，已有近三十年的历史，并在全国高等艺术院校的教学中普及，使"构成"课程成为设计的基础课程之一。"构成"包括平面构成、色彩构成以及立体构成，简称"三大构成"。现如今，不仅美术学校、工艺美术学校和学院开设"构成"课程，就连理工科院校的建筑学系、机械制造系、园林系也开设了"构成"课，可以说"构成"课程的开设已是相当普及了。但由于长期以来教育界对"构成"课存在着片面化的理解，普遍形成了设计基础课程与设计专业教学的脱节现象，以至于学生在学习时很难领悟到"构成"的作用，从而阻碍了他们理

解现代设计鲜活的精神内核，使"构成"课教学目的和宗旨迷失在图像形态的技术性抽象化和构成化的变幻之中，从而没有将"构成"课程的教学目的真正得以实现。本文通过对"构成"课程教学体系的研究，目的在于建立由浅入深、由高到低、由刻板到自由、由技术到感觉的学科教学体系，以改变目前构成教学缺乏科学性系统性的局面，提高教学质量。

1. "构成"课程教学的现状分析

我国于20世纪70年代末期引入了"构成"课程教学体系，并开始逐渐打破中国设计教育基本上从属于纯美术范畴，停留在纯美术的技能训练上，主要通过临摹、写生等方式来进行造型训练的传统设计教学模式。80年代"构成"课程已成为我国设计教育的必修课，并被广泛应用于设计实践，为中国现代设计教育奠定了基础。构成学在内容上对造型要素"点、线、面、体"和色彩要素"色相、明

度、纯度"这些现代设计中最基本的视觉元素进行了科学化、理性化的分析与研究,揭示了事物形态的各种构成关系、组合规律及美学法则,将客观事物的本质要素抽象出来,按照美学规律和构成原理,重新解构、整合,创造出新的理想的形态及组合方式,并且注重不同材质的表现力。这种科学的系统化的训练方法奠定了一个较为纯粹的现代设计基础体系,其意义在于拓展学生的设计思维、掌握理性和感性相结合的设计方法,为今后的专业设计奠定坚实的基础。

然而,从传统形态构成课程多年的教学内容来看,无论建筑设计、室内设计、服装设计还是视觉传达设计等专业,构成课程讲授的内容和方法几乎都是通过抽象的点、线、面、体来逐步培养学生的造型能力和审美能力;训练的步骤也是从二维平面向三维空间模式过渡。这种教学模式曾经在我国设计类教学中对于学生造型能力的培养起到很重要的作用。但是经过几年教学实践我们发现:尽管构成课在所有设计类的专业教育中起同样的作用,但因为专业特点和侧重点不同,对构成课程的讲授与训练要求也应有所不同。原有的教学内容和方法,已不能完全适应专业发展对人才培养的更高要求,传统的教学模式凸显出一些不适应性。

其不适应性主要表现在以下几个方面:

1.1 教学目的不明确,缺乏学科间的联系

一方面,平面构成、色彩构成、立体构成作为构成学课程的骨干,在教学管理中被安排为三门独立的课程开设,但在教学活动中却没有被联系起来,割裂了它们的联系。没有老师的引导学生是很难找到它们之间的联系,更不会综合应用。另一方面,构成学课程缺乏与专业课的联系。学完"三大构成"抽象的理论知识,经过一些程式化的训练,学生根本不知如何在设计中应用。这都是和构成学课程的教学目的相违背的。

1.2 教学的地位不明确,偏重于对形式法则的教条模仿

我们现在所用的构成教材,重点大多放在探索形式法则的"形式"推敲上,学生的作业模仿成分过多,过分强调形式,缺少创意,忽略对学生创造性能力的培养。社会在发展,科技在进步,知识在更新,陈旧的教学内容是不能培养出适应时代发展的人才的,并且在落后的教学模式指导下,使得所有的教学内容与训练都趋向于程式化,限制着学生主观能动性的发挥,阻碍了学生设计潜能的挖掘。

1.3 教学过程缺乏互动性,课堂的灌输方法影响了学生学习兴趣的培养

在构成课程教学过程中,缺乏老师与学生、学生与学生之间的互动,这将极大地影响学生整体学习水平的提高。另外,在传统的课堂教学设计中,往往缺乏对学生智力发展的刺激性与挑战性,课堂教学中老师一般依据教材进行知识点的阐述,但这种以科学性、原理性为主的课程理论部分,是不易被缺乏逻辑性思维的低年级学生所理解,容易导致思想僵化、被动接受,从而难以准确地应用构成理论知识去进行构成设计。虽然作业能完成,但会呈现出一定的机械性和缺乏自主的模仿。久而久之,在一定程度上影响学生学习兴趣的培养。

1.4 教与学重视不够

我校设计专业是建立在工科背景之下,由于传承了原有的教学思想与理念,存在重工抑文的现象,缺乏与文化艺术学科的交叉融合,重视培养学生的理性思维,而忽视文化综合素质、艺术表现技能的培养。由于构成学内容的抽象性,使得不少学生认为构成训练就是用处不大的程式化训练。在这种环境下,构成学的教学与学习都没有得到足够的重视。

2. "构成"课程教学改革内容

行之有效的教学改革需要结合学科特点、专业特点、学生特点、时代特点、现实条件等在教学活动中探索、实践。我院现有建筑学、城市规划、艺术设计（室内外环境设计方向）三个专业开设构成课程，为适应三个专业发展的不同需求，根据构成课程建设和教学理念，进行了一些教学改革，取得了一定成果，但仍有较多方面，亟待进一步深化改革：

2.1 教学内容的改革

传统的构成课程，只注重基本理论与构成方法的讲授，应加强基本理论在实际设计中的应用，这将有利于学生设计能力的培养与提高。

1）注重课程间的关联与综合应用。

注重课程间的关联与综合应用，也就是打破陈规、开拓思路，把平面构成、色彩构成、立体构成联系起来，把三大构成与专业设计联系起来。比如，在平面构成讲授时，要求学生依据基本理论，到自然中、生活中去寻找实例，并交流；老师结合一些优秀的设计实例去讲解构成理论的应用，如此一来，学生会对自然、对生活充满热爱，也对基本理论有了更深的了解。

2）加强培养学生感性思维能力。

不论是建筑学专业、城市规划专业还是室内设计专业都是技术与艺术的结合，是感性与理性的结合，这就要求设计师要有一定的感性思维能力和表达能力。工科院校设计类学生的定向思维和逻辑思维偏重，感性思维不够活跃，所以在教学过程中应加强感性思维训练。在实际教学中可以通过给定主题的方式训练学生的感性思维。比如，精选若干图片让学生去感受，并用视觉语言表达出来；给出若干表示情感的词汇，让学生去表现；依据诗句去表现所感受到的意境等。

3）改变统一教材的传统做法。

以多种参考教材取代统一教材。教师用书仍然要以经典教材为主，并参考大量教材，集众家之所长，对于学生用教材则要求尽量的不同，并要求加强交流。当前的构成学教材几乎是都以范例、作品欣赏为各自的特色，重复率低，这对学生拓展思维，开阔视野、提高审美素质有很大的帮助。如果每班的学生所拥有的教材各不相同，那就可以组建一个小资料库了，流通起来会给学生带来多大的益处就可想而知了。实践证明，效果很好，对学生很有利。

4）树立全面的评价与考核标准。

打破单一的评价与考核标准，培养素质全面、能够适应潮流和努力变革的学生。在设计作品评价中建立全面的评价标准：（1）创造力：学生接受和选择课题以及设计解决方案的能力；（2）多学科：学习和应用多学科的方法和程度；（3）社会责任心：学生对设计师以及设计的社会责任的认识；（4）综合能力；（5）推理与设计能力；（6）美学判断力；（7）对信息的组织与分析能力；（8）对未来设计的深入思考；（9）表达能力；（10）自我激励和自我学习的责任心。

2.2 教学方法的改革

为提高教学质量，需改进教学方法，规范教学过程。我们拟采用以下改革措施：

1）改进教学方式，选择适当的教学媒介。

构成课程作为一门设计基础课程，长期以来一直采用传统的构成教学模式，由教师课堂讲授，学生接受教学内容，通过手工实践，最终以作业形式表现出来，由教师进行最后的课堂作业讲评。这种教学模式的优点在于可以培养学生的动手能力以及对手工绘制工具的熟练掌握，但在计算机高速普及的今天，我们还在用手工方式完成作业的添色，已不能很好地适应时代的发展。手绘与电脑各有利弊，在教学过程中将两种手段相互补充，发挥各自优势。

2）注重团队协作能力的培养。

团体协能力包含两层含义，一是与别人沟通、交流的能力；二是与人合作的能力。任何设计创意都是没有唯一答案的，因此，只有通过平等、自由、宽松、民主的讨论，通过相互启发、相互促进、不断尝试，逐步理清思绪，一个相对成熟的设计方案才能出来。任何设计工作都不是闭门造车、单打独斗完成的。在课题的训练中，加强师生之间、学生之间、学生与市场之间的交流与合作，培养学生的团体协作能力。

3）在教学关系中，教师在教学中应处于"从属"地位。

在教学过程中，老师应不单是基本理论的讲述者，还应是发现者、组织者、探索者。主要的目标是调动学生的积极性，让他们去发现和发挥自己的能力。在教学过程中，老师应细心观察学生的思维变化，及时为他们提供意见。在作业辅导中，不要用自己对构图、画面元素的看法左右学生的思维。只是提供思路帮助学生树立自我意识、创新意识。

结束语

作为工科院校中的设计类专业，在专业基础课"构成"课程的教学中，结合专业方向，向学生积极渗透专业思想，通过课堂教学不断培养学生的设计与审美能力，对更好地适应专业起着重要的作用。以上只是笔者在教学过程中的一点体会，同时也感到自身的压力和责任。在教学中，只有不断地充实自己，提高自己的业务素质，扩大自己的知识结构，提高知识水平，听取学生的反馈意见，合理改进教学手段和教学方法，才能真正提高教学质量。

参考文献

[1] 李丹，马兰. 平面构成. 沈阳：辽宁美术出版社，2007.
[2] 崔东方. 装饰造型设计基础. 北京：中国建筑工业出版社，2000.
[3] 赵殿泽. 构成艺术. 沈阳：辽宁美术出版社，1994.
[4] 吕清夫. 造型原理. 北京：雄师图书股份有限公司，1984.
[5] 李春富. 建筑美术教育必须重视创造性思维能力的培养. 建筑画.

关于建筑美术教学的思考

伍悦

福州大学建筑学院

摘　要：建筑学专业美术与其他美术设计类专业以及专业美术存在一定的差异。重点分析了院校教学管理和教学模式与课程体系中存在的问题，并针对目前存在的客观问题，从教学管理创新、美术课程设置、教师素质三方面探讨了如何对建筑美术教学的改进。

关键词：美术教育　思考　教学实践

Abstract: There are some differences between architecture art and other specialized design majors, the professional art as well. This paper analyzed why there are so many problems in the college teaching management, teaching model and course system. And then, some brief measures are presented to improve the existing problems including teaching management innovation, art education curriculum instruction and teacher quality.

Key words: art education, thinking, teaching practice

引言

建筑因人而生，由人而变，它是人类生活中不可或缺的重要组成部分，它的三大要素是"实用，坚固，美观"[1]。建筑是一门艺术，建筑艺术是理性思维，科学手段和艺术审美的综合体现。建筑设计包含大量的造型艺术因素，美术教育是建筑学专业整体教学体系中不可缺少的重要组成部分[2]。因此，建筑美术教学能否激活学生的创造性思维，拓展创造理念，如何通过美术类课程教育最大限度地培养和发展学生的创新精神和富有创意的造型能力，进而培养出具有创造精神的优秀建筑设计专门人才，这是摆在高校教育管理、美术教师、设计教师面前的重要课题。

1. 建筑学专业美术课程的特点

建筑美术同其他美术设计类专业一样都属于应用美术，满足人们实用的同时，来探求形态美给人们带来的精神享受。在世界和中国经济高速发展和跌宕起伏的今天，科学技术的发展与建筑艺术相融合，设计与使用性的重组，美与用的重构，让全球建筑艺术的发展到了一定的高度。随着建筑行业飞速迅猛的发展，建筑行业对人才需求持续增长，对人才要求不仅要有较好的建筑设计能力，还应具备较深的艺术内涵，这就是基础美术教育在建筑学中的重要性。

高校建筑学美术教育和专业艺术院校美术教育既有差异，又有共性。相同点：课程属性相同，建筑与绘画雕塑同属于空间艺术，并且相对于纯艺术而言，建筑与环境艺术、工业造型、视觉传达等同属于设计类艺术。不同点：①建筑学美术教育综合性强、对专业技能技巧要求高。着重培养和提高学生的造型和艺术素养，使他们形成科学的、高雅的审美观，并且具备一定的表现能力。建筑艺术还常常需要结合绘画、雕刻、工艺美术、园林艺术，创造室内外公共空间艺术环境。因此，建筑艺术是一门涉及面广的综合性艺术。②建筑美术有较强的运用性特点。③课程设置不同。在专业艺术院校基础美术教学占到本科教学全部课程的四分之一以上，而对我国绝大多数有建筑学专业院校来讲，美术基础课呈逐年减少的趋势，只占本科教学总学时的5%左右，建筑美术教学在很多学校越来越不受重视，越来越被边缘化，甚至还有取消建筑美术课的声音。

2. 建筑美术教学存在的问题

2.1 高校教学管理中存在的问题

建筑作为我国经济建设增长点，建筑行业在参与经济建设中扮演了很重要的角色，城市成了一个又一个建筑工地，建筑设计人才稀缺，全国建筑学专业呈大量扩招上升趋势形成了扩大办学的热潮。我国建筑学专业普遍设立在理工科院校(国外多设于建筑美术院校)，学校长期来已形成一整套理工科教学管理模式，习惯按照理工科的思维方法和管理模式管理建筑美术基础课教学。有的院系领导因对建筑美术教学不熟悉不重视，对建筑美术教学规律不了解，导致教学管理机制不完善，不能进行科学的管理，长期来形成了对建筑学科建筑美术基础课教学管理不善之状况。在建筑设计教育大发展的今天，教学管理改革势在必行。加强教学管理人员的素质培养，建设一支有现代教学管理经验、管理理念、高水平管理技术队伍。强化教师的培训力度，让教师了解掌握最前沿的知识和技能，保证教师有较好的教学质量，制定相对实用统一的教学大纲及教学方法，编制一套适合建筑美术教育的规范性教材，建立一个相对统一的教学体系。

因为建筑人才稀缺，新设建筑学专业的学校犹如雨后春笋，由于大幅扩招，师资短缺，对于一些新开设建筑专业的学院，其应有的教学环境和设备还不能配备，刚走出校门的毕业生被赶鸭子上架，这给建筑美术教学带来了很多困难，教师只在讲台上讲，没有实际的动手操作是无法达到教学目的。建筑美术教学有自身的特殊性，专业要求较强，教学环境和设备也有着特殊的要求，美术课程需要专业画室，构成课程需要专业工作室和必要的制作设施，还有实习场地、图书资料等教学环境和设备。学生有了实习场地才能更好、更彻底地理解专业，才能把理论知识转换为实践能力。

2.2 教学模式与课程体系中存在的问题

1）教学模式陈旧，教学方法缺少灵活性

"文革"前后由于经济落后、文化精神单一、政治性质突出、大部分建筑的标准一般也是以最大限度的利用空间为先导，从而忽略了建筑"个性语言"，产生了许多火柴盒式的建筑模式。建筑美术教学也就自然显得单一和死板。不少学校进行了教学改革，但主要的教学框架还保留着传统的教学模式，即素描水彩作为建筑美术教学的主要课程。形式感、客观组织力等往往被忽视了，更不用说涉及建筑美术的其他内容。现有的教学方式注重开创性思维表现和技能的应用，由于大量的扩招、扩大办学的热潮，生源的质量和师资质量也越来越不受保证。基础美术教学是个量化的过程，每个学生没有进行大量的练习，完全依靠课堂仅有的课时训练，要想达到一定的造型能力是有一定难度的。很可能导致教学任务不能很好地完成。通过建筑美术教学凸现出一些当前教育存在的问题，应当引起教育工作者的重视和思考。因此，构建实践教学体系，突出建筑美术教学特色，是确保人才培养目标与人才培养质量的关键一环。

2）课程设置缺乏科学性

在如今的建筑学的美术课程中基本是沿用传统古典主义"学院派"方法，主要体现在美术课程是基本依照艺术类院校教学模式而设置的，有些课程设置是直接移植过来的，即素描、水彩作为建筑学美术教育的主要课程。建筑学教学主要采用学生被动描摹物象的方法，而水彩课的教学主要是渲染技法。形式要素的组织与构成往往被忽略。

现在的大学教育普遍存在"重术轻道"的现象，无论理工类还是社科类大学都是如此。在建筑美术的课程教学中体现得更明显。在总课时不变的情况下，增加一些实效性的课程，因此美术基础课程就相应减少了，理论修养的课程设置更是蜻蜓点水。目前国内建筑学专业在美术课程的设置上状况大致相同，总课时量为200~250学时，包括素描、色彩、构成以及表现技法。美术类的总课时比重不到10%的不在少数，有些甚至连基础的美术理论课只能安排在选修课来完成。

3 对现行建筑学美术教学改革的探索

3.1 教学管理创新

大学教育是一种方法的转变，更多的是学会理解、掌握新知识的过程，是一种在已有知识、经验和观点的基础上重新组织、重新构建、不断创新的过程。管理层应改变原有学科本位的僵硬思想，正确认识与理解建筑与艺术、设计与建筑美术的关系，从指导思想上给予建筑美术基础教学以应有的关心和重视。

要发扬学生的主体性，教师的主导性，提倡直观性、互动性、体验性、主动性、讨论性，树立探究和启发性的教学模式。因此，应积极开展美术教学实践，发挥学生主观能动性，提高学生的创造力和艺术鉴赏力。实践活动是使理论知识得以真正诠释、发挥的环节，同时也是形成新的美学意识、提高创作能力的重要源泉，艺术的规律更是如此。在实践过程中，让学生通过视觉、听觉、触觉等去感知对象的内容和形式，或以实际行动去参与体验，然后根据自己的知识和经验进行综合判断，最后形成一种意识，一种技巧，一种能力，并作用于对生活及学习的认识和创造活动中。由于美术教学具有体验性、娱乐性、自发性和主动性等特征，因此美术教学的开展途径和方法比较宽松。在建筑美术的实践教学中，除了课堂内的练习实践外还包括野外的实践环节，这主要是根据该门课程的教学目标需要而设定的，旨在自然环境中去感受和体验美的存在、美的形式以及美的规律。

3.2 建筑学专业的美术课程设置

首先是课程设置。由于建筑学是一门综合性较强的学科，专业课程的设置极其丰富，因此美术课程在教学课时量上略显拮据，如果还是按部就班套用一般的教学模式，整个教学不但因学时少而不能奏效，反而易脱离建筑学美术基础的教学目的。结合专业特点，强化美术课程在专业技能培养中的意义，如素描课教学时还应强调训练学生的构图、取景、取舍以及均衡等一系列美的感受能力。这对从属造型设计的建筑学专业教学极为重要，因此素描课学时应在美术课程教学中占基础地位。（表中内容仅供参考，不准之处请指正）

其次是课程内容。美术课程属理论框架范畴，是根据培养目标来制定的，与其他的美术专业课程有着一致性，是多年来人们根据培养目标和教学实践得出的理论总结，具有一定的稳定性和延续性。过去我们在绘画课中谈审美与修养，的确于潜移默化中把这些观念渗透到技术训练当中，但是信息化时代的来临，技术性训练所解决的造型能力，其概念和方法已完全不同，表达质感、体积感也许在瞬间即可近乎完美。但我们缺少的是审美、鉴赏能力、独到的眼光。在各艺术门类日益融合的时代，我们更应广泛地接触不同的艺术门类，艺术思潮，开拓思路，理解艺术观念，全面提高艺术修养。从表中可以看到，国内一些知名院校除了在必修课程当中考虑艺术理论和艺术修养方面的课程外，在选修课程中也设置了一些美学课程。

国内知名院校美术基础课程

学校名称	美术基础课时/学时			选修课程
	素描	色彩	实习	
清华大学建筑学院	128	128	3周	20世纪西方美术
同济大学建筑与城市规划学院	128	128	3周	陶艺、版面、手工制作
东南大学建筑学院	视觉设计基础（144）	视觉设计基础（144）	3周	现代绘画、陶艺、摄影、建筑画技法、艺术概论
西安建筑科技大学建筑学院	120，环艺（160）	120，环艺（160）	3周	中国美术史、摄影
重庆大学建筑与城规学院	136	136	3周	陶艺、中外艺术鉴赏、建筑快速表现

3.3 提高教师素质，构建特色教学模式

教师被尊称为"人类灵魂的工程师"，肩负着教书育人的神圣职责，个人的专业素养和职业道德要求是很高的，"经师易遇，人师难遭"，这也正是为什么教师并不是人人都可以担负的职业。

美术是一门综合性较强的学科，蕴涵着丰富的内容，覆盖历史、地理、文学、影视等方面，这就意味着美术教师是建立在广阔而深厚的学科和文化背景之上。在教学内容中，除了上面所谈到的美术教学课程内容、课本内容外，教师自身的专业学识和经验对学生进行传道、授业和解惑是非常重要的。传统师徒式的传承模式，教学内容基本上来自教师的直接或间接的学问和经验。师法古人，这就要求教师对该学科有着深入的探讨和研究。除此之外，在知识背景和学科结构上教师要跨越传统的学科专业界限，贯通理论素养，在实践技能和教学技术等方面，成为全面发展的人。

结束语

高校建筑学专业的学生要求具有美术学科的基本知识，这在建筑学专业的学习中已成为共识。在我国传统的建筑学美术教育中，注重技能传授而忽视知识传授，教学思维方式单一，强调教学中的感性描述而缺乏理性归纳，这都是普通高校建筑学专业美术教学的弊端。根据高校建筑专业教育现状，对于教育工作者来讲，更多的是普及学生艺术素养的美术素质教育，普及美术基础教育，提升特长教育，将因材施教落到实处，同时注重对学生进行创新思维的培养。

参考文献

[1] 廖晓玲. 论高职建筑装饰专业的美术教学[J]. 闽西职业技术学院学报，2009（2）：80-81.
[2] 李永长. 后现代与美术课程改革初探. 中国美术教育，2003.5.

关于建筑院校学生设计表现能力培养的教学探索

张炜 杜娟 吴雪飞

山东建筑大学艺术学院

摘　要：在艺术设计中，设计表现始终是关系到整个设计作品实效的重要方面。设计表现技法训练是教学计划中一个重要环节，也是实现学生审美能力、艺术表现力、表现技法能力培养的重要途径。本文通过教学实践，旨在探索行之有效的教学方法，使学生能快速将设计表现、设计方法与设计思想、设计过程融会贯通，从而使其设计实践能力得以深化和提高。

关键词：设计表现　能力培养　教学方法

Abstract: During the process of art design, the design representation is always the most important aspect to determine the final effect of the whole works of design. The design representation course is an important practice link to teaching plan, is also an important way of the cultivation of students' art aesthetic abilities, design ideation and the basic training of art design methods. This article expects to find an effective teaching method to make students acquire a thorough understanding of the principles, skills, processes, and develop abilities in resolving problems by going deep into the realities at last.

Key words: design representation, training of ability, teaching method

　　设计表现图是一种规范化、符号化和模式化相结合的表现手法，它是在设计过程中，徒手对设计思维进行探讨性表达和对设计效果进行预期表现的一种绘图手法。设计表现是设计类专业，尤其是建筑与环境艺术设计类专业学生整个学习和设计过程的重要环节，是研究表现形式和内容的专业基础，也是提高学生设计审美能力及训练表现技能的重要途径。

　　在设计业迅猛发展的今天，效果图的表现形式日趋多样化，尤其是电脑的应用，给设计师提供了崭新的表现平台。人们可以用电脑模拟出场景的真实性，并以多角度、多层次，渲染出空间、灯光、材料的仿真效果和环境气氛。目前，标准的家具模板、统一的技术规范、方便的电脑设计程序使不少设计者沉迷于高效的流水生产方式中，而对设计方案的"创新"却失去了兴趣。体现创作的思考性图纸也少有人去画了，更谈不上构思、学习了。许多学生放松了手绘表现技法的学习，几乎把电脑表现当成他们唯一的表现手段，他们已习惯于用菜单式电脑软件进行设计，热衷于套用图库，一切思维都跟着电脑走。如若让他们现场用笔表达，他们会感到十分茫然和生疏，不知从何处落笔。如此以往，学生的设计思维就会被电脑所左右，使设计思维受限，大大影响创意思想的形成，必将成为我们教育界的悲哀。

　　因此，加强设计徒手表现手法的学习与探索是摆在建筑类院校艺术设计教育面前的切实问题，解决好它，将会给整个艺术设计学科的教育提供一个全新的、科学的思路，同时还会为专业教育框架提供一个正确的方向。具体到专业学习上，它将对打开专业"启蒙"的"黑箱"起到指导性作用，使学生能够熟练地收集资料，流畅地表达自己的设计思想，清楚地看到自己在前进道路上还需具备哪些知识，以及如何获得和使用这些知识等（图1）。在建筑与环境设计专业的教学中如何更快、更简便地让学生掌握设计表现，准确及时地表达设计思想提高工作效率，是我们所要探索的重点。

图1　徒手表现示意图

首先，要培养学生在设计构思阶段灵活合理地运用设计知识和图解思考的能力。图解思考的灵活运用取决于科学分析的头脑，敏锐的视觉捕捉能力及相应的图示表达能力和相关的艺术修养。此外，通过思维进行快速表现，还应在平时的建筑与环境艺术设计专业的教学中培养学生具备掌握信息的感知能力及对信息选择的能力。在设计构思阶段拥有了正确的思维方式后，我们还要让学生了解设计表现技法的形式要素：形体、色彩、笔触、构思等，加强技法训练，以利于准确表达设计思想。

其次，由于在该门课程的教学中时刻围绕一个"快捷"，要求通过几个单元的练习，由易而难、循序渐进地使学生掌握手绘设计表现的基本规律和技巧。通常，为使学生能够较好掌握手绘设计表现方法，我们在课程的教学方式和教学内容中，通常采用以下几种教学方式：

1. 掌握透视表现要点

在我们的课程中强调简易而快捷的透视画法，主要通过一点透视和两点透视的练习来掌握透视原理中关键的几个要点（图2）：

①不同视点位置的确定决定了观察和表现的不同角度，可通过手绘小草图的形式，在每个小草图中确立不同的视平线和视点（消失点）来理解。

②注意画面不要出现变形（观察透视线所形成的方块是否变形），否则须重新设定视点。

③建立画面中所有表现空间纵深感的线都要向视点连接，而所有的竖线条（如果不是三点透视）都要画成垂直的。

④确定画面要表现的合适比例，一点透视可借助要表现的主要看面（墙面），而两点透视可需通过两面墙成角的墙线来确定比例。在每一幅画面中，还需要找个参照物，以其为标准，衡量整个画面的比例关系。

⑤可利用对角线来分隔透视面等。

2. 掌握线描表现要点

从本质上来讲，手绘设计表现图可归纳为以下两类

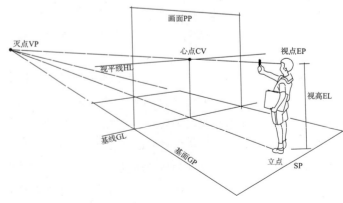

图2　透视原理示意图

（图3）：

①在完整的墨线稿中加色。

②在色彩画中用线条来突出主要的轮廓。

在练习中我们着重强调探索线描的不同表现力，特别是不同质感的线描表现力。我们要求学生在作业中根据自己找来的形象资料（建筑或环境艺术设计作品图片），用线描的形式（签字笔、钢笔、绘图针管笔等工具）进行再创作，即根据现有的资料进行归纳、概括和提炼，找出画面中基本的空间结构关系，找出空间关系中主要的和次要的东西，抓住重点进行表现。

3. 掌握光影表现要点

光影表现属于西方传统写实绘画的技法，作为艺术的一种形式语言，其表现的优势在于能塑造出物体强烈的立体感和空间感。在练习中，我们要求学生着重于以下两点（图4）：

①对画面的色调层次进行把握，要求分别进行不同色调画面的练习—亮调、中调、暗调，理解明与暗是通过对比而产生的。

②对物体阴影表现的研究。我们可以通过对不同的光线照射的位置与光线所照射而产生物体影子的不同长短和形状关系来认识光与影在表现画面不同的氛围和情感上的作用。在作业中要求学生用铅笔、炭笔、签字笔、钢笔或者绘图针管笔等工具，根据现成的环境设计作品照片进行再创作，分别完成以亮调为主的空间和以暗调为主的空间各一张。

图4　光影表现示意图

4. 掌握马克笔表现要点

此单元是该门课程的核心部分。如果说前三个单元的练习是以"慢"为主的话，那么，这一个单元则要求在"慢"的基础上要尽量地"快"起来。要求学生在线描画的基础上用马克笔进行画面渲染。在作业中我们着重强调以下几点（图5）：

①时间上严格限定，开始为一个半小时一张（A3大小），逐步为一小时或半小时一张。

②开始的线描起稿，不求每根线条的十分准确，要求画面大体结构关系的舒展和流畅，线条要自信、有力度，不必拘于太多的细节刻画。

图3　线描画法示意图

③马克笔上色，遵循由浅入深的原则，浅色总能被加深，反之则很难覆盖。

④先作色调控制练习，在有色纸上（最好是灰色纸）用有限的三种颜色（其中两种色为深、浅各一种的灰色，另外一种为鲜艳明亮的色彩）上色，然后在下面的练习中逐步增加五到六种颜色。

⑤在色彩处理上，切忌写实，注意画面色彩提炼、概括出一定的格调。

⑥画面不要满涂，应注意留白，使画面透气，注意留白处与绘画处同等重要。

⑦在画面的趣味中心作适当的刻画。总的来说，此单元练习主要训练学生对画面的提炼、概括和一定主观表现的能力，充分发挥马克笔的长处，将画面表现得尽量大胆、明快、生动和活泼。

5. 掌握综合材料表现要点

在熟悉了马克笔的表现技巧以后，就会发现马克笔的许多局限性。这时，我们可以利用马克笔色彩明亮、干后不变色的优势，用于开始上色的大面积色块的划分，然后用其他色彩材料来弥补它的弱点，从而使画面表达得更为充实。如用彩色铅笔来表现丰富的色彩层次；水彩来调节色彩的浓淡；水粉适合表现大面积深色调子或背景，及明亮的部分如高光等。总之，每一种色彩材料均有它们各自的优势，在练习中认识它们的特性，探索它们在设计表现中的可能性，使之充分为我们的设计表现服务（图6）。

在作业中要求学生将马克笔结合以上色彩材料进行综合运用，要求每张作业必须要有两种以上的材料技法。学生可根据自身情况来进行选择，并通过这些材料的综合运用来作一些有个性的表现，从而寻求带有自己表现特点的技法，这也是该门课程留给学生需要自己去发挥的空间，也符合一切艺术学习中所追求的从"无法—有法"，再从"有法—无法"的规律和原则。

学生在经过一定的训练后，能够正确认识到设计表现的重要性及必要性，使自己的设计思想能够及时准确地跃然纸上，顺利完成设计任务。值得说明的是，上述教学探索，我

图5 马克笔限色示意图　　　　　　　　图6 马克笔表现法示意图

们已经在我校建筑学、景观艺术设计、室内设计专业的设计表现技法教学过程中进行了多次实践，效果斐然。

注：文中习作皆为山东建筑大学建筑学专业学生技法表现课程练习作品

参考文献

[1] 郑曙旸. 室内表现图实用技法. 北京：中国建筑工业出版社，1991.
[2] 李岳岩，周文霞，赵宇，马纯立，党宏伟，刘高波. 快速建筑设计与表现. 北京：中国建材工业出版社，2006.
[3] 朱明健，粟丹倪，周艳，周绵琳，肖文. 室内外设计思维与表达. 湖北：湖北美术出版社，2002.
[4] 张炜，周勃，吴志锋. 室内设计表现技法. 北京：中国电力出版社，2007.

关于设计素描教学的启发

赵涛　李楠

内蒙古工业大学建筑学院艺术设计系

摘　要： 相对于绘画的再现，表现及抽象而言，建筑美术更多地融入了设计、技术、科学等因素，它的最终目的不是为绘画创作提供素材，而是培养特定的创造意识。传统的建筑素描课程的训练固然必不可少，但缺乏对于建筑类各专业学生培养的针对性及与今后设计课程的衔接性。本文试从对抽象形态的把握，引入当代建筑设计语汇，加强创意性素描等几个方面论证和提供设计素描的一些新思路和新方法。

关键词： 抽象形态　当代建筑　创意素描

Abstract: The purpose of design sketch teaching is to cultivate students to shape their thoughts and ideology, innovation and aesthetic taste, to enhance their multi-angle observation, analysis and performance capability of physical image. Mastering the basic law of ideology on design sketch, learners can be trained through a certain shaping design to improve their design capability.

Key words: abstract construction, contemporary architecture, creative sketch

素描（sketch）是西方引进的外来词，指用铅笔或其他单色绘画工具，以线条或者明暗对客观事物进行真实生动的描绘。对于艺术设计专业的造型基础训练，素描仍然起着有效的作用。作为为艺术设计造型研究所设定的基础训练方式，与绘画性素描相比，不同于纯绘画的纯粹性的审美功能，设计素描是为与艺术设计相关的课题设立的基础课程。这包括形体的结构理解、立体研究、材料分析、空间了解、形式练习、表现和表示研究，以及美学范畴的研究等。旨在促进学生的感知能力与技巧，强化思维能力和动手能力，培养学生的创造性思维能力和表现能力以及个人艺术天赋和设计才能。

在建筑学专业中，建筑美术更多地融入了设计、技术、科学等因素，它的最终目的不是为绘画创作提供素材，而是培养特定的创造意识。设计素描作为建筑美术入门必修的课程，在使学生具备良好的美术功底的同时，还应更好地使学生完成其绘画思维与设计构想之间的转换，避免纯客观的"记录"对象，做不动脑筋的纯技术练习。

以往的教学大多过分地强调了"聚合思维"的训练。所谓聚合思维是指一种井井有条的趋向某一答案或结果的思维方式。这种思维方式是不断联系过去的事物，并在先前事物的基础上作出可预见的结论。这种片面的训练造成思维形式的流于趋同，单一而且封闭，学生的个性和创造欲望受到了限制，极大影响了建筑学学生的创造能力的培养和发挥。

如何在教学过程中避免总体模式单一，课程内容缺乏创新，重技能轻审美、轻创造的倾向，强化建筑专业学生培养的针对性及与今后设计课程的衔接性成为我们思考的问题。

因此，本人认为可以通过以下几个方面补充：

1. 在教学中强化对"抽象形态"的创造能力，培养学生对抽象形式法则的把握能力

建筑学专业是研究实体与空间、体积与体量、光与影相互关系的学科，注重的是对抽象空间形态的研究与创造。培养素描造型能力，首先应结合专业的需要研究相应的素描要素，注重理解、掌握规律；其次是技法表现。建筑类学科专业的特殊性要求培养素描能力，必须分清专业所需的素描的主要造型因素和次要造型因素，掌握素描造型中的形体结构、比例、透视；造型审美法则是其研究的主要因素，其他素描造型因素可作为辅助和补充。另一方面，设计作为创造性活动，设计素描教学也要求学生在经过"写生"的深入分析、理解之后，能够从中总结出物象形态的基本规律，运用各种方法重新"组合"创造出新的形态与形式，能够更好地培养设计思维。

1. 线条的提炼与归纳——如对结构素描对于物象形体轮廓进行分析的透视线、转折线、中轴线、水平或垂直线，比例的标记线等以及装饰性线描中转化物象的曲直、疏密、轻重、缓急、滑涩、刚柔等不同形式的线条组合的练习。

2. 黑白的提炼与归纳——根据物象由于光的变化所产生的客观的黑白规律以及根据画面需要主观地组织画面的黑白灰布局，或根据物象本身的固有色，肌理质感所造成的黑白变化使画面产生特殊效果。

3. 节奏的处理——通过不同方式有计划地组织造型语言，线条的疏密，形的转变，黑白的布局及虚实的处理来组织画面。

4. 形体和空间的转化——改变传统静物的摆放及光源布置形式，通过特定角度的光线如及特定位置的物体打破对于物象的常规观察方法，进而全方位地对形体及空间进行把握。

2. 融汇当代建筑设计流派思潮，启发学生多元化思考

建筑设计不能脱离造型规律，它同样追求审美性、独创性、合理性。就建筑专业而言，除了训练学生对形体结构的理解，把握和表现方法能力外，更应注重写生之外的对于形体和空间的想象及创造能力的练习。

随着社会的进步与发展、建筑制图已很少由绘画来承担，但建筑与绘画之间的关系不但没有断裂，反而变得愈加紧密。这种关系的根本是源于艺术原理的相通，源于设计与绘画的互存。从上世纪初叶开始，西方一些现代建筑院校就已经不用传统素描课作为他们的造型基础教学，他们的造型基础课程分别是"抽象艺术"、"视觉训练"、"自然分析与研究"、"造型、空间、运动和透视研究"、"分析性绘画"、"工艺与材料结合练习"等。此外，他们还聘请一些现代主义艺术家，主持造型基础教学，以现代的哲学、社会文化意识和观念作为创作的动力，强调造型的抽象和简化、提倡纯洁性、必然性和规律性。这些观念与现代建筑设计的系统性原则不谋而合，使学生从现代艺术中吸取了诸多精神因素和形式内容，综合了绘画、雕塑、建筑的特点，实现了现代主义设计的理想。现代艺术各流派特别是抽象艺术所追求的强调个性化的表达方式，强调创造自己独特的艺术语言，这种创新意识深刻地影响了建筑设计的发展。这种教学的思路和理念在今天的设计素描教学依然有很大的启发和意义。建筑艺术发展到今天，现代主义建筑思潮涌现出了多种流派，高技派、解构主义、新理性主义、新古典派等等，这些流派的美学观点和创作手法不尽相同，在设计素描等基础课程的训练中，就有意识地使学生开始了解和吸收当今建筑设计艺术的美学理念和个性化的艺术语言，无疑对学生在未来进入建筑设计领域起到了很好的衔接性和启发性作用。

比如，解构主义建筑中对于建筑外观采用的整体破碎

化，非线性（在数学意义上）的设计理念，在结果上形成了变形，位移，在外观上不可控的视觉风格。在解构与重构性素描训练中，结合当代解构主义的理念和创作手法，可以让学生突破常规的聚合思维，不拘泥于常规的表现范式，超越权威论和固有思维模式的限制，打破现有的单元化秩序，再创造出更为合理的新秩序，在教学中更多注重画面中造型诸元素之间相互关系的探究和表达，强调对创造性元素重组的秩序美感的追求，强化素描的观念性和主观性。在发散思维模式得到训练的同时，也可以对解构主义美学有了初步的了解和探索。

在联想和意象性素描的训练中，可以有意识增加质感置换方面的训练，通过逆向设计处理将物象的质感属性进行置换，如将石膏像表面质感用毛线置换以后，石膏像也就重新被赋予了新的质感感觉和内涵。而在当代的建筑设计艺术中，有很多材料的颠覆性使用的范例，这些作品中，建筑的意义、场地等形而上的因素已让位于材料、"表皮"等更为直接、更具有感性意义的因素。质感置换的训练，就能够充分发挥设计者对物象表面质感特征意象联想的创造能力和表现能力，并运用艺术美形式法则将这种质感美进行艺术的再创造，借助置换处理手法，改变原有的单纯艺术形式表象，将局部图形替换成某种质感肌理，使图形质感表现与画面的构成形式达到完美融合统一，使学生在基础训练阶段就开始注意到材料对未来建筑形态的积极影响。以上这些积极的尝试，更多的重视学生造型主观功能性的培养，重视对造型形态转变能力的思维训练。造型的多维性、多论性、多承性、多极性，是教学的重点。

对建筑学科内部的不同专业，也要根据不同专业的特点来进行不同侧重的指导。

对建筑设计专业的学生，要注重对三维空间内造型因素中的比例、尺度、均衡和稳定、韵律和节奏、重复和再现、渗透和层次、过渡和衔接等一系列形式美法则进行深入地研究，并尽可能结合当代建筑设计的语汇和创作理念来与素描教学相互渗透结合。

对于规划专业的学生，在素描训练时更注重画面的平面因素，构图、形体、比例、黑白灰等因素的布局，甚至就物象及画面的某一因素纯形式的分割和整合，重视比例感、秩序感、连续感、清晰感都能使学生更好地把握形式法则。

景观和园林专业的学生更需要深厚的美术功底做支撑才能完成以后的设计制图。因此，在完成室内练习的同时应更多到室外去进行美术训练，多观察城市建筑的曲直规律，人物百态，自然万物的变化莫测。

3. 加强创意和联想性素描在教学中的比重，提升学生想象能力和提出、解决问题的能力

创意素描是素描造型能力的升华，是感性与理性的结合，是形象思维与抽象思维的展现。创意素描的结果是千人千面，不雷同，强调个性的发挥。在计算机已普及的今天，电脑可以替代设计师们画图，但替代不了设计师们的创意思想。优秀的建筑设计作品，不仅看图纸表现效果，而且主要看设计思想和设计创意。

创意素描是创造性的活动，可建构出新的形态和新的形式。它是通过素描的艺术形式进行刻画、塑造、表现出的可视的造型。这一造型是创意思维与造型技巧的体现。这一过程是在对客观物象大量积累的基础上，经主观思维的筛选、提炼、置换、归纳、联想、变化、梳理出的新颖的造型，从而提高创意思维能力、审美能力，进一步提升和拓展造型技巧。创意思维包含善于发现的观察能力、丰富的想象能力、思考分析能力、提出问题和解决问题的能力。

建筑的成功之处，在于其坚固、实用功能与审美功能的共同体现。其审美性体现在它是一种美的环境，一种文化象征，一种时代的展示。审美功能的实现主要依托于造型的

形式美感来表达造型的主题。形式美是经过人为设计，把可视的客观物象或臆造的形象经过创意，转换成具有审美意义的造型。因此创意素描是培养建筑类学生审美能力的重要过程。创意素描不仅体现在对造型形式美的研究与运用，也给素描表现技巧和方法打开了自由的大门。其表现方法的多样性更能开启学生的潜能，激发他们创意的热情，更易于个性的展示，同时补充、提高了造型技能。

当今，创意素描已是建筑类学科培养创造能力的重要课题之一。各院校都在研究、探索、尝试切合学科实际的创意素描能力培养的途径，尚没有统一的模式。我们的出发点是，创意素描应紧密联系学科特点，起到建筑类学科培养综合能力奠基石的作用。

对于成熟的建筑师，创意是创作出完美的艺术作品。建筑类学科的创意素描实践只是习作，是培养能力的一种途径。对其创意素描的要求不宜过高，按素描课程量合理地分配创意素描的比例。创意素描的课题内容要与具备素描基础造型能力联系，要从易入手，具有可操作性。创意素描实践我们采用了以下两组课题：一是聚合思维创意。聚合思维是通过不断地联想思维空间里所积累的造型经验加以借用。从构图、透视、形体表现（切割、组合）造型经历中，加以整理、筛选、提炼，按创意素描的表现方式表达创意。聚合思维在联想过程中常被固定模式所制约，打破这一制约是聚合思维创意的关键。借用以往的知识创意，确立起了起点。但建筑类学科的学生，素描技法是非常有限的，仅结构素描的方法是远远不够的。应有针对性地补充表现方法的不足（质感、调子、形式感等），使表现方法、形式多样性，能更好地表达个性的创意，获得事半功倍的效果；二是扩散思维创意。扩散思维创意是在聚合思维创意的基础之上，通过多种途径去寻求、探索、发现，思维更宽泛，情感更活跃，个性更张扬，想象力得到了新的开发。爱因斯坦曾说过，"想象力比知识重要"。创意素描开启、培养建筑类学科学生丰富的想象力，必定为其创造能力、创新能力的培养奠定基础。

建筑专业的设计素描课程只有不断发展、变化、调整才能够更有针对性地为学生今后专业发展起到启蒙作用。美术基础课教学质量的好坏直接关系到学生今后专业水平的高低，作为学生的引路人，我们应当细心推敲每个专业的差异，从而更好地保持美术教学与各个专业的一致性和畅通性。

参考文献

[1] 罗小禾. 外国近现代建筑史. 北京：中国建筑工业出版社，2004.
[2] 胡燕欣. 理性素描（现代艺术理念的素描表达）. 长春：吉林美术出版社，2006.

环境艺术设计教学中虚拟课题与真实课题的比较探析

张彪　蔡苏曦

首都师范大学美术学院

摘　要： 不断发展的设计行业对从业者各方面素质的要求在逐渐提高。近年，各高校环境艺术设计的毕业生普遍存在实践应用能力与现实社会需求脱节问题。我们不得不反思在实际教学中存在的一些不容回避的问题。本文从教学过程中所采用的两种课题的比较出发，论述在教学活动中立足实践，采用真实课题施教的必要性。

关键词： 环境艺术专业　虚拟课题　真实课题　实践重要性

Abstract: With the developing of design industry, the ability of practitioners must has to improve gradually. In recent years, the productive capacity of students who gratudated from various universities cannot adapt to the needs of professional work. We need to rethink profoundly about the actual teaching method whether it would be appropriate. This article was based on the comparison of two projects which had already existed in the teaching process of environmental art design, analysed the improtance of practice and the necessity of applying real project in class.

Key words: environmental art design, virtual project, real project, improtance of practice

1. 我国环境艺术专业概况和当前的教学现状

1.1 我国环境艺术专业的概况

环境艺术学是一门涉及建筑学、人机工程学、美学、环境心理学、城市规划等众多学科知识的综合学科。著名的环境艺术理论家多伯（Richard P·Dober）解释道：环境艺术"作为一种艺术，它比建筑更巨大，比规划更广泛，比工程更富有感情。这是一种爱管闲事的艺术，无所不包的艺术，早已被传统所瞩目的艺术，环境艺术的实践与影响环境的能力，赋予环境视觉上秩序的能力，以及提高、装饰人存在领域的能力是紧密地联系在一起的"。环境艺术这一名词在我国出现的较晚，中央工艺美术学校是我国最早在高等院校中设立室内设计专业的院校。环境艺术设计的名称始于上世纪80年代末，当时的中央工艺美术学院室内设计系受日本高校影响，将院系名称由"室内设计"改成"环境艺术设计"。1988年国家教育委员会决定在我国高等院校设立环境艺术专业，环境艺术作为一门独立的学科，在我国建立至今不足30年时间。在这短短的几十年中，我国各大专院校相继设置了环境艺术设计这一学科，发展速度如火如荼，而在教学质量方面良莠不齐，与国外环境艺术学科多设置在理工科学校不同，我国的各大专院校中普遍都设有环境艺术专业，其中也不乏艺术院校和综合类大学，如美术学院、设计学院、园林学院、城市规划学院等。目前国内各大院校的环境艺术专业的办学方向主要可分两类：一类倾向于建筑外环境，涵盖建筑周围景观及其附属设施的空间设计，另一类院校的环境艺术专业倾向于室内设计的培养方向。

1.2 环境艺术专业当前的教学现状

环境艺术专业是一个实践性非常强的专业，因此对学生综合素质与实际能力的培养就尤为重要。在实际的教学中，传统灌输式的教学形式早已不适应，学生在掌握了基本的设计原理和设计方法后，更需要在实践中检验所学知识的正确性和实用性。近年伴随我国教育实践的不断发展，环艺专业的师生都意识到了实践的重要性，于是在教学活动中引入课题项目进行教学，成为一个必然的趋势。实际教学活动中采用的课题项目又分为虚拟课题和真实课题。而真实课题又以其无可替代的优越性日益受到重视。

2. 虚拟课题的教学形式及特征

2.1 虚拟课题的教学形式

在实际的环境艺术设计的教学活动中，普遍盛行的教学过程是：老师会先进行理论的传授，然后会选择一个和课程相关的虚拟项目为作业让学生设计、绘制图纸、制作模型。这个项目或是从理论概念出发或是有现实背景项目的虚拟设计，学生拥有很大的发挥空间。在学生的初学阶段采用虚拟课题教学，有助于学生学会运用所学的设计基础知识和美学概念，提出前沿性、实验性的方案。

计算机辅助教学在当前的设计教育中扮演着非常重要的角色，计算机绘图是学生必须掌握的基本技能。由于虚拟课题限制条件的宽泛，绘制图片又都是借助计算机软件完成，导致了学生设计时一味注重设计作品的虚拟效果，很少考虑基本的尺度概念和付诸实施的现实因素，忽视了设计的真正内涵。德国卡塞尔大学艺术学院教授戈哈特·马蒂亚斯在其《一个"局外人"对1990—2005年中国设计教育的思考》一文中认为："在过去的四年间，中国的设计教育状况表现之一就是学生没有扎实的手上功夫，电脑代替了一切，电脑教学占据了教育的中心位置，导致了想象力和创造力的匮乏"。在某种程度上，单纯地依靠计算机绘制效果图，模糊了设计思维的过程，注重图像效果的表现能力而忽视了对学生创造能力的培养，我们的设计教育不应仅仅满足于培养技术精湛的绘图员。

2.2 虚拟课题的教学特征及意义

虚拟课题有助于专业基础技能的培养，可以调动学生的想象力，激发学生的兴趣点，形成杰出的概念性设计。但设计的本质是以人为本，优秀的设计必须付诸实施才能实现其最终价值。我们如果始终在虚拟框架下做设计会有许多弊端，首先，老师成为设计项目和限制条件的尺度的把握者，学生在课堂上做的设计训练通常是在无条件限定或限定很小的情况下进行，项目的虚拟性质使得设计成果很难有一个好的评价标准，只能从美学角度，从理论上的功能角度来品评。如此一来设计作品是否有创意，设计图片是否好看就必然成为评价设计优劣的重要标准，这一趋势的不断蔓延最终会导致一种刻意为新而新、为异而异的不良习气。

其次，采用虚拟课题进行教学的过程中，由于设计主体的单一性、选题的虚拟性、设计过程的封闭性等，导致装饰材料和施工过程在教学时常被忽视，老师不可能预见实际实施过程中所出现的各种各样的问题，学生解决具体问题的能力、协调各方关系的能力、沟通能力、团队精神都非常欠缺。在材料工艺课上教师一般成了书本知识的宣讲者，学生听后会对材料有一定的感性认识，对于材料的差别、施工造价、施工程序和施工工艺还是一无所知。一项调查更加印证了这一事实：在对北京某高校2010年毕业的40位环艺设计专业的学生调查中有98%的人认为：当大学毕业进入社会，真正投入到实际设计工作中才发现，自己所掌握的相关专业实践知识太少，做出的设计很难被客户接受或采纳，几乎需要从零开始学习相关的行业规范及专业知识，这显然达不到大学设计专业应用型人才培养的目标。

3. 真实课题的教学形式、特征及意义

3.1 目前高校真实课题的教学形式

环境艺术设计是一门应用性很强的学科，伴随教学理念的不断发展，业界人士由衷地意识到艺术设计教学中实践的重要性。在这一背景下，"工作室教学群理念"和校企结合办学的设想相继提出，并指出成立工作室是设计实践教学的方向。最近几年各大院校相继成立了设计工作室，学校有相应的设计工作室专门针对环艺专业的学生开放，让学生有了更多融入式体验的机会，借助工作室采用真实项目教学比传统教学拥有更多的自主权和更广泛的实践教学面。

学校和企业联合办学的设想，学校与企业之间的订单式人才培养模式在我国已经经历了一个阶段的发展过程，这种合作模式能够让学校了解企业和社会对人才的需求，进而对人才培养模式进行调整以适应社会发展的需要。环境艺术设计的学生到企业参与实际项目，在实践过程中学生能到施工现场，通过对建筑周边环境及建筑的空间、结构、水电布置、空调系统、消防系统的了解，真正懂得设计是在限定条件下创造性解决问题的实践过程。

3.2 采用真实课题教学的特点及意义

通过实践，学生会认识本专业目前的现状和发展趋势。学生带着实践学习中的一些问题，向有丰富实践经验的技术人员请教，让学生主动开发思维去探索具体环境下所需要的设计方案，激发学生潜在的创造意识和挑战意识，力求设计出同时具有美学价值和实用价值的作品，从设计的技巧层面上升到思维开拓的境界。在真实项目中运用专业知识，也使得他们的环境适应性和社会竞争力加强。学生的实践应用能力增强，实践基础上的反馈也让学院有了与时俱进的培养目标，不断改善教学方法，从而把培养学生实践应用的能力提高到一个新高度，教学水平和培养学生能力之间不断的相互促进，形成不断发展的良性循环。

只有在实际的项目中，学生才有可能真切地体验到一个项目从设计概念提出、方案形成到最后付诸实施的工作流程，在以后的学习过程中找到自己研究的切入点，有取舍的学习专业知识，形成自己的设计思维和设计观念。只有如此学生才知道用何种方法设计，从什么角度开启自己的创造性思维。参与实践设计的作品，多数最终会被施工建造，只有在实物面前学生才能真正地体味到自我实现的乐趣，从而愈加喜欢自己的职业，更重要的是建造成功的物质实体在实际的运营过程中会出现各种意想不到的状况，能反馈给我们许多珍贵的信息以指导今后的设计，只有不断地汲取使用过程中的反馈信息，才可能让一个设计者不断地成长，建立设计者独特的设计思维体系及必要的从业道德观，设计成果将有更多的评价标准，更能让学生明白设计的真正意义。

结语

通过调研与比较，我们认为虚拟课题更加适合环境艺术专业低年级的课题实践，它仍然是环艺设计教学中的基础训练的主要方法，而真题实践能使学生掌握并参与具体的项目工程，了解设计过程。真实课题教学目前在环境艺术专业已经是大势所趋，实践证明：思维方式和动手能力综合训练能培养出能力型的人才，而实践能力较强的学生更受社会的欢迎。

有位学者曾说"设计教育是学校教育、社会教育和生活教育三大教育体系共同作用的产物，既是一种社会行为和文化行为，也是一种技能教育，更是一种创造新文化的方式和手段。设计教育要加强与设计界、企业界的行业互动关系，

为培养具有创新设计能力的高素质人才提供基本条件。"全面实施专业素质教育，离不开理论联系实际的基本原则。环境艺术设计专业教学整体水平的提升及应用型人才的培养，必须将真实课题引入教学实践中。在实践基础上使学生的创新思维，设计能力获得实质性的发展，为我国培养应用型的环境艺术设计人才而尽早建立一套系统的、科学的教育体系。

参考文献

[1] 张绮曼. 环境艺术设计与理论. 北京：中国建筑工业出版社，1996.
[2] 郝卫国. 环境艺术设计概论. 北京：中国建筑工业出版社，2006.
[3] 吴家骅. 环境艺术史纲. 重庆：重庆大学出版社，2002.
[4] 辛艺峰. 建筑室内环境艺术设计的人才培养探讨[J]. 高等建筑教育，2008（3）24-26.

基础美术与建筑设计及其他

孟东生

河北工业大学建筑与艺术设计学院

摘　要： 基础美术与建筑设计的关系问题以及如何进行建筑美术课的教学问题，是多年来相关教师热衷探讨的话题。本文力图通过几组关系的比较阐述建筑学基础美术课程的意义。从而增强信心明确教学方向，使基础美术课能更好地为建筑设计服务。

关键词： 艺术修养　基础美术　建筑设计

Abstract: This paper concerns the basic fine arts and architectural design's relations. It also discusses the architectural fine arts' teaching method. This is a popular topic to those related teachers that have been exploring for so many years. Author states the importance of architectural fine arts course through pairs of concepts' compare which try to improve teachers' confidence and to establish the direction of teaching, so that makes basic fine arts course being more helpful to architectural design's practice

Key words: artistic culture, basic of fine art, architectural design

经常听建筑系的学生问美术教师这样的问题，美术对建筑设计有什么用？与建筑系教师谈起学生经常得到这样的印象——美术成绩高的学生建筑设计成绩都不错。有例外的是个别当初美术成绩不高，后来设计成绩却不错。也听到一些国内相关学校轻视甚至主张放弃基础美术教育。现在，对报考建筑学专业的考生已不要求加试美术。个别学校有美术测试也是走过场。当前建筑学专业轻视美术教育的现象在各院校都有不同程度的体现。（如有的学校建筑美术实习越来越困难，人们以各种理由挤压实习环节）。一些建筑设计教师和美术教师似乎也形成了某种默契，一切给专业设计让路。甚至有的专业教师公开说：建筑设计与美术没什么关系。看来建筑设计与美术的关系，确实值得每位建筑设计教师和基础美术教师及教学管理者的深入思考。本文力图通过几组关系的讨论来阐述基础美术的意义与作用，并与大家交流探讨。

1. 美术与建筑的同与不同

从概念上说，美术与建筑都属于造型艺术范畴。都是感性与理性相结合的创造性的劳动，这两点是毋庸置疑的。美术与建筑的不同之处在于，美术是二维或三维的纯艺术，只对人们的感官审美负责，而不具使用功能。而建筑是四维的设计艺术，即建筑首先要有实际用途才会有基本意义，其次才有审美意义。建筑始终是不同时代科技与艺术结合的产物（现在随着新技术新工艺新材料的应用，建筑越来越依赖于科技成果的支持来体现建筑美）。没有技术支持的建筑是不能成立的，更无从谈艺术的审美了。而美术同科学技术的关系就不大。

绘画的空间感受是借助透视、叠加、对比等手段造成幻想而得来的。画面的构成只对其自身的合理性负责。绘画的形式美感自成体系，适合就好。而建筑是空间的艺术（或叫围合空间的艺术）。建筑内、外部的空间都是真实存在的。我以为，好的建筑空间应该是内外空间及其内容与形式的高度和谐统一。

从历史上看，美术与建筑本是一脉相承的，在建筑学从美术中分划之前，许多大型而经典的建筑都是由艺术家、文人和工匠等设计和建造的。只是随着社会进步，技术越发复杂，分工也越发细致，才出现了建筑师和结构师等专门职业。所以说美术与建筑没什么关系，显然站不住脚，是非常幼稚的。

2. 传统建筑与现代建筑

在漫长的建筑历史长河中，建筑技术以建筑建构分成了以西方石材的叠加结构和东方木作的框架结构为主的两大技术特色及风格。这两种技术在很长时间内都没有大的改变，只是越发成熟和丰富了。对建筑物的装饰趣味自然也停留在表面的装饰美化上。近百年来，特别是包豪斯发起现代设计运动以来，伴随着一、二次工业革命，新材料新技术新工艺日新月异，现代意义上建筑出现了，审美趣味指向也由表面的装饰美化转向了材料、结构和技术等形式美。由此，所谓现代建筑脱胎换骨，以"美化之术"为本的美术似乎可以丢掉了。但是我们不应忘记：时代在变，基本的审美原理和形式法则并没有变。以人的使用为核心动机的原则没有变。建筑从传统走到现代，它的形式在变，但人们对建筑的基本使用要求和审美要求并未产生本质的变化。

3. 基础美术与建筑设计

我们知道，基础美术训练对建筑设计有两个层面的作用。一个是审美层面的，即提高对什么是美，怎样才能美的认识。它是需要在潜移默化的过程中慢慢体会的；二是实际动手能力的培养。设计方案的推敲与表达都离不开眼、脑、手三者的配合与协调。因此，基础美术训练课是设计师的基本素养之一，作为建筑学专业的基础课程当然是再自然不过了。需要强调的是，不是说上不美术课就不知道什么是美，就不会画草图方案。就不会做建筑设计。但对同属大美术范畴的建筑学而言，美术是最直接、最方便、最自然的途径和手段。这里有必要将几个基本概念弄明白。

（1）美术与基础美术训练

"美术"亦称造型艺术。社会意识形态之一。通常指绘画、雕塑、工艺美术、建筑、艺术等。因此，美术是一个非常宽泛的概念。而基础美术训练是指一种有目的有针对性的训练，如相对于纯美术而言有设计类的设计素描和设计色彩训练，从训练要求上讲，设计素描和设计色彩更强调抽象的概括、归纳、提炼，它主观意识较强，强调基本道理而不要求面面俱到。从题材上讲，因各专业的差异，训练的内容也有所不同。风格上可以是写实的，也可极具装饰性，也可是完全抽象的。总之，这种训练带着强烈的设计意味，是不断探讨、研究的过程。面对同样的一个建筑景观，画家和建筑师的表现就可能截然不同。画家可能更看重画面本身的形式美；而建筑师可能更着重建筑自身的表现力——它的空间结构、材料与技术的可行性，细节的处理等，这种绘画是表现也是说明，是学习与研究。所以，作为建筑师的美术训练与作为画家的美术训练有很大不同。

（2）建筑与建筑设计

建筑是真实的三维空间存在，的确与纯绘画在二维空间去创造三维虚幻大相径庭，这是不可否认的。但是建筑师必须借助手中的笔和纸进行设计，也就是说，是在二维的条件下完成的三维设计，充其量也是借助缩小的建筑模型来体验自己的纸上设计。所以建筑师与画家一样是借助眼、脑、手的相互协调与配合在纸上完成构思与创造的。三维的建筑设计始终离不开二维的设计工具。

（3）模仿与创造

由于中国百姓的欣赏习惯，评价一幅画的好与坏，"像不像"是很重要的标准。这是一个很大的误区，但很遗憾，有些人据此推理说：美术训练就是练习把东西画准、画像，甚至说美术课只需解决比例人、天空和树木等配景的画法即可。其根据是：美术训练就是模仿对象，而建筑设计是无中生有的创造。

的确，美术训练可以表现现实，但也可以很抽象，这完全取决于画者的喜好。不管是具象还是抽象都是为表达主题服务的，形象只是个载体。况且完全对现实的模仿在绘画中是根本不存在的。画家或多或少、有意无意地对现实进行取舍、归纳、提炼及概括，这是自然的，也是必需的。从另一个角度来说，建筑设计也必须借鉴前人和自然。因为，任何的设计都不可能凭空主观臆造。我们说，绘画与建筑设计都是创造，只是形式不同罢了。

（4）建筑师与艺术修养

实际上，的确有没有美术基础的建筑师设计出好的作品的案例，虽属个别情况，我们还是应搞清楚其究竟。

首先，天赋是不可否认的。所谓天赋，是指某些人在某一方面高于常人。建筑天赋应该是对空间形式的感觉好；对尺度与比例的感觉好；对材料应用的感觉好。其次，积累也是很重要的。自我体验是积累，研究他人的成功案例也是积累，而积累到一定的程度，就可能产生质的飞跃。生活的积累叫经验，艺术的积累叫修养。一个好的建筑设计师这两方面的积累都必不可少。积累的过程是学习的过程，也是"悟"道理的过程。美术训练就是这一过程。通过不断的练习，手越来越熟练，大脑的反应越来越灵活，眼越来越敏锐，对生活，对艺术的道理领悟的也越发深刻。有的人是上过美术课之后慢慢悟出了道理，而有人则是通过其他的途径（如：生活或其他艺术）悟出了道理。因为在生活与艺术之间、一种艺术与其它艺术之间都有相通的"理"，只是美术基础训练对建筑设计的帮助最直接、最方便，从而达成共识罢了。

通过以上分析我们不难看出：

1）同属大美术范畴的绘画与建筑是姊妹艺术，密不可分。

2）美术基础对建筑学的作用不可低估或被抹杀。

3）因国情不同，在我国现阶段，轻视或取消美术教学不可取，是急功近利的思想。

4）美术训练不等同于纯绘画，必须具有专业的特点才能有的放矢。

5）不能将特殊混为一般，个别案例不具普遍的意义。

让我们理直气壮地加强美术课的教学，培养出有艺术修养、有绘画能力、有创新意识的全面的建筑设计人才。

建筑钢笔画的符号学特征

朱瑾　姚静

上海东华大学服装艺术设计学院环境艺术设计系　上海东华大学图书馆

摘　要：建筑钢笔画是一种具有概括与抽象特征的绘画形式，这一特质决定了其在总体结构与运演方式上具有一定的符号学特征。本文分析了钢笔绘画语言的组构方式与规律，从线条、明暗影调和构图三个基本编码入手，阐释了钢笔绘画表达与符号学之间关联。同时根据符号能指与其所指对象，从几何符号、指示符号和象征符号三个层次，探讨了建筑钢笔画创作中的一系列符号化过程与相关特征。

关键词：建筑钢笔画　符号学　编码

Abstract: Achitecture pen-and-ink drawing is a kind of painting from with abstract and recapitulative characteristics which determine its semiotic features both in organization and operation mode. This paper analyses the constitution patterns and principles of the language of pen-and-ink drawing. It explains the relation between the expression ways of pen-and-ink drawing and semeiology based on lines, light and shade, coposition. Meanwhile, accoding to signified and signifier of sign, it researches into a series of semiotic procedures and features about pen-and-ink drawing creation on icon, index and symbol these three levels.

Key words: achitecture pen-and-ink drawing, semeiology, code

1. 符号学与建筑钢笔画

符号是用形象来表示概念的，一切具有形象并用其表示概念的都可归为符号。作为信息载体和实现信息存贮与记忆的工具，符号又是表达思想情感的物化手段。因此广义角度的符号是人类认识事物的媒介以及思维和语言交往不可缺失的环节。

1.1 符号的概念与特征

符号是由媒介关联物、对象关联物和解释关联物共同作用而构成的系统；同时符号作为意义对象，只有在一定的环境中才能发挥解释的作用；也即"能指"、"所指"以及相互之间的关联模式所确立的整体系统。符号必备三个特征：（1）符号必须是物质的；（2）符号必须传递一种本质上不同于载体本身的信息，代表其他东西[1]；（3）符号必须传递一种社会信息，既受控于约定俗成，又具有在不同语境下的任意性与意义选择性。符号学正是研究有关符号性质和规律的学科。

1.2 符号学与建筑钢笔画的关联

艺术不是再现，而是以抽象手段表现人类情感的符号形式创造。符号学的奠基人之一德国哲学家卡西尔在《人论》一书中写到"艺术可以被定义为一种符号语言"或符号体系，它是对"人类经验的构造和组织"，它"在对可见、可触、可听的外观之把握中给予我们以秩序"[2]。建筑钢笔绘画作为传达自然造化与人文景观的表达艺术，不仅关乎直觉，还涉及思考后的高度概括。我们不能离开映像（能指）而思维，也不能离开概念（所指）去直观；概念无直观则空，直观无概念则盲。

首先，从绘画语言构成角度来看，建筑钢笔画反映的对象是理性和具有严格建构逻辑的建筑物，应该通过符合透视科学与重力原则等的艺术语言有条理地"陈述"，并加强体验的中心与力度。建筑钢笔画中的映像可被抽象为一系列有意义的元素。绘画者通过挑选、组合、转换、再生这些元素，指涉思想"所指"概念，使观者通过图形间的关联与信息，产生对意境的想象与创造性复原。此时，钢笔画中为自身与受众共同认可的符号系统便产生了。在荷兰画家埃舍尔的钢笔画中，甚至把数学的精准以图形方式转译出来，大胆挑战视觉规律，使人们对空间的形态、方向等判断受视线局限、视像停留等因素的影响而产生视错觉和心理幻象。

其次，从艺术创造的主观性与自发性来看，钢笔画语言的符号化并不会带来画面感受的单一或程式化感受。相反，有共同的母本的元素或结构组织规律通过自相似的衍生或变形，会产生及其丰富的语汇与表现力。在众多建筑钢笔画中，我们可以看到同一性与差异性并存。

2. 建筑钢笔画的符号化编码

不同于其他绘画类型，具体物象在建筑钢笔画中被高度简化为线条组织与黑白构成。巴尔特认为：符号首先就有传达信号的能力，同时具备代码(code)的能力。线条、黑白图底关系及其构成方式三个要素就是建筑钢笔画的符号化编码，它们看似单纯，其实千变万化。

2.1 "线条"抽取骨骼结构

建筑钢笔画中的线条是作为编码来转译物象的轮廓和结构

的（图1）。一条线如同字母表中的字母一样具有书写意义，一系列线条就能创造一篇能被视觉"阅读"的文章。线条本身就是一种相关符号，又称索引式符号；通过它可以对方向、速度以及态势等产生推测或联想。处理画面焦点时，线条要粗、分量要重，依靠肯定有力的线条强调视觉中心；而对于远景，笔触应该平和流畅，避免过多的动势和笔锋变化。

线条还具有情绪性。有的线条欢乐、兴奋、向上，有的痛苦、拖沓、迟钝。线条引起的想象甚至也许是骤然掠过宇宙的两颗流星[3]。在凡高的钢笔画中，粗细不尽相同的笔触，在飞旋、疏密变化中产生出狂放不羁的律动。在作品《阿尔勒的咖啡店》中，以芦苇笔断续排列的线条不但区分了人群、路面、遮阳篷、桌凳、天空等不同物象的轮廓，还抽象地抒发了画家隐含在视觉形象之下的纯粹的情感。

2.2 "黑白"概括表达影调关系与明暗层级

建筑钢笔画对光影的表达同样是概括化的。不同方向的平行、交错或圈绕的线条构成可以描摹固有明暗，以表达场景的空间感和光影变化（图2）。不同于素描以柔和细腻的笔调反映受光下物象由暗到亮的流畅转变以及真实感受，钢笔绘画过程更有利于提高我们的视觉修养，它需要我们明确最亮与最暗的部分，尽量简化影调层级。

另一方面，建筑钢笔画也是某种意义上的黑白构成。一

图1 以线条反映各建筑廓形与交接转折结构关系

图2 利用平行、交错或圈绕的线条构成或点构成的方式体现影调

些作品更趋于采用黑白反衬的手法,它们并不反映客观的受光关系,而只关心图形学意义上的黑色、白色在画面中的分量是否均衡,是否相互渗透穿插;三维场景也可被描绘成二维的具有装饰效果的平面构成。

2.3 画面构成的不完整性

留白艺术及其产生的不完整性构图形式也是建筑钢笔画中典型的符号化特征之一,它赋予了钢笔画面意境的延续性。所谓"计白当黑",其所强调的是一种化繁为简、以少胜多、以有限含无限的有节制的美学构成,正所谓"无画处皆成妙境"。

在钢笔绘画构图中,留白是一种有预设的构图方式,而非任意而为、信马由缰。构图时可使用删除、搬迁、挪移、互换、镜像等,舍弃繁杂与混乱,概括零散的细部。机械地照相式"实录"场景原有的空间关系,势必会面面俱到却言之无物。因此,构图时在安排好主体表达建筑物或对象后,可将画面边缘作虚化处理,忽略影调,弱化对比(图3);以虚白巧设空景目的是使实景更加突出。这种特有的构图方式反而带来轻松的画面感受。

3. 建筑钢笔画的符号化过程与类型

从符号与其指涉对象的关联上,可将符号概括为三种类型,同时也是符号的三个层次:(1)图像几何符号;(2)指示符号;(3)象征符号[4]。建筑钢笔画绘画的过程本身就是一种符号化的过程。卡西尔认为:像言语过程一样,艺术过程也是一个对话的和辨证的过程。它通过对形态进行完形概括、对图象进行"象似"规约,最终传达情感。

3.1 钢笔绘画过程中的图像几何符号化

图像几何符号是一种直觉性符号,它以模拟对象在造型上的相似而构成,具有直接明了、易读性强等特点。绘画者可借用一些平面基本几何图形符号、采用加减法去"解构"

图3 留白处理使构图具有不完整性

物象、简化形体。如中国传统古建筑可以看作是三角形坡屋顶、立方形屋身以及基座三段式组成。掌握了这些基本形，我们就不难将亭台楼阁舫等各式各样的建筑形态控制好。在反映建筑立面时，可用正方形作单元参照以衡量长宽比例，用严格的数理关系来确定画面中建筑物的尺度。用几何符号化的方法能减少创作过程中不确定因素和繁杂的表象，对于建筑绘画而言是行之有效的。

3.2 钢笔绘画过程中的指示符号化

指示符号与所指涉的对象之间具有因果或是时空上的关联。在建筑钢笔画尤其是概念草图中，常用简洁的图形语言编码来支持思考和决策。如以"泡泡图"或"方框图"等来分析功能关系，用线条限制边界，用箭头表达构件关联与人流交通，用网格和接点表示脉络与重点（图4）。这些指示性符号绘图贯穿了从概念构思、方案发展到深化验证的设计全过程。

除了直接利用显性的指示符号外，建筑钢笔绘画中还可根据画面的需要，通过隐形的指示符号或符号化过程，将所传达的视觉信息进行"显化"。如图5中，利用前景中具有明显透视关系的人物以及急剧消失的建筑，将视线引导至空间尽端的主体建筑物。此时，平面化的人物与两侧建筑就成为间接的方向指示符号，其在传达画面感受过程中的作用与箭头如出一辙。

3.3 钢笔画意象符号化

意象符号能以客体引发联想，建立图像以外的意指系统并赋予其精神内涵。美国符号论美学家苏珊·朗格认为，艺术符号的性质在于其象征性而不在于信号性，它与日常言语符号的差别不在于手段而在于目的，前者表现美感，后者表现概念。相对于语言这种推理符号而言，绘画便是一种意向符号。语言能形成次序，有推理模式；绘画的意义即在自

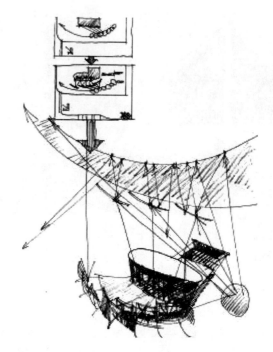

图4 利用线条、箭头等符号以及文字作光源和光线方向分析的辅助表达

图5 前景人物及两侧建筑物的透视关系成为引导视线的隐性的指示符号

身，难以语言复述，难以互相反驳，是非推理的，是一种心理和情感领域的表现方式。

建筑钢笔画中的意象符号既包括具象象征符号，又包括抽象象征符号。具象象征符号与所指涉的对象间无必然或内在联系，而是长期以来、因由大多数人的感观联想而形成的某种约定俗成。如画面中不同形态、色彩以及运笔技法等具体形象都具有直接的心理暗示。

而抽象象征符号，则采用似像非像的形象引导人产生倾向性情感。它既是对固有印象的补充和调整，又能产生新的理解和寓意。正如席勒的"外观论"所强调的艺术通过"外观创造"即"有意味的形式"产生一个"幻觉的王国"。这幻觉不仅是能给人审美愉悦的既定材料的安排，而且是这安排产生的结果[5]。钢笔画创作中，作者将兴趣点从无限广阔的空间中提取出来，视点的选择、构图的调整以及画面的取舍都是非常灵活机动的。愈直观，手与脑所受的束缚越少，程式化的特征就愈少，画面看上去就更像"容纳"与"扩展"之间的平衡。画家所创造的"绘画空间"不同于"物理空间"，经由观者感知和二次创造后，更自由的"想象空间"被释放出来；方向、层次、显性与隐性等因素都是依据人的感知派生出来的；作者未完成的画外含义是通过观者因循着联想而被补偿完成的。这种象征性的关联不具有传统的、惯常的含义，它可能是隐晦的、多义的甚至是错位的。

结论

建筑钢笔画从画面构成到创作过程都是符号形式的体现与创造。钢笔画技法具有其不同于其他画种的典型特质，它利用线条提取结构、以黑白抽象明暗质感，将建筑空间及景观场景中逻辑上的真实以符号编码的形式高度概括，并基于理性的透视、几何原理再创造留白的构图方式，最终表达主题。另一方面，观者在欣赏钢笔绘画作品时，受个人审美、周遭环境、人文背景等的影响，经由体验与想象，最终捕捉到多重不同的画面内及画面外的语意。这不仅依赖于钢笔绘画中相似符号，同时也体现出绘画不同于语言的意向符号特征。我们可以将画面构成方式与语言学的结构模式做类比，以提携出更有效的表达技巧，但这并不意味着绘画是一种推理符号。这个系统中"能指"与"所指"的对应关系具有任意性成分，那是由于创作者与体验者都掺入了概念、情绪与想象的成分。

参考文献

[1] 章菊. 广义符号学对艺术设计的启示[D]. 北京：中央美术学院，2003：4-6.

[2]（德）恩斯特·卡西尔. 人论[M]. 甘阳译. 上海：上海译文出版社，1985：212-214.

[3]（美）奇普·沙利文. 景观绘画[M]. 马宝昌译. 大连：大连理工大学出版社，2001：99.

[4] 陈武. 符号学在平面广告设计中的运用. 装饰[J]，2006（04）：117-118.

[5] http://baike.baidu.com/view/85552.htm#1

建筑美术·很建筑·很艺术
——建筑美术实用性教育的拓展

许康　钟健　周遵

西华大学建筑与土木工程学院建筑系

摘　要：建筑师自古以来就是多才多艺的职业典范，其设计领域从来就不仅仅局限在单纯建筑领域。由于美术是艺术入门学习的基础，所以建筑美术是建筑师们具备跨界设计能力的基础所在，是一门可以触类旁通、举一反三的具有很强实用性和适应性课程，再加上当前环境艺术设计（景观设计）行业的蓬勃发展，为建筑美术和建筑美术教师提供了一个艺术性和实用性兼备的更为广阔的发展空间。

关键词：建筑师　建筑美术　跨界设计　环境艺术设计

Abstract: From of old, Architects are skillful not only in the field of architecture, but also in other kind of art-creation activities. Painting study is the entrance to the art-creation, so architectural painting with strength of practice is fundamental for architects to enjoy many different cross-border designs. In recent ten years, with the development of landscape design, the skill of hand-painting is playing an important role in this field, which gives a good opportunity, for the education of architectural painting and the teachers, to practice in society with a wider space.

Key words: architect, architectural-painting, crossover design, landscape design

1. 源于美术的"能设计一切的建筑师"

美术，是指艺术家运用一定的物质材料，如颜色、纸张、画布、泥土、石头、木料、金属等，塑造可视的平面或立体形象，以反映客观世界和表达对客观世界的感受的一种艺术形式，因此，美术又被称为造型艺术、视觉艺术、空间艺术。它主要包括绘画、雕塑、工艺、建筑等类型。

从古希腊古罗马到文艺复兴到新艺术运动，具有美术功底和设计天赋的建筑师们，始终都从事着无疆界的跨界艺术设计活动。许多建筑师既是画家又是雕塑家还是科学家，甚至还是医学家或者机械师。

天才的奇迹至今还在延续。19世纪末，高迪的CasaCalvet靠背扶手椅。20世纪，勒·柯布西耶的躺椅LC4、阿尔瓦·阿尔托的帕米奥椅、密斯·凡·德·罗的巴塞罗那座椅。建筑学博士阿齐利·卡斯提里奥尼以其照明灯具设计方面的成就享誉全球。

21世纪，弗兰克·盖里为蒂芙尼(Tiffany)设计珠宝。扎哈·哈迪德为多媒体现代舞剧《变换城市》设计舞台、为德国玛堡设计壁纸、为Melissa设计塑料女鞋，还设计名为"Z Car"的汽车。诺曼·福斯特带领的设计团队与一家专业公交车设计公司共同获得2009年"伦敦新巴士设计竞赛"冠军。

放眼国内，建筑师张永和设计瓷器和服装，并与建筑设计界重量级人物齐欣、张利、张轲、朱育帆一起参加"2010

中国当代时尚创意设计展",还应邀出席"如意·2011中国服装论坛"。建筑学教授魏春雨先生也设计家具。王小慧女士搞摄影艺术。米丘先生做雕塑。

建筑设计或许算得上是设计的最高等级。与绘画、雕塑、服装设计、工业设计等不同,从在图纸上画下的第一笔开始,建筑师就不仅要考虑到个人的灵感与创意,还要考虑到使用者的实在感受。一座建筑物的公共性、实用性、经济性、艺术性、社会性等,都是对建筑师的巨大考验。至此也许可以得出这样的结论:建筑师是这个世界上可以设计一切的人。

建筑始终是一个你绕不开避不过的生活实体,建筑设计是美好梦想和远大理想的现实化身,建筑师做到理想与现实并重和感性与理性兼顾,是一个矛盾但和谐的统一体。琼瑶小说里面羡煞旁人的男主角好多都从事建筑设计,《奋斗》电影里面的男主角陆涛是一位怀揣梦想的建筑师。

建筑系学生的理工思维和人文素养,造就的不仅仅是建筑设计师,更是多才多艺的艺术家。意大利戏剧作家达里奥·福是半途而废的建筑系学生,演员吴彦祖和歌手陈奕迅也分别毕业于美国和英国的大学建筑学系。

一切都印证了梁思成先生的观点——建筑是人类文化的综合体。梁先生对文化的理解并非狭义地限于某些学科,而

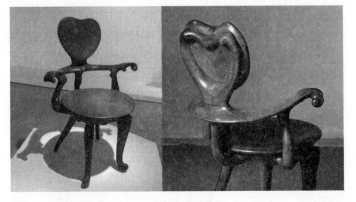

图1 高迪设计的CasaCalvet靠背扶手椅

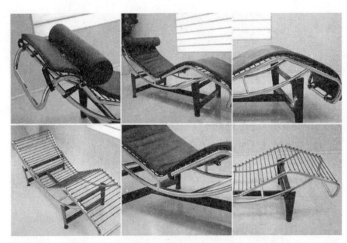

图2 勒·柯布西耶设计的躺椅LC4

是涉及更广更深的领域。他主张建筑师必须有广泛深厚的文化修养,建筑师的认识领域要广,要有哲学家的头脑、社会学家的眼光、工程师的精确与实践、心理学家的敏感、文学家的洞察力;但是,最本质的是建筑师应当是有文化修养的综合艺术家。他强调教育要"理工与人文结合",认为西方物质文明高度发达而人文教育缺乏,形成"半个人的世界",只懂得工程而缺少人文修养的人只能算半个人,他反对"半个人的世界"。在建筑系课程设置上,他有意识地加强专业课程与人文、社会科学的结合,认为学术修养要博精结合,"既有所专而又多能,能精于一而又博学;这是我们每个人在求学上应有的修养。","为了很好地深入理解某一门学科,就有必要对和它有关的学科具有一定的知识,否则想对本学科真正地深入是不可能的。"

2. 建筑美术是多才建筑师艺术入门的基础

建筑美术是美术在建筑领域的应用,多了"建筑"两个字的定语,说明建筑美术多了建筑所具有的工程科学的技术性,于是建筑美术培养出来的能从事各种艺术创作的建筑艺

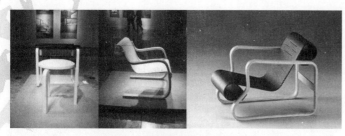

图3 阿尔瓦·阿尔托设计的座椅

图4 密斯·凡·德罗的巴塞罗那座椅

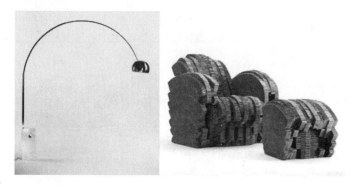

图5 阿齐利·卡斯提里奥尼设计的灯具（左图）
弗兰克·盖里设计的家具（右图）

图6 扎哈·哈迪德设计的玛堡壁纸、Melissa塑料女鞋、Z Car汽车

术家们，都带有一定程度的工程理性思维，而又区别于单纯的艺术家。建筑师的画与画家的画有所不同，画家多以描绘对象为素材去表现自己的审美价值和艺术情感，而建筑师多以绘画为手段去记录自己对描绘对象的感知和认知；画家更满足于写实或者抽象手段下画者与被画物间逻辑或者非逻辑

的完美结合，而建筑师更注意实物在环境中的和谐真实的表达，他们在描绘外观造型的同时，头脑里面会惯性思维地想着其平面、剖面，甚至细部等的工程思考。所以建筑学专业的工学性质决定了建筑美术所创作出来的"画"不仅仅是一件绘画作品，更是建筑师通过对真实事物的记录或者对抽象概念的图纸符号化，来达到为实实在在建筑设计服务的目的。

上述的同与不同只是相对而言，因为不管什么艺术门类，它们的基础是相通的，基础训练是相同的，只是在多少、深浅、侧重方面的差异。建筑美术也教授美术概论、素描、色彩绘画、渲染、写生、速写、平面构成、色彩构成、立体构成、摄影等一系列艺术理论和实践课程，这为培养出多才多艺的建筑师们从事跨界艺术设计打下了基础，也为建

图7 张永和设计的葫芦餐具系列

图8 魏春雨设计的家具

筑学专业学生毕业打开了更广阔的择业和就业途径。

3. 环境艺术设计（景观设计）引领建筑美术走出窘境

在环境艺术设计专业，以及风景园林、景观设计专业没有红火之前的很长一段时间里建筑美术和建筑教师始终徘徊在被边缘化的附近，虽说是学时为期两年的专业基础学科，但被重视的程度与学时的长度完全不成正比。

上世纪九十年代，在中国建筑界还疯狂迷恋电脑效果图的时候，以贝尔高林、EDAS、EDAW为代表的一批境外景观设计公司，在其设计图纸中大量的手绘效果图，让中国设计界被狠狠地洗眼了一把，随之手绘效果图，尤其在景观设计方面的应用，扮演着举足轻重的地位。究其原因有三：一是为了节约成本，不同于建筑设计可以只用两三张图效果图就能表达清楚，环艺设计（或者景观设计）即便是一个小小的场景，由于步移景换，往往需要很多效果图才能表达清楚，手绘效果图在节约设计成本方面就显得格外重要而被派上了大用场。二是为了节约时间，一张电脑效果图的成图要由专业的效果图公司经过建模、渲染、后期处理三个工序，花费的时间至少两三天，而一张手绘效果图往往都是由设计师自己完成，快的话只需要半天时间就能搞定。三是手绘效

77

图9　EDSA景观公司的手绘表现图

果图比电脑效果图更具人情味而显亲和力。

所以，一张手绘效果图同时展现了设计师的景观设计能力和艺术表现能力。建筑美术的重要性至此得以显现，建筑美术教师也在这个时候，陆续开始转向环艺设计和景观设计方向，承担这方面的设计课程和市场任务，不再仅仅是单纯的教教学生美术绘画而已。有了行业的市场依托，建筑美术教师们的地位也得以重生，这不得不感谢行业和市场的发展对专业走向的要求。

结束语

建筑美术作为建筑设计专业基础教育，其知识性、基础性、实用性，不仅为建筑设计创作，同时为所有互通的艺术创作，在美学知识、表现技法、设计原理等方面打下基础，这是带有浓厚艺术人文学科背景的工科专业的建筑学与其他工科学科的不同之处，是建筑学学生难得的修身素质和职业技能的重要源泉。希望建筑美术成为建筑系学生的"一朝学习，长期练习、终身受用"的知识宝库。

参考文献

[1] 林洙. 大匠的困惑. 北京：作家出版社，1991：77.
[2] 王隽. 设计一切的建筑师. 北京：凤凰网财经频道，2011.

建筑美术的"教"与"学"

李楠　赵涛　孟祎君

内蒙古工业大学建筑学院

摘　要：建筑美术作为建筑学专业的必修基础课开设于各大院校，从近几年的教学经验不难看出，建筑美术课程的教学存在着一些不尽如人意的地方。其中最主要的不足在于教学一味按照传统美术教学思路来走，忽视了建筑学专业的特殊性；除此之外，教师也多以感性体验式教学来教育学生，对理工科学生惯于理性思考的思维特点重视不够，从而无法建立良好的"教"与"学"的互动体系。文章针对这些问题提出了关于建筑美术"教"与"学"的核心目的、互动基础、手段模式的一些建议，望有助于建筑美术课程的改革与发展。

关键词：建筑美术　教学

Abstract: The Architecture art as the Compulsory courses and Foundation course is studied in some universities. But in recent years, it is not difficult to find that the Architectural art teaching has some problems, and one of them is using traditional art teaching ideas which that teachersignore particularity of the Architecture art. In addition, the most teachers take into account the art sensibility experience instead of rational thinking of students who are accomplished in the latter,so that it is not enough to establish a good system connect teachers with students. This paper has some recommendations about "teaching" and "learning" of the Architectural art, including the core purpose, the interactive basis and the pattern, in order to do some help for the Architecture art course reform and the development.

Key words: architectural art, teaching, learning

　　建筑美术基础课程是建筑学专业必修课程之一，一般开设于本科一至二年级，也是学生进入建筑学专业学习的前置课程。某种程度上，学生是否喜欢所学专业有时是从是否喜欢建筑美术这门基础课开始的。然而，在目前的建筑美术教学中却存在着一些不容忽视的问题，如课程训练与纯美术专业教学相似，与建筑设计专业脱节，学生美术学习兴趣不浓，学科知识与专业间缺乏有效的联系等。针对以上问题，各大院校在建筑美术教学上都尝试进行更为合理的教学改革，从结合教学实践、提倡学科交流与互渗、加强人文素质教育等多个方面促进教学。

　　教学涵盖"教"与"学"两个方面，施"教"者是教师，做"学"者是学生，建筑专业美术"教"与"学"的互动与其他理工类学科不同之处在于教学手段灵活、教学成果评价带有主观色彩，并且，学生的思维方式与学习方法与理工类学科的惯用思维也有所区别。就其学科特点及学生素养两方面考虑，在建筑美术教学中应本着"服务于设计"、"支持于设计"的理念，发挥学生"理性思维分析能力强"的优势，结合培养学生"快乐体验"的学习模式，创新建筑美术教学体系。

1. "教"与"学"的核心目的是审美能力的培养

建筑是人类关于美的一种创造性产物,如何审视宏观意义上的"美",及建筑的"美"是建筑美术教学的核心。作为学生,鉴别美、欣赏美的能力是将来设计意图表现能力的重要前提;作为教师,更要把培养学生发现美的能力作为第一要务,继而让他们拥有创造美的双手。那么,我们如何看待"教"与"学"的问题呢?

教: 建筑美术课程开设于低年级,学生对于知识的积累尚处于贫乏期,教师采用课堂讲授是这个时期最有效的手段,可以通过在必修课美术基础教学中讲授设计艺术理论,并通过结合中外艺术史、艺术欣赏等选修课来扩大学生审美视野,提高艺术修养。

学: 学生审美能力的提高并不能短时期一蹴而就,而是需要长时间的积累才能得以提升,而且,每个学生的审美感悟力也存在差别,因此,学生学习效果的评价不应该是审美标准的简单化、一致化,而是审美标准的个性化和丰富化。

具体通过教师在课上充分调动学生进行分析和讨论,培养学生学习热情,加强学生思考认识,让学生的学习发自内心。学习成果可以以论文、感想等文字或口述形式体现;涉及内容广泛,如风格形式、具象或抽象的、古典或现代的、中国或外国的、建筑作品、绘画作品、音乐作品等都是很好的题材;并且让学生直接参与作业评估,对其他同学的创作或练习进行评判,给出评判理由,说明自己的观点和看法,再以书面形式交上来,给予学生自由发挥的空间,充分尊重学生的个性化发展,培养学生的审美能力。

2. "教"与"学"的有效互动要考虑建筑学专业学生理性思维强的特点

目前,建筑学专业学生普遍是通过高考文化课考试,特别是高考理科考试选拔而来的,许多同学几乎没有美术功底。而建筑美术教学的教师一般为美术院校毕业,由于习惯了传统美术教学"慢慢悟"的模式和思路,有时无法与建筑

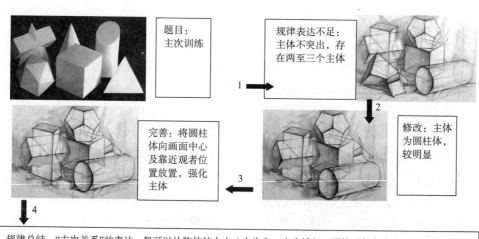

学专业学生达到良好的互动效果。往往是学生不知道为什么而学，怎么去学；教师又苦于学生底子薄、进步慢的难题，使美术教学陷入困境。

从教学实践中发现，这些学生虽然感性体验能力较弱，但是理性分析能力、条理归类能力、推导逻辑能力等都比较突出。这时，就需要我们去考虑如何发挥学生的特长，使学生更容易掌握美的规律，同时学生也为学有成效而提高学习兴趣。

教： 考虑到学生理性思维强于感性思维的特点，可以将美术规律条理化讲解、细分美术规律内容并将其作为学生训练的不同课题，而不是单纯的写生或者临摹完整场景或作品，达到充分发挥学生理性思考能力的效果。比如用作建筑设计造型基础训练的素描课程，我们可以借鉴西方一些现代建筑院校的教学方法，倾向于"形式美规律""视觉训练""造型、空间、运动和透视分析""分析性绘画"等内容，强调造型的抽象和简化、提倡纯洁性、必然性和规律性。这些观念与现代建筑设计的系统性原则不谋而合，同时又为素描教学提供了全新的元素介质和表现空间。

以"形式美规律"训练为例，通过几何静物结构素描来学习点、线、面、体的组合与秩序、动态与静态、主次、虚实、强弱、疏密等知识点。要求学生自选5种不同几何静物自由组合，以突出其中一种为主体，其他为辅进行画面构图，完成"主次"规律的学习，在此基础上要求学生以此方法完成虚实、强弱、疏密的训练并总结其规律。值得提出的是，教师评价侧重规律体现是否充分，而非表现技巧是否高超。训练内容如图所示：

通过启发和引导使学生有意识地对几何静物进行组合，创造完美的秩序，充分发挥学生类比归类、逻辑思考能力，明确学生的学习方向。

学： 基础课程的学习首要任务除了基础知识的掌握，更为重要的是如何使学生充满兴趣，并通过学习建立学习建筑专业的信心。因此，学生训练内容的设计、学生成果的评价、学生学习的时间、方式等是否带给学生成就感就显得格外重要。初学建筑美术不一定要求学生立即由理性思维转换为感性思维，而是允许学生运用自己擅长的方式来完成作业。比如手头功夫很差的学生可以通过文字、实物照片或图解等其他方式来表达对于美术规律的掌握与认识，只要分析有理有据就应得到肯定，不因图面表达能力弱而打击学生理解美的信心。

3. 建立单元化、主题化的"教"与"学"模式，强化目的教学与有效教学

就目前我国建筑学专业课程设置的情况来看，学生不得不把大部分时间和精力放在对工程技术、专业设计学科的学习上，出现了建筑美术课堂人数多、教学学时少的问题。因此，这就决定了建筑美术教学必须采用目的教学和有效教学的方式来强化学生的学习效果，特别是形式规律在未来建筑设计领域运用能力的培养，以抓住主要矛盾的辩证法来保证教学质量。

教： 重点应该放在哪些方面？实践证明，空间、透视、形体结构、景物配置等与建筑艺术形式相关的因素是贴近学生学习实际的，而节奏、主次、色调、虚实、比例、对比、和谐等艺术美的规律也是学生表达是否具有美感的重要因素。在这些方面对学生进行阐释、引导和启发收效往往是比较显著的。那么，在教学大纲及教学计划制定时就可依照这些内容分别以单元训练、主题训练的方式来一一解决。

例如，在色彩风景写生课中，先完成一张完整取景的色彩写生作品，把表现空间透视、把握整体色调、刻画花草树木和车马人物作为教学重点，引导和启发学生如何抓取光线与影调的变化等。完成之后并不是按照惯例寻找下一处风景，而是要求学生在此基础上通过增加或减少物体来学习

"虚实";通过将正午光影变幻为傍晚光影来学习"冷暖"与"物理光影原理";通过色块与色线的表现来学习表现风格等。再比如,通过构图训练和线形组合引导学生发现各种物体之间排列的前后、形状大小关系所形成的聚散、错落有序的物象构图,并启发学生思考如何从各种线形组合中排除消极的线条,发现造型结构中主线的力感美等,有针对性的解决问题,强化目的和效率。

这样,通过单元训练与主题训练加强学生的思考能力,做到有的放矢,有效地避免美术训练与专业时而脱节的现象,达到突出专业特色,学以致用。

学:单元化、主题化美术教学模式可能不会全面地、完整地体现学生的美术基本功,但优势在于能够鼓励不同层次的学生发现自己的掌握能力及兴趣点,使得每个学生都有所长。学生作业成果的表达提倡针对某个单元或者主题进行深入的挖掘,重视纵向深入的能力。如"冷暖之美"主题的研究,可将一幅建筑物速写进行不同色调的处理来体现冷暖,学生作业除了掌握冷暖的绝对性,是否也发掘出冷暖的相对性,这就是学生挖掘的深度体现,对一个单元或主题挖掘的深浅要比一幅面面俱到但缺乏思考的美术作品更具有实际意义。另外,学生作业中能否体现出与所学其他课程,尤其是专业课程的衔接也是学生能力考核的标准之一。

结束语

建筑作为实用技术与造型艺术的载体承载着人类美好生活的愿望,建筑学专业培养的学生也将是这些美好愿望的筑造者。随着更多院校及教师投入到此领域的研究中,我们期待建筑美术教学在不断发展改革中逐渐从过去单一的工程技法教学走向重视技术与艺术相结合的良性之路。

参考文献

[1] 王成宝. 关于建筑美术教学的一些思考[EB/OL]. http://www.studa.net/zhiye 2009
[2] 侯幼彬. 中国建筑美学[M]. 哈尔滨:黑龙江科学技术出版社,1997:437.
[3] 乔峰,孙艳. 建筑装饰设计专业美术教育创新教学刍议[J]. 河南教育,2009,(4):32.
[4] W.HY雪儿创作室. 建筑素描效果图典[M]. 上海:上海科学技术文献出版社,2007:65.

建筑美术教学体系构筑

郑庆和

内蒙古工业大学建筑学院

摘　要：建筑美术教学体系构筑应该是多元的，各学校应根据本校的具体情况制定各自教学体系。我校建筑美术教学经过多年教学实践，教学改革，正探索一条符合我校教学要求的美术教学之路，建立符合自身特点的教学体系。

关键词：建筑美术　体系　构筑

Abstract: The construction of Architectural Fine Arts teaching system should be multidirectional, every college should establish respective teaching system according to concrete conditions of the college. With the teaching practice and teaching reform of Architetural Fine Arts for many years, our collegeand is establishing the teaching system which has its own characteristic.

Key words: architectural fine art, system, construction

自全国建筑美术教学研讨会开展以来，建筑美术教学改革已成为热点。各校积极响应，并在建筑美术课程教学上进行了不同程度的改革。我校也是如此，曾借鉴兄弟院校教学改革的经验，对本校的素描和色彩课的教学内容、教学方法，进行相应的改革。在收到一定效果的同时，也发现了许多不足。例如：在素描课教学程序安排上，在学生造型能力欠缺情况下，为了强调对学生创造性思维培养，曾经过早地进行创意素描的训练，结果导致学生在作业中的绘画语言显得苍白，出现了许多图解式的创意素描，失去素描语言应有绘画效果。在色彩教学的画种选择中，为了强调色彩表现力，曾经将水彩课改为水粉课，结果丧失了建筑学美术教学水彩画训练特色。导致在建筑设计教学中学生常常遇到水彩表现技能无力适从的困境。在教学内容方法上也曾放任过教师在教学中自由发挥，由于多数教师都是纯绘画出身，在教学中采取学院"自悟"性的教学方法，学生因美术基础较差一时感到无所适从，目标不明，从而导致学生失去了学习美术的兴趣。

鉴于以上教学实践，我们认为建筑美术教学的改革，不能脱离本校学生的特殊性及建筑学专业的特性。单方面的改革只能解决某一问题，不能解决学生对这门课整体认识，甚至在教学过程中出现残缺。建筑学的教学应是一个系统性美术教育工程，而制定一个切实可行的教学体系尤为重要。因而这几年根据我校学生的具体情况及专业特色完成了我校建筑美术教学体系的建设，具体如下：

1. 素描教学体系

我校建筑学美术课教学设置在一、二年级为期两年完成，总学时数为232学时。其中一年为素描教学128学时，一年为色彩教学104学时。在一年的素描教学中，前半学期的教学任务分为两部分教学内容。一部分是结构素描；一部分是明暗素描。在结构素描教学中，重点培养学生观察、分析、概括形体能力。以理解掌握物体的造型规律及结构方式为目的。同时用简练有力的线条，将对物体、结构分析性地表达出来。作业内容以从简单的石膏几何体到静物组合，直至各种机械设备及建筑空间结构主题表现，逐渐向建筑空间过度。在指导方法上根据学生的文化课基础较好，逻辑思维高于形象思维的特点，引导学生对造型的规律研究及表达手法规律性把握。

在明暗素描的教学中，重点培养学生整体观察及应用明暗调子整体表达形体的能力。这是追求画面的空间感、质量感、立体感是作业的最高目标。作业的内容是由简单的石膏几何体至静物组合最后是建筑物形态表达。这个阶段以客观表现为主要依据，以表现物体本质属性为目的。

在后半学期的素描教学中，也分两部分进行。一部分是表现性素描，一部分是创意素描。在表现性素描中重点培养学生的综合表现能力。依据客观但不受客观限制自我发挥的表现力，无论在对物体选择、光影的利用、画面的构图、形式感追求，都以培养学生的主观表达为目的。表现手法可以不择手段、百花齐放，画面更多的是实验性作品。

本学年最后一课是创意素描，则是整个素描教学过程的高级阶段，是追求创意和画面语言表达完整性阶段。这个时期更多是引导学生创意的思维方法。画面的形式语言与主题表达效果是首位的。

我们在教学中插入了速写训练，速写对建筑学的学生而言具有重要的实用价值，无论是收集素材、训练观察和表现

图3　创意素描

图4　主题素描

图5　结构素描

图6　速写

能力，还是设计表现、构思创意，速写广泛的实用性不仅满足了多方面需求，而且以独到之处几乎成为建筑师赖以表达形象思维不可缺少的视觉语言。所以速写课的开设自然受到学生的欢迎。

速写作为绘画种类之一，在艺术形式、技法上具有丰富

图1　结构素描

图2　明暗素描

的表现力，它既可以寥寥几笔勾勒出一幅简洁明快的即兴速写，又可以用繁复多变的线条构成精致的画面。在绘画形式上既可画成颇具中国风格的白描，也可制成西洋素描格调的作品。可以写实、写意，也可装饰、变形。速写画使学生初步领略到艺术表现的丰富性、多样性，极大地激发了学生的创造性思维。

为了使教学循序渐进，初期构成主要以黑白构成表现为主，速写画正好与之吻合。同时我们要求要对景物写生，也可依照个人喜好做各种形式、技法的尝试。因此速写画成为从客观写生过渡到发挥个人意趣再进入构成创作的一个中介手段。

图8　色彩静物

图7　色彩风景

表1　素描课教学安排

课程名称	学期安排	教学内容	学时	备注
结构素描	第一学期（基础）	石膏几何体	8	形的概念建立
		静物	8	单体形组合
		机械设备	8	结构理解表现
		建筑空间形态	8	大空间结构
光影素描		石膏几何体	8	光阴概念
		静物	20	实物光影变化
		建筑空间形态	16	空间光影变化
设计素描	第二学期（创意）	自选	20	解构、重构、空间
创意素描		自选	20	主题、概念
速写		自选	12	穿插进行

2. 色彩教学体系

色彩训练是个短期行为，只要方法得当很快可以使学生找到色彩感觉，但技法掌握提高是需要长时间锻炼。我们在一年的色彩教学中，共分两部分内容进行。一部分为水彩画技法课，这是沿用传统的建筑学专业美术课教学内容而进行的，这对建筑学专业有极其特殊意义。但在传统的水彩画教学中加进新的观念，更加强调色彩的感觉与表达。更加注重学生用色彩概括力的表现能力。在水彩画训练中多以风景为主逐渐到静物写生。

在色彩课训练中，合理的安排训练内容、训练程序对学生认识色彩、掌握色彩至关重要，二年级开色彩课正是北方秋季，这个季节是北方色彩最漂亮的季节，色彩变化丰富，最适宜色彩风景写生。而且先上色彩风景写生对学生较快掌握色彩关系很有益处。学生在这个阶段重点是训练色彩关系，不强调形的准确性，便于学生抓住主要问题。同时也为期中色彩实习打下基础。实习结束后北方地区已经入冬季，这时回到室内在训练色彩与形的结合问题。

在另一部分的色彩教学则以综合表现——水粉、水彩为主，也可应用其他材料，水粉是表现力较强的画种，多为效果图表现的有力武器。我们在水粉课教学中以训练学生提炼色彩和组织色彩的能力。要求学生学会归纳色彩，并应用各种形式手段表达创作意图，最终达到造型与色彩，情感与画面相互统一的理想效果。同时多种材料应用开发了学生绘画表现力，进一步提高了学生艺术素养。

图9　归纳色彩　　　　图10　综合技法

以上所述是我们在教学中所总结出来的教学体系。现正在教学中进行，待经过一轮实践可能会发现一些问题，并有待进一步改进。我们认为建筑美术应有独立的地位，有其特殊的使命，所以在教学体系中未曾与构成课相融合。美术课的任务是打下牢固的基础，创造性思维培养贯穿于教学的全过程，抽象和具象同时进行训练是培养学生创造性思维的有效方法。构成课是美术课通向建筑设计课的桥梁，美术欣赏课是提高审美意识的有力手段。如果各门课都在发挥积极作用，再加上有一个了解建筑懂得设计思维，热心美术教学的团队的正确指导，我想建筑美术教学将会取得更辉煌的成果，它将给未来建筑师带来新的生命。

表2　色彩课教学安排

课程名称	学期安排	教学内容	学时	备注
水彩画	第三学期（基础）	风景写生	32	色彩关系
		静物写生	20	色与形结合
综合表现	第四学期（表现）	归纳色彩	12	归纳、装饰
		抽象组合	20	表达
		建筑空间形态	20	应用

建筑美术教学中整体观察能力的培养

曲晓莉

烟台大学建筑学院

摘　要： 整体观察能力的培养，对于学生在建筑设计宏观观念上的把握至关重要。在美术教学中，强调整体观察，培养整体观察的能力，实际上是强调建立一种整体的思维方式，因为在建筑设计中规划和设计都是在考虑整体环境的前提下来完成的，所以作为建筑学专业的美术课对于整体观察能力的培养在其中必定起到重要的作用。

关键词： 建筑美术　整体观察　培养

Abstract: Cultivation on the ability of integral observation plays a crucial role in developing students' architectural design ideas. In teaching fine art, emphasizing integral observation and developing the ability of it, in fact, are equal to develop a model of overall thinking. Since planning and design in architecture are all done on the premise of the whole environment, courses on fine art for architecture majors will play an important role in cultivation on the students' ability of integral observation.

Key words: architecture art, integral observation, cultivation

一般来说，单纯一种技法是教者比较容易传授，学者比较容易在短时间内掌握的，因为它直观、单一、具体、容易理解和操作；但是谈到整体观察、画面的整体感和整体性，事情就不那么简单了。自然世界五彩缤纷，美无处不在，从看似平凡的事物中寻求、发现、激发出表现它的欲望和冲动，这就需要熟悉所画物象的周围环境，需要观察各个角度带来的不同美感趣味，也就是去看、去整体的观察。观察仿佛是件很容易的事，但作为整体观察却并非如此，它包含的并不是把眼睛所要看到的一切不动脑子的如实地照搬下来，而是要从不同角度发现其特定的审美特质，发现美之所在。眼睛本身并不能自发地整体观察，反而往往会关注于局部，所以我们要克服这种本能，有意识地在观察中打开视野，发现或察觉隐藏在多种元素中的美感，排除无关紧要因素干扰，抓住事物的本质，整体地看，整体的观察。一件美术作品的表现过程实际上是整体观察与思维方式在画面上的反映，画面效果是由画面的整体性体现的，而学会整体观察是体现整体表现的前提，因此，我们应重视学生整体观察能力的培养。

整体观察包括两部分，观察的过程和观察的结果。观察过程是描绘、表现一件作品正确的出发点，它大处着眼：画面的取材角度、主次关系以及上下左右的比较等；结果是形成描绘、表现画面的明确认识，产生表现的构思和设想，确立画面表现所力求达到的目标。换句话说，就是通过对客观事物的整体观察所带来的认识和感受，在头脑中形成较为成熟的画面，或者说是艺术主题。从培养学生整体观察能力这个意义上讲，整体观察能够带来学生对于画面或形象的完整艺术构思，有构思和设想就能主动地、创造性地对待被画物象，正确处理局部与整体的关系。俗语说："眼睛是心灵的窗户"，"心灵手巧"，我们把它们联系起来看会发现其中眼、心（头脑）、手之间的内在联系，也就是说，通过眼睛的整体观察，经过头脑的思考、组织、整理，用手在画面中表现出来，一幅作品的成功表现是眼、脑、手合作和协调一致工作的结果，但整体观察是首要的，当三者相互协调一致时，笔在手中像是在自动创作，眼睛像是跟着笔走，表现得如鱼得水，潇洒自如，画面效果发挥得淋漓尽致，这时的艺术表现也达到了高潮，会画出生动感人的佳作，整体观察所带来的艺术形象也使画面具有鲜明而整体的表现。缺少整体观察就不会有明确的艺术表现方向。没有对整个画面的构思和设想，看一点，画一点，观察到的客观物象就成了神圣不可侵犯的偶像，结果是被动的局部抄描物象拼凑画面，没有平衡画面掌控画面的能力，不能解决整体表现的问题，这样，必然失掉画面的整体感，失掉艺术表现力和感染力。在观察方法上做到整体观察，认识到表现对象是全部有机联系着的整体关系，客观物象之间是一个完整的、不可分割的整体才能在表现上抓住关键所在，因此，在美术教学中重要的是在于整体观察能力的培养。

我们在教学中强调表现方法，对学生进行整体观察能力的培养，实质是强调整体观察的思维方式，是思维方式的培养。在所要表现的物象中，我们从单一物象看，物象自身的形体、形态存在着内在的整体关系，它有着属于它特有的结构关系、各部分之间的比例关系以及色彩关系等；另外物象在空间中不是唯一的、独立的，它必定与其他物象有着多种联系，如：主次、前后、上下、左右、大小、色彩等；还有在不同的特定视点、角度观察物象或场景，就会有不同的特定透视变化、有特定结构变化、特定主客体关系，观察的感受和结果会有所差异。从客观物象或场景到画面，可以说是两个事物，客观物象或场景是客观存在的，画面在某种程度上说已经加入了画者创作的成分，中间过渡的桥梁就是头脑中构思的画面，这是整体观察带来的必然结果，因此画什么都要养成整体观察、整体着眼，先构思后动笔的习惯，始终保持着整体观察后所得到的构思，运用绘画的表现技法去实现它。好的艺术品总是表现在把握整体关系上，而不仅仅是好的细节刻画画面上，美术课的整体观察能力培养其实是一种以小见大的教育方式，它的教育影响、意义深厚而宽广。

绘画的表现，既不能拘泥于单纯的刻画雕琢，又不能失去具体形象的审美意趣而要根据构思和画面需要创造出一种整体的画面气氛。如果在观察中拘泥于物象局部或细节，只关注物象的轮廓、形体的边缘，由细节到细节，由局部到局部的观视，则无法达到画面各种关系的完整与统一，整体观察在这里体现着深刻的内涵；它是一种全局着眼、全面比较、对物象诸因素的一种统一整体的观视，观察的整体必然导致表现的整体，而整体性是画面的灵魂。中国画讲究"胸有成竹"，其实就是通过整体观察之后在头脑中形成完整构思的结果。绘画艺术作品不是把物象像用照相机一样没有取舍的完全拍下来，或者是照葫芦画瓢，照搬客观现实完成描绘过程，而是对客观物象的认识、感悟、发现、理解、表现和再创作，画形不是根本，重要的是在于借助形营造某种气氛，表现内心想要表达的情绪、气氛或意境。在美术作品中，为了达到所期待达到的画面效果，特别需要整体的观察能力，才能把各种关系表现得或微妙或强烈、或丰富或简约，呈现一种出神入化的境界。没有整体的观察就没有整体表现，就创造不出画面的美，画面的整体感好，整体感强，它既不能体现完整性，也不能呈现完成性，它是一种形式上的统一感和主观精神所追求的一致性，以及两者的有机结合。在美术教学中，我们需要从细微处培养学生建立整体的观念，强调整体观察，建立一种思维方式，正确理解和解读建筑美术教学过程中强调整体观察的深刻含义，让学生汲取"整体观察"的成果与方法，让整体观察所带来的思维方式融入到建筑设计中，使学生的思维不只停留在建筑设计本身，还有社会环境、人文环境、地理环境等诸多方面，可以说是"醉翁之意不在酒"。

重视学生整体观察能力的培养，对于学生的审美修养和设计空间整体把握至关重要，也必定在建立建筑设计宏观整体的观念上起到重要作用。

建筑美术教育的契机
——常识与记忆的感性表达

阙阿静　张永刚

西安建筑科技大学建筑学院

摘　要：中国学生基础美学教育的缺失，历史和文化的匮乏成为建筑美术教育发展的羁绊，课时的限制使得弥补这些内容成为不可能完成的任务。而建筑美术教育需要培养学生的艺术修养和审美思想，建议我们可以从学生经历的常识和记忆为出发点，着手培养和恢复学生表达感性的能力，为将来的建筑艺术修养和建筑设计思想做好铺垫。

关键词：建筑美术教育　常识记忆　感性　表达

Abstract: The lack of basic aesthetic education, history and culture becomes the fetters of architecture art education's development.It is impossible to make it up, because of the limitation of hours. And the education of architecture art need to cultivate students' artistic accomplishments and ideas. But we can start to cultivate students' recovery and the expression of perceptual ability from the students' common sense and memory for the future construction of artistic accomplishment and ideology.

Key words: education of architecture art, common sense, memory, sensibility, express

建筑美术教育一直在寻找一个契合点，一条纽带，试图将建筑与美术嫁接起来，为建筑开出更美丽的花朵而努力。然而，结果往往事倍功半，甚至适得其反，最终变成自我循环的恶性肿瘤，这无疑是建筑美术教育的一种悲哀。究竟是哪个环节的问题，首先，让我们来追根溯源。

1. 形成中国建筑美术教育的历史背景

中国教育从启蒙阶段就开设了美术课程，从小学的彩笔画、蜡笔画到中学的素描、速写、水彩，而画的内容是身边的人或物从临摹到写生。最终培养的是一种应试技法，却忽略掉了美术教育的本质内容：以人为本的美学素质培养。教育体制忽略了这一点，社会体制更是不够重视，从一个方面就可以完全暴露出来，那就是中国美术馆的数量和质量。尽管有其历史因素、经济因素等，但20世纪80年代初，大批艺术家出国，为的是到国外美术馆看一眼原作。

到了大学阶段，有了建筑学专业，当认识到建筑是一门艺术，于是就又开设了建筑美术教育的课程。但好像在一切都没准备好的情况下就先上映了一部大戏——建筑学专业入学美术加试，内容又是素描、速写。因为评判的标准依然是技法，对于有些人来说可能就是一场浩劫，淘汰的学生被冠以不适合学建筑学的称号，在他们对建筑学还好奇懵懂的时候就永远地失去了学习建筑学的机会，多么的可悲可笑可气（让我突然想到了日本建筑大师安藤忠雄先生，他从未受过科班教育，有的是19岁到21岁三年的日本建筑考察和22岁到29岁8年的游学经历，我只庆幸他不需要参加美术加试）。历史仿佛又在重演，悲剧却可能时时就在发生，建筑美术教育的目的是什么，意义又是什么，大家一直在寻找答案。

2. 中国建筑美术教育目的和意义

建筑是一门艺术，不错，但建筑艺术更是一门偏于理性的艺术。像早期的建筑大师柯布西耶、密斯等都有其独到的建筑艺术思想，这种思想是靠空间的模数化来表现、继承和发展的，现在还有人专门研究这些大师的模数魅力。到后现代主义建筑的文丘里的《建筑的复杂性和矛盾性》、艾森曼的哲学解构主义，再到后来的路易斯·康的空间几何学控制等都是注重理性或者说理论的建筑艺术，当然他们的作品必须还有感性的内容作为灵魂与支撑，就是他们有意培养或无意受熏陶的历史、文脉、美学以及他们的个人思想。

中国的传统建筑有其深厚复杂的理论和美学根基，这套系统怎样转化成能为中国现代主义建筑为用的体系，中国当代的建筑师做出了很多的努力，成效是有，但体系还远远谈不上，仿佛出现了短暂的建筑文化断层；而中国的现代建筑起步较晚，受国外建筑的理论体系的影响比较多，从早期的苏联体系到后来的欧美体系，我们都借为己用，但理性的理论和形式可以学习和模仿，但感性的文脉、历史以及思想、精神我们不能照搬。

中国建筑美术教育的目的就是要培养学生的感性思想，这里面包含美学、文脉、历史等，内容繁冗复杂，而建筑美术教育的课程是其工具和手段，目标是让学生能感性表达自己的思想。意义是将来有一天人们可以在你的建筑作品前驻足思考，试图读懂你的思想，而不是匆匆走过。当然，这里所讲的是在不考虑课时限制的相对理想的情况下。

3. 目前中国建筑美术教育的现状

陈丹青先生在《纽约琐记》中这样写道"'加州艺术学院'的名声，不是裸泳，是只教'理念'，不教画画（80年代大红大紫的后现代画家萨利、费希尔却在这儿毕业）"，"'学校教些什么？'我问，指望能听到一番高明的说法。不料一句话就打发了：'就教我们怎样思想！'"。思想比画画重要，这是国外艺术院校教学理念的一大特点。

目前中国建筑美术教育是将课程练习作为重点内容，希望通过西方的素描，速写，水彩等课程的学习提高学生的造型，快速表现及色彩能力，从而提升学生的美学素质、美学思想。近年来，建筑美术教育认识到传统课程的局限性，开始了创造性思维的练习，希望学生打破思想的禁锢，大胆地畅想创作设计，表达自己的创意想法。但受历史遗留问题及其成长环境的影响，学生的想法很难真正的天马行空，畅所欲言，作品表达的仅仅也是自己当下的状态或者自己曾经到过的环境甚至幻想、梦境等，作品里还是看不到更深入的内容。事实证明，光靠这些是远远不够的，美学素质、美学思想的培养需要坚实的历史、文化、艺术理论为支撑。而我们的学生恰恰缺失的就是这些。

建筑美术教育要想在如此短的课时里完成对学生历史、文化、美学基础理论知识的弥补，形成自己的思想体系是不可能的，而学生们有的是什么，是常识的美的概念和记忆的文化、历史，那我们何不从这里入手，通过对常识和记忆感性表达的训练来培养学生转化与表达感性的能力，从而达到培养学生感性思想的目的，最终为形成建筑设计的感性思想打好基础，做好铺垫。

4. 常识和记忆的感性表达

为什么不叫"人文常识"和"历史记忆"呢？一是范围

太广，内容繁杂；二是像陈丹青先生所说的"我这一代人的'文化常识'和'历史记忆'，很早就被切断了"，更别说现在的80、90后有什么"文化常识"和"历史记忆"。三是一些客观的"文化常识"和"历史记忆"我们早都失去了，我们很难恢复。前面我也提到过中国美术馆的数量和质量，陈丹青先生关于美术馆是这样写道："二十年前，我为什么去到纽约？不是为了移民、发财，而是为了到西方开眼界，看看油画经典的原作。当我走进纽约大都会美术馆，上下古今的西方油画看也看不过来，可是没想到就在那里，我从此开始了中国艺术中国文化的启蒙，认清了我们民族从上古到清末的艺术家谱；纽约、波士顿、旧金山、华盛顿、伦敦与台北故宫，我所看到的中国艺术经典，竟是我在中国大陆所能看到的上百倍，而且十之八九是精品。"而大陆的艺术珍品和大量文物因经济、技术等原因还放在仓库。"更主要的原因是，我们的心思根本不在这些事情上面。要好好清理国宝，以今日世界的高水准永久陈列，还不知道要过多久。"

我们可以谈的、有能力恢复的是常识的美和记忆中的历史文化，这里我们可以拿美术里的色彩来说明问题，从20世纪80年代的灰调子到现在的中国红，这些大家都有印象，但让你回忆那个年代的中山灰到底是哪一种灰，什么样的红才称为中国红，我想大部分的人都不知道怎么形容，这些常识与记忆需要我们去恢复，更需要我们去发掘，然后通过美术的手段感性地表达出来，自然就达到了建筑美术教育的目的。

生活中我们也可以找到类似这种表达的例子，例如近些年流行的国外汽车品牌对车身颜色的定义：土星红、地平线蓝、山脉灰、极地银、草原棕。再比如日本的设计师将他们的常识与记忆也通过色彩表达出来：

这里只是举四个例子，日本设计师的这种常识与记忆的表达就更感性，更丰富，更耐人寻味，色彩里面是有思想的，有情节的，是体验的一种感性表达。

图1　岸边水面相映的芦苇

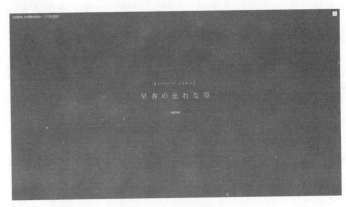

图2　早晨草原上的山庄

我们的建筑美术教育完全可以借鉴这样一种思路，比如让学生用纯色表达清晨的紫禁城、夕阳下的西安城墙、午后的北京胡同或者你小时候带给你无限快乐的场所、空间等。表达的是你的常识和记忆，表达的方式可以多种多样，可以是photoshop的表达，也可以是建筑草图软件sketchup的空间表达。单独的色彩、素描、速写或是计算机软件仅仅是表达的手段和工具，当融入你的常识与记忆，找寻到属于你的唯一的一种能够唤醒你记忆深处的那一根琴弦的表达方式的时候，那么它才是一种具有生命力和延伸力的感性表达。上面所举的纯色表达就是能够唤起设计师心灵深处那一缕阳光的属于他的感性表达,可能这种感性表达的方式只属于他,但他的这一缕阳光却能够照到读者的内心深处。优秀的设计作品是可以散发出感性的光环的,无论是美术作品还是建筑作品,我们不仅要恢复自己常识与记忆,我们设计师更有责任和义务将其感性地表达出来,此心换彼心,感性的表达才能唤醒民众缺失的或埋藏已久的常识与记忆,并将其一代一代的传承下去。

试想,当学生掌握这种对常识与记忆的感性表达的能力,在后期的建筑设计就会有意识地去寻找与之相关的常识和记忆,再逐步深入的寻求其历史与文脉,运用建筑美术教育训练出的表达能力将其在建筑的材料、色彩、空间等方面表达出来,让建筑有生命力,我想这不仅仅是建筑美术教育的一个契机,同时也是建筑艺术设计的契机。

当有一天你走在繁华、嘈杂的大街上,突然有一种似曾相识的感觉的时候,希望你能够停下来,找寻一下是什么共鸣了你的那根琴弦⋯⋯

总结

建筑美术教育一直在困境中摸索前行,寻求自己的发展方向,本文在分析建筑美术教育的背景下找到建筑美术教育的目的和意义,通过分析现状发现中国建筑美术教育的契机——常识和记忆的感性表达,为中国建筑美术教育改革提供一种全新的思路。

参考文献

[1] 陈丹青. 退步集. 第一版. 桂林:广西师范大学出版社,2005:14-17.
[2] 陈丹青. 纽约琐记. 修订版. 桂林:广西师范大学出版社,2007:76.

建筑美术教育中创意思维的训练
——以创意素描为例

刘立承

浙江大学城市学院　创意与艺术设计学院

摘　要：教会学生画好画像建筑、提高艺术修养、加强创意思维训练，是建筑美术教育的三项重要任务。其中创意思维是创新的基础，在建筑美术教育中通过创意素描的训练培养学生创意思维。创意素描的教学可以分为画面意义的创意；画面构成的创意；作画材料、工具、技法的创意等几个环节来训练思维，提高动手实践能力。

关键词：建筑美术　创意　思维　素描

Abstract: Three important tasks of the architectural art education are the teaching of students' drawing skills, the improvement of their artistic accomplishments and the enhancement of their creative thinking training. Creative thinking is the basis for innovation. It is cultivated by the training of students' creative sketch drawing which involves the training of students' creativities of picture meaning, picture composition, and painting materials, tools and techniques.

Key words: architectural art, creativity, thinking, sketch

建筑学是一个多学科交叉的专业，是科学与艺术交织的综合体，我们的学生必须既知晓技术又懂得艺术，而且还要具备创意创新的素养，这样才会不断有新的建筑作品问世。如此的要求对于建筑美术教育来说摆在我们面前的不仅仅是教会学生如何能画好画像建筑对象，而且还要提高艺术修养、加强创意思维训练。这是建筑美术教育的三项重要任务。

众所周知从建筑教育的开始美术教育就起着重要作用，扎实的写实基本功训练是建筑美术教育的根基，是将建筑设计构思直观表现出来的必须能力，这一点在过去的建筑美术教育中已经总结了不少的教学经验和方法；在进行写实训练的同时我们也在培养着学生的艺术审美眼光，中国的学生有一个现实状况即在进大学学习建筑设计、环境艺术设计之前的艺术教育和熏陶普遍很少或没有，艺术审美的眼光基本停留在社会大众媒体的电视剧、动画片中。此时建筑美术教育在提高学生审美上的重要性、直接性就不言而喻了，其最有效的方法就是动手实践（画画）体会、耳濡目染，通过这些环节弥补学生过去在此方面的缺失；在这个环节中创意思维训练似乎成了没有抓手的大圆球——无从着力，借此次教学研讨会的机会结合自己教学的感受谈谈几点认识。

创意思维是创新的基础，近些年来已引起大家的重视，它的训练形式多种多样，特别是与各自的专业知识结合，目前我们教育中专门在自己的专业里开设这方面课程的还不多，一些课程或老师在教学中穿插些这方面内容的不少。由于创意思维可以举一反三，建筑美术中增设些这方面训练环节会对学生后期的发展起到重要作用，这个环节就是创意素描训练。

创意素描概念的提出已经有几年了，是通过素描这种艺术形式来训练学生的创意思维、想象力和动手实践能力，是在素描的概念范围内上进行创意，其中创意的视点很多，为了便于解说暂分为画面意义的创意；画面构成的创意；作画材料、工具、技法的创意，等等，以下分述之。

1. 画面意义的创意

大家常见的素描学习多是摆上一组静物或石膏像进行写生，这种训练对于写实绘画技能的训练是非常有效的，通过这样的练习可以慢慢分析物体的透视、形体结构、光影明暗。评判的标准是将对象画像，越像、越准确写实功夫越高。而创意素描则可以天马行空，关键是创意：如何做到画出的画面与常规的素描练习不一样，学生的思路越开阔越好，它的评价标准就是与众不同。让我们以一只普通的杯子为例来解说。（图1~图12）

在这个环节里联想和情节（情景）的想象是关键，我们通过"杯子"这一词联想到自己与杯子有关的一切想象，由杯子的形象联想到其他各种相关的形象。如图2，杯子是盛水的，此杯因缺水而干裂；如图3竹篮子打水一场空，竹杯子盛水也很有趣；如图4杯子的材料转换成其他材料的，依此杯子可以被转换成各种材质而焕然一新；图5塑造杯子的形象不是我们用铅笔排线条而是以刺绣的乱针绣法来完成；图6由热水杯的水汽放大联想而来；图7杯子真的可以被挤压成这样吗？图8是以中英文字进行杯身装饰，如果以此为线索各种民族图案、装饰图形等都可以如法运用；如图9杯中的月影让人遐想翩翩；图10杯子被咬掉一口让你猜想背后的故事；图11、图12通过杯子形状的联想将蛇与人形与之联系，等等。我们每个人生活中对"杯子"感情、感受不同，联想的方向也各异，由杯子的一个点通过联想、想象可以发散出许多个点，再由许多个点再联想到无数的可能。

抬起头来看今天的建筑，无论是鸟巢、水立方还是世博会上的建筑、世界各地的新建筑，其设计都少不了设计师的联想与想象。

再让我们回过头来看看历史，早在宋代那个有名的艺术家皇帝宋徽宗在选拔画院人才时就常常以唐人诗句作为考题，如："尝以'竹锁桥边卖酒家'为题，众皆向酒家上着功夫，惟李唐但与桥头竹外挂一酒帘，上喜其得锁字意。又试'踏花归去马蹄香'，众皆画马踏花，有一人但画数蝴蝶飞逐马后，上喜其得'香'意，……画院的这种考试，切实地考察了画家有多少见识，有多少想象力，有多少创造才能。"[1]古人尚且如此，作为我们的艺术设计人才、建筑设计人才培养则更加不能忽视对生活的观察体验、对新生活的创想，不能因为每天都生活在建筑之中司空见惯而失去对建筑的创造与想象。

2. 画面构成的创意

这里画面的构成很容易让人想到平面构成，这两者间确有很多共同之处，平面构成更多的是对画面的点、线、面、重复群化、节奏韵律、变异等内容进行理性的思维、研究，而这里的画面还要有情节性、场景的感觉，当然也包括画面的构图、构思。（图13、图14）

我们知道画面的构图是艺术的表现形式，形式与画面内容往往紧密不可分，平面构成注重画面理性分析研究，不强调画作的主题、思想、内涵，对于创意素描来说既少不了构成知识的运用也要有画面的内容情感，它需要作者寻找事物的视点，反映作者如何去"看"、怎样"看"，如：动态地看、静态地看、蒙太奇地看、正看、倒看、透过物体去看、强光下看、弱光下看等，都会对画面的构成产生影响，因而它不是一张机械的平面构成的作业。它要打破传统的构图定律的束缚，例如：刚刚开始学画时构图常常以"天平"与"杆称"的例子来说明什么是对称什么是均衡，如今要设法打破这种常规的简单的理解，正所谓"从无法到有法，再从有法回归到无法"。通过训练开阔习者的视域范围，突破常

图1:普通杯子的普通描绘　图2:干涸开裂的杯子　图3:编织的杯子　图4:砖砌的杯子

图5:乱针刺绣的杯子　图6:参与水循环的杯子　图7:被挤压的杯子　图8:用中英文装饰的杯子

图9:思乡的杯子　图10:背后有故事的杯子　图11:不能喝水的杯子　图12:仿形的杯子

规的构图是平面布局的思维站在立体的时空中寻找构图的视点,由此视点肯定可以看到一个不一样的世界,这其实也是思维的练习。如图15。

3. 作画材料、工具、技法的创意

对于创意素描来说除了上面的创意外,更多的还可以通过绘画材料、工具、技法的创意从而得到新的画面效果,在

这里会使作者体验到发现、尝试、研究、操作等乐趣。

图16这幅素描作品如果要用铅笔在纸上去画，是很难出来这种效果的，因为它是颜料涂在塑料薄膜上干后再用刀片划出来的。

图17是透明胶带塑造出来的画面。透明胶带贴在黑卡纸上呈现更深的黑色，几层胶带叠在一起会产生白色的边线。

这些难道不是素描吗？素描的概念中没有规定必须画在纸上的才是素描，没有规定必须用铅笔画的才是素描，没有

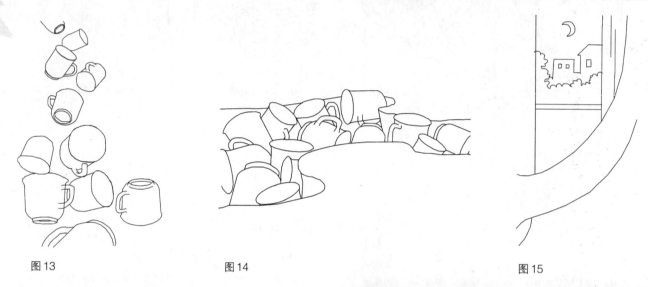

图13　　　　　　　图14　　　　　　　　　　　　　　　图15

规定必须以线条排列出来的明暗才是素描，没有规定……

这里关键的是用什么材料、工具和方法可以出现有趣的"痕迹"，其实我们用铅笔在纸上画素描就是石墨粉的痕迹留在纸上，不同的材料相互作用都会留下有各自特征的痕迹：石头片划过石灰墙、铁钉划过木板、手指划过满是灰尘的玻璃等，需要注意的是在制造"痕迹"时你要能控制这种"痕迹"的深浅形状来为你的画面服务；这种"痕迹"也就是我们常常说的"笔触"。

这个环节的训练就是要学生发现"痕迹"、寻找"痕迹"，从车轮的印迹到烟熏的老墙，要从中发现美，古人不是从屋漏痕中体会到书法的艺术境界吗，现代的从艺者同样需要对客观世界的体验和感悟。

找到需要的"痕迹"效果接下来是如何实现它，这需要学生去动手尝试、实验，分析它的形成原理、想办法去控制

图16　　　　　　　图17

这种想要的"痕迹"，这里动手、研究的过程是现在应试教育下的学生最缺乏的。通过这种试验许多学生还可以找到相

同的工具材料以不同的方法得到许多意想不到的效果。认识材料、体验材料、感悟材料才可以创意运用材料，这种能力与素养是包括建筑设计在内的一切艺术设计所必不可少的，这种能力和素养也是创意的基础，因为创意不是凭空拍脑袋而来的。

创意素描的方法形式多种多样，这里仅从这三个方面探索，抛砖引玉以期待大家在创意素描上、在建筑美术教育上有更多的创意方法创意思路。创意素描也只是训练学生创意思维的一种形式，更重要的是，创意首先是一种意识，随时随地都需要大家开动脑筋，才会有创新的设计作品、创新的成果。

参考文献

[1] 王伯敏. 中国绘画通史（上册）. 北京：生活·读书·新知 三联书店，2000：369.
[2] 伯特·多德森著. 王毅译. 创意素描的诀窍. 上海：上海人民美术出版社，2009：21.

建筑美术中的"创意素描"教学研究

华炜

华中科技大学建筑与城市规划学院

摘　要： 重视建筑美术专业特性，更新教学内容；整合建筑学科美术基础教学平台，创建独具特色的创意抽象绘画训练教学，从创意素描的教学要点、创造意境、语言形式、表现方法几个方面进行论述，扩展了设计素描的内涵与外延，强化了专业基础设计美术课程教育的目标与作用。

关键词： 教学改革　创意素描　意象　外延

Abstract: For attaching significance to the professional characteristics of architecture art and renewing the teaching content, we'll integrate the fundamental art teaching platform about architecture and establish a new teaching model for the abstract painting's training with the creativity. These are discussed in the research from four aspects which are teaching points, artistic conception's creation, language forms and expressive methods. The research has extended wildly in the design sketches' extension and intension. Meanwhile, it has reinforced the target and effect of the professional basic courses for art education.

Key words: educational reform, creative drawing, imagery, extension

随着我国改革开放的逐步深入和经济建设的突飞猛进，整个社会加速其国际化的进程。建筑美术的教学也从以描摹写生对象的单一传统教学模式走向更具设计性表现的多元化教学组合。

目前，我们通过教学改革的设计素描教学单元由结构素描—明暗素描—创意素描三大模块组成，也就是让学生首先从了解物体结构入手，进而认识形体表象，最终解析物体本质，由这样一个循序渐进的过程进行教学。创意素描教学是通过激发学生自身潜能，运用积累的表现技巧，强调描绘出对客观事物的创意使其形成理性表现，这种创意表现形式正是我们追求创造性思维培养的教学理念的体现。

1. "创意素描"的教学要点

素描教学从技术上讲，最直接的目的就是提高造型技巧。在画面上解决形体、结构、空间的基本关系。这种能力的具备来源于从石膏几何体形体到复杂石膏像，再到静物、风景、人像等步骤的系统写生训练，最后使我们的眼睛能够做到精确观察，使我们的手能执行经大脑分析后发出的指令，熟练的运用线条、明暗塑造形象。这些任务通常由结构素描与明暗素描教学来实现。

创意素描教学则有一个明显的特点就是它是研究性素描，它强调在具有一定素描造型能力训练基础上，更加重视观察和思考过程的培养。我们在这里研究的是造型中最基本的关系、元素和原理，要解决好这些问题，就要涉及素描的艺术性和表现力。在课堂上，老师会不断地向学生介绍一些中外大师的素描以及各种不同风格的优秀作品，以提高学生的审美观和观察力，打开他们的视野，引导他们创意能力。

创意素描作为一种全新的设计艺术基础造型的一种训练

手段和方式，必然有自身特点。它在发展和完善过程中，不断受到西方现代美学观的影响和我国传统美学观念的渗透。在表现形式上，创意素描不以真实再现客观为目的，而是从研究自然形态入手，获取客体的外在表现形式，达到主动认识与创造的目的。

2. "创意素描"的创造意境

"意象"就是"意境"也就是"创造意境"。创意素描即创造意象素描。在《现代汉语词典》中，"意象"与"意境"的意思相同，指"文学艺术作品通过形象描写表现出来的境界和情调"。"意象"一词就包含了客观对象与主观感受之意，那么，创意素描就是通过对客观事物的观察、分析而引起主观感悟与联想的一种新的素描形式，是主观与客观相结合的产物。

创意素描不是训练造型的基础素描，而是训练创造性思维、寻求新视野和新观念的一种新的艺术表现形式。它为传统素描带来了新的思想理念，把具象素描从再现的圈子里解放出来。它与传统的"再视"、"忠实"、"具象"和"放弃形象"的抽象美学观点都不尽相同，在形式上趋于意境化和表现化，在造型设计上主张"以意立象，以象立意"。与传统的艺术理论相似，它追求画面意境，强调自由情感的表达，与传统造型的"手心一致"、"天人合一"的理论不谋而合。

创意素描使素描的内涵更加丰富，表现风格更具个性化，在视觉传递中，鲜明的个性特征和趣味性增强了画面的艺术感染力。它从理性的客观再现物象，发展到富有激情地表现对象，通过客观物象的外部形象寻找和发现内在的意味，这种意味的发现是通过反复思考、推理和亲自实践，用心灵去沟通、理解才能获取的。

从某种角度来说，创意素描也是画家、设计师的观念表达艺术形式。它打破原具象素描的透视、明暗、形体、空间等固有的法则，根据画者的主观意念把这些视觉因素自由地重新组成新的视觉形象。

3. "创意素描"的语言形式

语言形式从意象角度来看有两点：

一、线条意象：线条是视觉化语言最基本的形式，是艺术家表达情感和塑造自然物象最直接的手段。不同形式的线条具有不同的性格特征。从几何学的角度讲，点的移动轨迹是线；而在造型艺术表现中，线具有多样的形态和丰富的"情感性格"。

线有曲线和直线两大类。曲线具有变化特征，有动感和弹性，富有舒适和幽雅的情调，具有女性性格。直线简洁、直率、坚硬、明朗，极具男性性格。曲线可以分为几何曲线和自由曲线。几何曲线规范有序，但显得单调冷漠；自由曲线灵动优美，富有节奏与韵律感。通常情况下，粗线比较厚实，富有分量感；细线则比较柔弱而敏感。所以，线具有各种复杂多变的情感性格，线的这些特征是我们在创意素描中值得深入研究的课题。

除具有不同性格特征外，线还具有方向性和空间感。在二维平面中，线是面的边界线；在三维空间中线是形体的外轮廓线和内在结构线。线是标志"形"在空间中的位置和长度的手段，是艺术家用来塑造客观物象形态的基本表现形式，是设计师用来探索和表现设计意图最直接的语言。线在艺术家或设计师手中有着特殊的表达意义与价值，线条本身不仅具有较强的情感性质，而且还具有独立的审美价值。

二、平面意象：平面意向就是采用超常规视觉角度和距离对自然物象进行观察分析，从中发现其潜在的审美形式和众多新颖独特而富有联想的视觉现象，并将之转化为具有平面特征的图形意义。

人们常常以直观，习惯的思维方式来观察物象，往往因司空见惯而显得漠然，缺乏激情。如果改变常规视觉的观察方式，采用独特的角度、视距、视点观察，你就会发现原来熟悉的物象变得陌生而怪异。新的图形从原本物体中解体出来，并产生了众多新颖图形意象。经过人们的想象、意念、情感的融合，物象被赋予新的形象和寓意，并导致新的理解和发现，为开发我们创造性的思维提供了契机。

4. "创意素描"的表现方法

创意素描是表现个人情感的新的艺术表现形式。创意素描教学训练，通过对图形意象进行①单纯元素重复：指同一性质的视觉元素通过有规律地排列、重复或打散，构成新的图形模式。条件是元素同质不同量的相重，手法上可采用平行、渐变、推移等构成手段来完成。②形态重叠：指两个以上的视觉元素通过形态的重新组合排列，构筑成的新的空间形式。条件可以是同质、异质相叠，可以是整体与整体、整体与局部相叠，手法上可以采用夸张和对比的手段完成。③空间错落：指画面中出现的图形的矛盾空间状态和不同的视觉元素同时处于一个环境或主题中，形成多元素空间状态图形结构。条件是不同视觉元素需处于一定的空间状态中，没有固定时空和场合的限制，具有一定的空间状态。④拟人：将各种视觉元素人格化，如赋予动物、植物、器物等图形新的生命和新的意义。条件是将动物和器物、动物与植物等元素以拟人的手法重构画面，可采取幽默、夸张的手法。⑤打散重组：将完整的图像进行分割、打散，然后按特定的意义重新组合成新的视觉图像，赋予新图像新颖奇特的视觉效果。条件是将原图像分割、打散后，按分离、错位、重组的手法形成新视觉形象。

建筑美中创意素描教学，打破了原具象素描直观而呆板的画面布局，开始了尝试多种的表现形式，活跃了学生思维能力，增大了视觉艺术的信息量，使设计素描的内涵和外延都大大地扩展了。

参考文献

[1] 约瑟文·穆格奈尼. 美国当代素描教学素描的潜在要素[M]. 钟蜀珩, 译. 北京：中国工人出版社, 1990.
[2] 鲁道夫·阿恩海姆. 艺术与视知觉[M]. 腾守尧, 宋疆源, 译. 北京：中国社会科学出版社, 1984.
[3] 顾大庆. 设计与视知觉[M]. 北京：中国建筑工业出版社, 2002.

《建筑学美术分阶教程》研究

王永国　王一平　张巍　孙佳媚　李明同

烟台大学　建筑学院

摘　要：建筑学美术分阶教程的研究，以学生为中心，使美术的教学资源多元化和开放性地存在于教育体系的常备教程之中，使学生能够在需要的时候去学习，学习的时候有训练，训练的时候有次第，以适应建筑学专业教育的要求，将美术教育渗透于本科建筑教育的全过程之中，并对学生的自我修炼有所预见性指导。

关键词：建筑教育　建筑美术　手绘　教程　艺术修养

Abstract: The study of architecture art classification tutorial, focus on the needs of students, make the resources of art teaching openly to diversity of education systems exist in the tutorial system. To learn when need, to be trained when learning, to be sequential when trained. To adapt to the requirements of Architectural professional education, to permeate the art education to whole process of undergraduate architectural education, and make the students have the predictability of self-guided practice.

Key words: architecture education, architectural art, sketch, tutorial, artistic accomplishments

引言

设计美术的教育思想，以适应设计学科的特点和设计教育的要求为前提。

毋庸置疑的，传统的美术学相关专业的教学目标、教学体系和教学法，不能完全满足设计学科尤其是建筑设计、城市设计和城市规划学科的要求，但是，一方面，建筑美术不是一个"高等教育专业"，从事建筑美术教育工作的教师，由各类美术学相关专业所培养，对建筑美术教育的特点需要一个适应和理解的过程，对建筑美术的研究，应以对建筑设计专业的教学目标和教学过程的深入了解为大前提，而不是对建筑美术教育强加一个任何既定的教学模式。

另一方面，更加重要的是，建筑学专业的入学新生，一般是"理科"的考生，绝大多数缺乏美术的基础训练，即使有过绘画的经验，一般是入学前的突击训练，以应试为目的，可能形成某些歪毛病，对美术的理解片面而肤浅，缺乏应有的情感体验，美术技巧的学习也是功利性的，有碍于美术修养的进一步提高。

更加令问题复杂的情形是，数字化设计技术的发展，使建筑美术的教育受到极大的冲击；某些国外设计教育或美术教育的思想，也被不恰当地引入国内某些建筑美术教育的实践，关于建筑美术教育的意见莫衷一是，一个直接的消极影响是，传统的有行之有效的建筑美术教育体系被肢解了，基础训练包括写生实习的课时被大量压缩，美术课成了设计教育的鸡肋。

这是当下建筑美术所面临的一般状况，理论和实践都是困顿的。而当前建筑设计的职业要求却是，用人单位愈来愈重视建筑学专业毕业生的美术修养，尤其是以手绘能力，俗称"手头功夫"，作为对毕业生的专业水准和职业发展前途的基本判断依据。建筑学的美术价值及其教育体系、教学法的研究，危机与机遇并存。经过多年的观察、研究和教学实践，作为挽救、挖掘、更新建筑美术这一设计教育的传统科目的努力，美术教师会同建筑设计教师，共同研究提出了"以学生为中心的"建筑学美术"分阶教程"的构想。

1. 需要的时候去学习

美术教师对学生的指导作用，通常只发生于一、二年级，而建筑学专业学生对美术的要求，随着年级的提高而不断增长，美术教师需要意识到这样一种要求，从而使美术学科焕发新的价值。而低年级美术训练最重要的一项任务，是教会学生"学会学习"和"学会要求"，"分阶美术教程"的初衷，正是希望能够提供一个建筑美术"自学进阶的纲要"。实际上，无论专业美术学或设计美术，美术的技能和修养，都不是能够"一次学完的"，这是一个美术学习的基本规律。

美术的技能是一种"身体记忆"的本领，需要在一定的时间、一定的训练强度、一定的训练周期内才能够养成。传统的建筑学教育过程，指数字化设计工具成为主流之前，美术课程结束以后，在后续的建筑设计课程中，学生持续地使用美术手段，教师不断地示范美术的技巧，几年下来，多数学生可以获得美术的基本技能，有的能够达到比较高的水平。

在数字工具的主流背景下，随着专业学习的深入，美术的相关修养，已经从"设计成果表达的技法"提升为"对建筑设计进行思维组织"的工具，但是，在设计中的有关训练的条件和机会日渐减少，教师所示范的是"软件的操作"，少有相对完整的徒手或尺规草图，教育机构和教师如果不在体制和学养上加以保护和提高，学生所能利用的学习资源实际上是不断流失的。

但是，美术的必要性却仍然存在。实际上，尽管数字化设计技术使用了如"建模"、"模拟"和"可视化"等一系列新鲜的用语，这些术语的原始的过程发生于传统美术的运用之中，如"画图"正是"可视化操作"的本意，图纸是一种对建筑物的二维建模，透视研究是对立体空间形态、光影和材料的模拟等，因此，美术与数字化工具在本质上是相同的而不是矛盾的。而在工具数字化以后，美术所代表的艺术精神、造型观念和文化修养等，是任何技术形式所不能替代的，反而更加凸显。而且美术的技能最终表现为一种人本的修养，其实践操作的能力，不能被任何外在的力量所赐予，而一旦拥有，任何人也拿不走。

由教学的实践经验知道，美术的初级训练具有一定的"强制性"。一年级的学生被迫地、盲目地学习美术的技能；对设计专业、学生本人的特点和建筑美术的意义都缺乏清晰的理解。三年级以后，学生开始知道美术技能和修养的价值，主动地要求对美术的学习，而相关课程却已经结束，这几乎是一种普遍的现象。十多年以前，毕业生被考察是否有操作CAD软件的技能，现在用人单位更关心求职者的"手绘"能力，以手绘水平判断其综合训练水平和职业发展潜质。当学生自修的能力或者自我对方向的判断的能力不足时，经常会想到当年教师的教诲，有预见性的指导教师和课程体系便应当对学生在不同的发展阶段上的进修有所指引。

2. 学习的时候有训练

一个运行良好的教育系统，当学生要求时，能够提供足够的有质量的训练。但是，优质的教育资源，包括"高水平的教师、有天分的学生、有效的教学计划、良好的场地和充足的时间"等，经常是有限的，在不能要求具备完全理想的条件时，有限的教育训练资源，应当在时间上合理地配置。

理想的建筑美术教师，可以是有较高美术修养的建筑师，或者有美术创作经验和成就并对建筑设计过程有一定了解的美术家。实际上，建筑设计和美术创作，其内在的情感体验和思维方式上均有一定的相似性，可以互相通感，这也正是建筑美术曾经作为设计训练的主干基础课程的原因。建筑美术及其教学的研究与实施，仍需要美术教师与设计教师的通力合作，在设计教学过程中发现问题，在美术教学中进行适应性调整。

设计课的教学经验说明，画得好的学生通常设计也做得不错，一定程度上意味着，建筑设计与美术需要相同的天赋能力。美术的训练和修行，对于有天赋的学生而言也经常是自发的，某种程度上，这是艺术和设计教育中的"马太效应"，通常真正的聪明人也是真正勤勉的人，聪明人自己知道"要什么"并为之而努力，更加幸运的是，建筑美术训练的工具、技术和项目，与建筑设计是相同的，至少是相关的，有天赋学生的能力，表现为设计与美术能力的同步提高。注意发掘这样的人才，在建筑美术教学中，有积极的作用，好学生作为"偶像"和举证的案例，可以发挥学生中的教学资源，并有利于培养良好的美术学习的风气。

建筑美术的教学计划，包括内容和方法也不是一成不变的，在实践中可以提出"积极的手绘"的训练思想。美术的技能，集中表现为手绘的能力，手绘的能力体现为线条和构图的水平，传统的设计方式中，手绘是设计过程本身；数字化背景下的现代设计过程中，手绘之于建筑设计和建筑教育的意义，是其中"不可数字化"的成分决定的。手绘仍是发展的设计的有力手段，徒手草图便捷、实时而成本低廉，是设计者之间、设计者与业主之间交流的最经常的方式；而草图的效果具有心理影响的作用，手绘的训练培养设计者的专业气质，好的手绘草图经常获得业主对设计者之设计能力的信任。

但是，开始学习设计时，大多数人对手绘是困惑的，成为设计学习的障碍。手绘的技能是需要主动去练习的，甚至手绘的实际发生经常是有冲动的，手绘所以是积极的。积极的手绘，在课程设计之外，是为有兴趣和有志向的人准备的。另一方面，手绘作为训练的主要的"积极的意义"，在于教学训练中的内容，不是刻板的绘画，或者被动地描摹，手绘草图尤其不只是画透视图，而是所有的专业图纸的制作和表现。实际上，二维图纸的表达在设计中是更经常性的（甚至包括手绘构造详图），手绘草图是设计中的思维组织工具，并且在手绘的创作及其训练的过程中，可以体会设计和绘图的乐趣，而兴趣是最好的老师。

积极的手绘，需要进行一系列"定向的"训练，不是泛泛的要求学生自行练习，只在作品完成后加以浮草的解说，而是在教学指导中需要仔细地设计"作业题目"，是手绘的训练在技巧研究、工具掌握和纸张适应之外，有一定创作和设计的成分，真正调动学习的积极性，同时也可提高美术欣赏的修养水平，这里的"积极"是指"手脑并重"的。具体的做法，如要求学生的习作中，表现"黄金比"的画面构图、研究画面形式中的力学（视觉）平衡等。

3. 训练的时候有次第

即使是强制性的训练，也有其内在的规律和次第，也正是教育训练"可以强制"的依据。

分阶教程的"多元化"和"开放性"的存在，使美术的学习和创作，成为建筑学专业学生中的一种风气，并在学生中不断传习；而教程的次第又是平行分布的，因为学生的各种要求，不分年级高低，也是同时存在的。因此，"分阶教程"的基础阶段与美术课程相联系，在高级阶段，实际上是平行的模块化的应用训练，包括"线条、调子、色彩和艺术史"等，以短期选修课、定期讲座、作品展或竞赛的辅导为主要形式。

建筑美术的线条，尤指"硬笔的线条"，学生对硬笔的要求，经常自发地产生于高年级。设计课的教师，特别关心学生草图中"线条的表现力"。范曾曾经解说过中国画中的"好线条",而建筑图中的线条与美术作品中的线条,存在一定的差别,建筑设计草图中的线条是"技术性的",但是,好的草图中有时"一根线条就把人感动了"。线条一定程度上反映了人的专业修养,由"有教养的线条"所形成的图纸,模糊了"图"与"画"的区别,画得好的图,具有画的价值,"积极的手绘"也是与"线条的表现力"训练相联系的。另一方面,建筑学的线条一般不能独立存在,经常是面或体的"边界",具有相对确定性的成分;建筑图的线条的这种"封闭性",对线条的"起点"、"终点"和"交点"的处理格外要求严格,是与绘画线条的主要区别;建筑图中,线条的"重度"(线宽),既有表现的意义,也是规范制图的要求,通常与工具相联系而形成"手感",需要的时候,一支2B铅笔可以画出多种重度的线条,而线宽经营得好的图面,黑白灰的调度也是得体的。

比线条更丰富的表现是"调子"。调子在建筑形体上的表现,是"在阳光下的设计",更有利于空间造型的研究;笔触"和润"的调子,可以用于区别建筑形体上线条化的"肌理",使用中须格外注意这种区分;类似于雕塑作品,建筑的形体艺术某种程度上是光影的艺术,则调子的存在也是富于情感的,具有空间的"戏剧化"的表现力。

比调子更多样的情感是"色彩"。建筑图(立面和透视)中建筑形体上的色彩,实际上,是对所选用建筑材料的模拟,图面的色彩所以是在光影环境之外的"基于材料的设计"。色彩的运用也与设计者和设计对象的性格有关,雅灰系列的色彩是推荐的。

结语

尽管绘画已经不是建筑设计的主要工具,但草图仍是必备的技能,而草图的境界来自于系统和严格的美术基础训练,并在一定训练周期中巩固,成为设计师的专业本能。《建筑学美术分阶教程》适应学生的需要和建筑教育的现实,其研究的立意本身正是"积极的",建筑学美术分阶教程的研究,以学生为中心,使美术的教学资源多元化和开放性地存在于教育体系的常备教程之中,使学生能够在需要的时候去学习,学习的时候有训练,训练的时候有次第,以适应建筑学专业教育的要求,将美术教育渗透于本科建筑教育的全过程之中,并对学生的自我修炼有所预见性指导。

参考文献

[1] 鲁道夫·阿恩海姆. 对美术教学的意见. 郭小平译. 长沙:湖南美术出版社,1993.
[2] 王一平,张巍. 建筑数字化之教育论题[J],华中建筑,2009(11):177-181.
[3] 王永国,王一平. 建筑美术训练的设计思维[J]. 艺术百家,2006(z1):80-82.

论建筑水彩中类型建筑物的特征与情感表现

冯信群　许晶

东华大学　上海电力学院

摘　要：建筑水彩以类型建筑物为题材对象，与建筑艺术保持着某种特殊的血脉互通关系。建筑风格、构造、色彩中的视觉形式启迪水彩语言的艺术表现，艺术家通过主观的意识、情感，赋予建筑体非物化的视觉精神内涵，表达艺术个体对建筑的所思、所感、所悟。抛开从纯形式美的视角审视建筑水彩画艺术，从艺术情感以及文化的角度来研究，会发现建筑水彩画更为深层的意涵。

关键词：建筑水彩　类型特征　视觉精神　情感表达　文化内涵

Abstract: Architectural watercolor's theme object is building class, keeping a particular close relationship with architecture art. Visual form in architecture style, construction, color edify art expression of watercolor language. Artists endow archetectures non-materialized visual spiritual meaning and express their thought, sense and enlightenment with their subjective consciouseness and emotion. Aside from the pure formal beauty of architectural watercolor art, the paper find a fruther meaning of architectural watercolor from the point of view of art emotion and culture.

Key words: architectural watercolor, type characteristic, visual spirit, emotion expression, culture meaning

建筑，是人类为满足居住、交往和其他活动需要而创造的"第二自然"。或以权势象征为主要目的宫殿建筑，或供观赏体味的园林建筑，建筑是时代的一面镜子，受时代的经济能力、技术进步程度、道德伦理、文化思潮等因素影响，建筑真实地反映着历史，成为历史的见证，是人类重要的物质文化形式之一，代表各个时期的文化和艺术。正如建筑本身是技术与艺术、物质与精神的综合体一样，从东到西、从南到北，不同地域的民居建筑反映独特的地域文化和风土民情，传递多方面的人文信息。建筑艺术通过建筑群体组织、建筑物的形体、平面布置、立体形式、结构造型、内外空间组合、装修与装饰、色彩与质感等方面的审美处理所形成一种综合性实用造型艺术。它以独特的艺术语言熔铸出一个时代、一个民族的审美要求，建筑艺术在其发展过程中，不断昭示着人类所创造的物质精神文明，以其触目的巨大形象，具有四维空间和时代流动性，讲究空间组合的节律韵律，被誉为"凝固的音乐"、"立体的画卷"、"无形的诗篇"和"石头的史诗"。

1. 建筑与水彩画的视觉审美

从欧洲古典的神殿建筑到中国传统的宫廷建筑，从各地民居建筑到园林建筑，既是人工的，又是自然的情景，构成一幅幅激发意趣而遐想无穷的画面。如果说，欧洲的古典建筑寻求庄重、对称、和谐的装饰美，那么中国的传统建筑则彰显"天人合一"的平衡、舒展美；从民居建筑中，我们发现朴素、淡雅、意趣的美；从园林建筑中，我们享受俯瞰花草树木，仰观风云日月的意境。建筑结构、空间、饰物及环境配景体现出的尺度、均衡、稳定、韵律、节奏、层次、过渡和衔接等一系列形式美法则与绘画表现存在某种共通性，提供了无限的组合效果，是艺术创造的灵感宝库，积累视觉经验的最好范本。在建筑外表上反映出粗细深浅、冷暖轻重、明暗虚实、曲直刚柔等各种变化，这些视觉形式美感相互衬托，彼此映照，变化中蕴含统一，统一中有变化，展现出建筑体外部形象的强烈感染效果。

中国的宫殿园林、欧洲的哥特式教堂、伊斯兰的清真寺、佛教的庙宇、地域民居，虽然其整体形态和建筑风格存在很大差异，但在造型上通过点、线、面、色以及对称、均衡、尺度、节奏、韵律等形式法则的运用，生成特殊的环境氛围及象征功能，赋予建筑体或崇高、或壮美、或庄严、或秩序、或神圣的视觉精神美感。不同的建筑类型，在形象上也或多或少的显示出自己的性格特色。

建筑水彩表现，首先要学会欣赏，对建筑有一个基本、全面的认识。建筑的外观要了解，内部结构与空间尺度也要有所知晓，建筑的功用、相邻建筑的关系以及建筑与自然景物互动都需要分析研究与悉心把握。其次，表现过程中要懂得如何去观察，这里的"观察"不是简简单单的看，而是对所要描绘的景物做出主观的分析与取舍，找到最能表现感受的出发点。注重对建筑的感受或理解，对建筑文化的理解，或者说是从建筑中获得灵感，在艺术家眼里，建筑的物质形态是赋有生命力的，建筑不再是僵死的结构体，而是充满灵性的生命物，没有对建筑生命的理解，画得再准确，不过是精到的建筑图谱。通过观察促成审美的分析与判断，实现由客观形体到艺术形象的飞跃。

绘画是一种途径，是引导观察自然、认识自然、走进造型世界审美殿堂的必然途径。在造型的世界里，从自然出发，对自然以不同方法进行深入的研究，一直是画家们的艺术目的。学习建筑视觉精神、艺术审美，将建筑体物化的形

图1 作者：亨利·罗德里克·纽曼 古建筑造型结构通过细腻丰富的线条构成关系，以近乎平面装饰化构成的语言强化了形象的性格特征

图2 《瓦西里大教堂》作者：冯信群 热烈的红色强化宗教建筑洋葱头造型，有着神话般的装饰味道，传递对古教堂文化的理解

态提炼为视觉精神内涵与文化内涵，在绘画过程中融入主观的意识、情感，完成从建筑形态"形"到"神"的升华。

2. 不同类型建筑物的特征与表现内涵

对类型建筑物的特征进行观察与分析，找出其形态特征，有利于艺术表现。建筑分多种形制：建筑材料的不同，可分为木结构建筑、砖石建筑、钢木建筑、轻质材料建筑等；建筑所体现的民族风格，可分为中国式、日本式、意大利式、俄罗斯式、伊斯兰式建筑等；根据建筑的时代风格，可分为古希腊式、古罗马式、哥特式、文艺复兴式、巴洛克式、古典主义式、国际式建筑等；根据使用目的的不同而将建筑分为住宅建筑、生产建筑、公共建筑、文化建筑、园林建筑、纪念性建筑、宗教建筑等。不同类型的建筑物，其构造方式、形态特征、材料质感存在较大的差异。民居、传统建筑、现代建筑、展馆建筑，设计观念不同，地域差异、时代风尚、自然环境、生活习惯的不同形成风格迥异的建筑特色。如：中国古建筑，外观相近，实际各不相同，仅屋顶而言，就分卷棚、悬山、歇山、庑殿、攒尖等多种形制，相互间绝不可混淆，由唐宋至明清，建筑思潮的改变使建筑形象、结构发生变迁，先前的斗拱承重改为墙体支撑，斗拱成为装饰品，斗拱的形状和功用，决定建筑的造型和结构，也是判断建筑时代风格的重要标志。古建筑表达的是对建筑文化的理解，建筑与自然景物互动是中国传统建筑的精神核心，水彩语言的表现，是画出对建筑的感受理解及对不同类型建筑审美维度的领悟。从建筑中获取灵感，赋予建筑结构体鲜活的生命力是画好古建筑神韵的关键。

建筑的形象特征反映出建筑本身的性格和气质，如中国古代宫殿建筑以其厚重的台基、粗壮的梁柱、宽敞的檐廊、高大的屋顶凸显庄严雄伟的气势；江南园林以曲折的回廊、空透的隔罩而尽显巧妙的空间构思；西方的神庙造型孤傲冷

图3 《雨中天坛》作者：孙任先 正面平衡式构图、意象的色彩表现天坛的雄伟博大

图4 《老巷》作者：冯信群 老屋墙体以层层叠加的罩色法演绎出古老墙体历经风雨洗礼后斑驳的沧桑质感，赋予古老建筑时间的印记

峻、直指苍穹，而中国的庙宇则多为组群建筑，崇尚自然，恪守"天人合一"的自然观；皖南民居以高深的天井为中心形成内向合院的空间布局，而山西民居则是外围高大的实墙，内部形态与外界隔绝，外实内静的空间。有的通过外部形象反映其建筑内涵，有的借助建筑轮廓体态反映地方特色，还

有的在空间布局中彰显尺度感。建筑水彩表现是充满感情的艺术，要渲染出建筑体所特有的品质与性格情调，传达深层的人文气息，需要发挥艺术家丰富的想象力，对其形态、结构、材料进行艺术加工与塑造，以达到强烈的感染力和生动的艺术魅力。如：不同地域的民居建筑，反映当地的地域文化和风土民情，建筑形态中的结构细节，雕刻精美的门窗装饰，是建筑的文化符号，无言地述说着这座建筑的沧桑、印记和历史变迁。这些文化符号的细节刻画，将建筑物的特质以戏剧化的方式呈现，不仅是建筑形态特质的揭示，也是审美价值与艺术内涵的经典显现。砖石结构、土坯构造、全石构造、木结构、竹木建筑架构成肌理丰富的民居式样，年代的久远、文化的积淀又罩染上时间的痕迹，显现陈旧而质朴的风土气息与凝重、沉静的视觉效果。水彩画中对墙体质感的肌理表现，并不是对自然简单的再现与模仿，艺术的真实并非自然的真实，自然肌理并非艺术肌理。墙体的质感在经过不同的艺术手法处理后会呈现不同的视觉效果，在诠释自然物象面貌特征、材料质感的过程中也促成新的视觉语言诞生。

3. 建筑水彩表现的主观意识与情感

在建筑水彩艺术创作中，绘画的过程也是一种手段，是艺术家不断思索的过程，无论想表现怎样的内涵，都要善于思考与分析，将自然物象用艺术化的语言提炼。这个过程也就是脑——手——心灵协调并用，不断循环、升华的过程，也是将思维、观察和表述贯穿于绘画的全过程，达到环境、画境、意境的统一。从视觉的观察中获取情感与意味的启示，在不断地思考中得到对物象的准确判断，通过视觉形象传达丰富的个性情感。从感受到观察，从提炼到概括，从认识到表现的过程也是创作的过程，将内心的情感、感受用艺术化的语言诠释是艺术表达的最终目的。

艺术家不能孤立地画建筑，单纯的建筑形象只是物化的

图5 作者：马丁·考尔金 简洁的外轮廓呈现一种淳朴、浓郁的装饰韵味，弹拨一首抒情的诗乐情景小调

图6 作者：安德鲁·怀斯 房屋外轮廓撑满画面，将视觉与情景扩容

事物，我国传统美学讲究"意"与"情"的互通与共融，意境情趣是艺术的灵魂，"艺术品也就是感情的形式或是能够将内在情感系统地呈现出来以供我们认识的形式"。水彩要有情调，表现一定的情感，这就要求作者对所描绘的对象具有真挚的感情和表现的激情。一件作品之所以能够感染人、打动

人，不单单是靠娴熟的绘画技巧、丰富的色彩表达、生动的画面效果，能否赋予画面形象以真挚的情感才是艺术的灵魂。形象是艺术家情感的化身，没有情感或缺乏情感，作品就会显得苍白无力、生硬乏味，凡是能够感人的画面效果，都是作者真情实感的体现。情感从生活中产生，在实践中升华，要善于从平凡的生活中发现新意和情趣，以艺术的语言形象、色彩魅力、氛围营造为依托，将自己抽象的感受与丰富的情感具体化、形象化，从触景生情转化为融景于情、借景抒情，进而使画面寓情于景、情景交融，达到诗情画意的艺术境界。

针对建筑水彩的特点，表现过程中，既要形象又要抽象，把握好形似与神似的尺度，它们既相互促进又相互制约。对建筑体进行多方位的思考，在把握建筑物的形体特征的同时要善于提炼主体、统观全局、删繁去赘，经过判断，将物象进行过滤、提炼与概括出独具审美情趣的新形态。如当我们面对更迭交错的天色变化、杂乱无章的树木花草、鳞次栉比的建筑群落，我们怎样去观察，怎样去感受，怎样来表现，这需要我们有意识地去提炼与升华。将自然景象中某些符合情节，能增强画面主题、情趣的景物，在架构画面时合理地进行剪裁、削弱或夸张。对自然物象按照美学的法则予以主观地增减、升华，根据作画者的意愿和画面需要来改变景物，使画面景物既符合自然规律，独具真实美感，又适应人们的审美规律。发挥色彩的魅力，你的色彩情绪可以是宁静的也可以是热烈的，可以是深沉的还可以激荡的。色彩是引起共鸣的审美愉悦，视觉享受的形式要素，它的性质直击我们内心的感受。

当艺术家在创作中看到、听到、接触某个事物的时候，就应及时采取灵活多变的思维战术，将存在于艺术家头脑中模糊不清的思维形式、创意形象挖掘出来，在思考与分析中对事物作出有效判断，尽可能让自己的思绪向外拓展，赋予最新的性质和内涵。艺术思维的灵敏度、反应程度以及想象力、创造力都源于艺术家在不断地思考中得到历练。

图7 《圣光》作者：陈立勋 作品以简洁概括的语言提炼出建筑形态特征，传递真切的主观心象感受

结论

绘画艺术与建筑艺术一脉相通。从现象和本质中我们感悟艺术思潮对建筑设计的巨大影响，建筑设计对艺术创作的灵感启示，艺术探索和建筑设计互动相融。建筑赋予艺术家许多灵感，艺术家赋予建筑一种新的境界。建筑水彩表现的不仅是物化建筑，更是精神的建筑，在这里各种元素、符号和语汇转变为内涵、意趣和哲理的精神诉求，无论是艺术家还是建筑师表现的水彩，其意义在于如何探求作品中所蕴涵的建筑素养和艺术品质，传递情感激情与审美价值。

参考文献

[1] 冯信群，许晶.《建筑水彩画艺术》. 江西美术出版社，2009.8.
[2] 冯信群，许晶.《人物水彩画艺术》. 江西美术出版社，2010.8.
[3] 罗杰·斯克鲁顿.《建筑美学》[M]. 北京：中国建筑工业出版社，2003·7.
[4] [美]苏珊·朗格.《艺术问题》. 中国社会科学出版社，1983.

教学理念与方法的延伸
——建筑美术教学改革刍议

朱建民

厦门大学建筑与土木工程学院

摘 要: 建筑美术教学改革关键是理念和方法的提升,一方面我们要打破多年来因袭传统、僵化不变的格局,站在历史和时代的高度,更新教学观念,树立专业教育的当代性和本土特色。另一方面应从教学内容到每一个教学环节,从教学训练的方式到每一个实施的方法,树立新的视野,在当代建筑艺术教育的海洋里"兼收兼蓄,拓展一条真正体现当代我国建筑学专业艺术教育之道"。

关键词: 建筑美术 理念 改革

Abstract: The key of Architecture art teaching is the concepts and method's reform and improvement. On the one hand we have to break the rigidity traditional pattern, From a historical point of view, Renew teaching concepts,establish the local characteristics and contemporary of professional education. On the other hand we should establish a new vision from teaching content to each teaching and training approach to the method of implementation. In contemporary architectural art education we must develop a true reflects on our contemporary way of arts education in architecture.

Key words: architectural art, idea, reform

时代发展了,人的观念变化了。今天的中国教育在世界飞速发展的境遇中,处在一个非常重要的历史阶段,无论从哪个角度来看都有"时代逼人"之势。中国的建筑设计艺术教育在经历了这种时代性飞速变革之后,应该到理念与方法升级的关键时刻了。因而作为专业设计教育塔建基础平台——建筑美术教学,无疑成了改革阵地的前沿。因为它所承载的将是中国未来建筑设计教育的宽泛而全面的基础,对这座教育大厦起着"基石"的作用。

什么是今天中国建筑美术教育的方向?如何确立最合理的课程结构?如何找到最有效的教学方法?这些都是我们今天所急待解决的问题,我以为中国的建筑美术基础教育应该从中国的实际环境与需求出发,敢于冲破几十年一成不变的僵化模式,正本清源与国际先进的教育理论接轨,与飞速发展的时代同步。因此追求"本源性、整合性、时代性"应该是今天建筑艺术教育改革在理念上努力的宏观方向。

1. 教学理念提升的主线

建筑美术教育的改革,首先是教学理念的改革。理念即意识,即思想。它是决定人们行为的主要因素。回顾近年来多次全国建筑美术研讨会,同行们就此类问题广泛探讨,针对自身的教学与实践,各抒己见,并通过各种手段和形式展示了他们在实际教学中探索的一条条教学模式和教学改革方案，成果喜人。近年来，我国许多艺术院校也将建筑学专业纳入艺术设计教育体系，在寻求艺术为主导的建筑学专业艺术教育培养之道，大家都在尽心尽责、各展其能，其目的殊途同归——拓展和延伸建筑专业人才培养的新思路，提升教育的新理念。

纵观近年来各院校多样的改革模式，名目繁多，花样翻新。一方面可见其改革步伐的迅猛，给本学科的教育带来新的生机和活力。另一方面在这些众多的教改案例中，有的要么全盘西化、生搬照抄；有的要么摒弃艺术，以"科学技术"为幌子，重技否艺；有的要么挂起"当代艺术"的大旗，以"新、奇、怪"的形式，将建筑艺术教育带入"神马浮云"的谎涎地；有的要么墨守成规，使教育与时代格格不入。这里各自的特点和缺憾显而易见。

现代建筑美术教育如何改革？其改革的理念如何提升？我认为"本源性，整合性，时代性"是我们提升教学理念的三大主线。1.本源性，首先，我们有必要在理念上对我国建筑学专业的专业特质及我国本学科教育的历史现状、地域特点及时代特性做深入全面的了解和解读，建筑专业是特殊的综合类学科，具有明显有别于其他学科的（实用艺术类别）特质。同时中国历史文化地域的本土特色也是该学科本源重要特质。我国几千年的历史、文化积淀和众多的民族地域特色是我国当代建筑艺术教育不可或缺的文化本源。这里，中国人特有的文化习俗和地域特点是我们深厚的土壤，这里创作的源泉是流不断的，人文情怀是紧密相联的。2.整合性。建筑学专业是一个特殊的专业，它是艺术与科学等多学科承载的综合体，其专业的特殊性就要求我们对作为基石的建筑艺术教育作全面的综合考虑，只重技术而忽略艺术，或只讲艺术而轻看技术都是片面的。建筑学是艺术与科学紧密相连的学科，两者关系就像一个硬币的两面是不可分割的。建筑美术教育的改革要充分考虑专业的特殊性，关注在教学中整合不同源流的基础教学内容，强化它们之间的综合时效，突破不同学科之间的界限，探究基础教学向专业设计的适当延伸，培养学生的综合运用能力。3.时代性。时代在飞速发展，世界文化在相互交融中变化，时代在召唤我们教育改革的进展步伐，解放思想，与时俱进，向西方先进技术学习，正确认识和借鉴他们先进的教学理念和方法，站在当下世界文化时代背景的平台上，提升我们办学的视野、树立我国当代建筑教育的特色。在教学改革进展中，一方面我们要借鉴和吸纳当代西方教育的新理念和方法，与时代接轨；另一方面在借鉴吸纳的同时，决不能一味地机械模仿，生搬照抄，要有选择地借鉴，用"兼收并蓄"的方法取其所长，同时立足本土文化，面向未来，走自己的路，探索具有中国当代特色的建筑艺术教育之道。

2. 教学内容的拓展

新的教学理念转变的同时，必须需要与之相应的教学方法做保证。建筑美术教学改革的关键是要通过教学实践环节来体现，在实践中摸索，在探索中不断完善。教学方法的拓展和提升主要有两点：一、对本学科教学内容要有科学系统改革的全局观；二、要保证教学方法的改革与专业的针对性和可行性。

教学内容的改革是历年来我们议论最多和动作最大的举措，它关系到学科培养人才的方向、目标和要求，它是学科体系建设中最重要的环节。建筑美术教学内容结构设置、课程的教学量及各阶段的教学内容分配，都要建立在我国人才培养方向、建筑学生源和该专业学科的特点之上来考虑。一方面保证建筑学专业学生必备的基础知识和能力的培养，保留相关素描、色彩、速写等基础教学必不可少的知识、技能、教育。另一方面，要突破传统建筑美术教育单一的模式，借鉴和渗透当代艺术的表现形式，增强相关学科领域的交叉和整合，开设美术理论及相关文艺理论选修课，以促进学生艺术素质的提高。建筑美术教学内容的改革从训练学生创造性思维的专业角度来讲，要特别关注对艺术形式基础课的学习和研究。该课程的基本构想是在解决造型元素问题的基础上，进入到解决造型元素的构成创造问题中来。该课程从整合旧有的"三大构成"着手以训练视觉思维能力、掌握形式体验、分析与表现方法为目的，训练学生对形式语言敏锐的感受能力与分析方法，并转换为自觉的表现态度，掌握多向性、多维性的表现手法，学习当代艺术的视觉语汇、归纳包融多样艺术范式的形式规律，在课题练习中认识"形式"与"形式美"的区别，强调"有意味"的形式，从对形态空间、线条、比例、色彩、肌理等视觉元素，对装饰、图像、构成等样式进行有机地整合与交叉，既进行单项平面、色彩、立体、空间、光影、运动等形态练习，更主张进行综合形态的练习，在作业过程中将阅读、写作、视觉笔记、文化制作、信息整理等与技法表达同等重要的作业内容，通过艺术形式基础课的开设，拓宽了建筑美术本质意义和价值，并使之更好地与建筑学专业设计课相融延伸。

3. 教学方法的突破

教学方法是教学改革理念实施的具体体现，它贯穿于教学实践的每一环节。传统的建筑美术教学模式，观念陈旧，教学要求关注于具体物象表面的模拟，手法单一，严重束缚了学生的形象思维拓展和个性的发挥。当下我国部分建筑院校在教学改革中，探索了许多新的教学思路，在教学理念的转变，教学内容和教学方法上有了很大突破，但这些改革往往偏重形式，其专业的科学性、系统性都需要同行们认真研究和整合。

基础教育中素描、色彩、写生是什么？它们是艺术形式的一种思维方式，是绘画语言表达的手段，其教学目的是解决在造型上的观察方法，思维方法，表达方法——眼、脑、手一体的训练，涉及如何看、如何想、如何表现综合能力的培养，目的是使学生学会以图的形式将个人感受与意图记录下来，以艺术的形式表现出来。由此可见，对眼、脑、手的培养是一个整体的训练。其训练方法不仅仅是对技巧的练习，更是要注重学生艺术感受、素质以及个性的培养，这里关注"个性的培养涉及两方面的问题"，首先是教师方面如何做到尊重学生的特点与个性，因势利导地发掘他们的闪光点，而不是单调地教会他们一两种方法与招数；其次是学生如何能坚持自己的个性，又有效地接受教师的指导，取得进步。在现实教学实际中，我们应减少较长期的作业，加大中、短期练习力度，加强学生应变能力的培养，表现对象更趋向灵活、宽泛，表现手法也更加多样化，强调采用不同的工具尝试不同的表现手法，避免教学中的千人一面的教学效果，这样教学能激发学生的学习激情，发挥学生的潜力，释放他们的能量。

近年来，建筑美术教学改革新开设的视觉思维训练课程从形态上讲，是从形态表象到内部结构，从立体到平面，再发展到立体的形态表现，从自然形态最终过渡到抽象形态，从思维上讲，是从对常规世界的认识发展到对客观世界与微观世界的认知，对于建筑学专业的学生来说，通过对形态的多角度分析提炼与发展来获得新的造型能力。对形式要素灵活运用的能力，在训练过程中强调了思维的灵活性，增强了艺术的感知力，最为重要的通过思维的过程训练，激发了学生自身的创造力。最终他们在掌握视觉艺术的基本原理的同时，又能抛弃常规，脱离因袭。在未来的建筑艺术设计里，创造独特自我的艺术形态。此外，在教学方法上注重教学中互动的原则，通过互动更好地激活学生的创造力，想象力，这其实比基本知识的传授更为重要，相对宽松、活跃的教学氛围，可促使各个学科的思维、理念的融合与交汇，同时，对于学生自我能力的发掘与完善起着积极的推动作用。

历史赋予我们使命和责任,时代带给我们新的机遇与挑战,教育改革的道路任重道远。伴随着人们教育视野和理念的提升,我坚信不久的将来,我们一定能够寻觅到一条富有中国特色的建筑艺术教育之道。

参考文献

[1] 李砚祖. 艺术与科学. 北京:清华大学出版社,2005.
[2] 张夫也. 优秀美术论文选. 南宁:广西美术出版社,2007.

论对建筑师进行参数化空间造型设计艺术的培养

袁承志　易中

北京交通大学　建筑与艺术系

摘　要：在欧美建筑院校，参数化设计已经成为学生重点研究的技术课程。建筑参数化设计是运用智能软件构建出一系列具有特殊数学关系的几何模型，修改其中一个单位模型的参数，其他模型都做出相应修改的过程。建筑师、结构师、设备师各专业之间的图纸衔接极为精密，设计和施工效率比传统设计方式大大提高。通过参数化设计手段能够快速生成大量绚丽多姿的建筑空间造型设计方案，供建筑师和业主挑选。在建筑参数化设计大量盛行的未来，我们的地球将进入流动城市的时代。本文重点论述了对建筑师进行参数化设计培养的必要性、参数化设计的技术本质、技术平台及优劣分析。

关键词：建筑参数化设计　参数化主义　建筑空间造型设计艺术　流动空间　流动城市　找形

"参数化设计就是用数字进行设计。"

——赫尔教授

Abstract: Architecture parametric design is a process to use intelligent softwares for building a series of geometric models with special mathematical relationships and to modify one unit model's parameters so that other models are made corresponding modification. Drawings link is very precise between all professionals such as architects, structure engineers, facility engineers and the efficiency to design and construction is improved greatly compared with traditional way. Through parametric design means, can generate a large number of colorful building space, shaping design options for architects and owners to choose. In the future when architecture parametric design would has been prevalent, our earth will enter the era of flowing cities. This paper has mostly discussed the technology essence, technology platform, advantages and disadvantages of architecture parametric design.

Key words: architecture parametric design, parametricism, building space shaping design art, flowing spaces, flowing cities, form-finding

　　在建筑空间造型艺术领域，参数化主义（Parametricism）作为一股系统化革命浪潮，大有战胜后现代主义（Postmodernism）的趋势，参数化技术手段在很多世界级的大型建筑项目中已经得到了证实，参数主义如此快速的席卷全球，必将使我们这个地球进入流动空间、流动城市的时代，于是对于参数化建筑设计的研究和学习已经成为建筑学专业学生培养的重要课程。

1. 对建筑参数化设计的全面认识

1.1 建筑参数化设计的技术本质

建筑参数化设计（Architecture Parametric Design）是运用一些智能软件根据建筑师的设计意图构建出一系列具有特殊数学关系的几何模型，修改其中一个单位模型的参数，其他模型也做出相应的精确修改的过程。这个过程随着建筑师设计思维的不断推进,可以轻松做出编辑,而不用像传统数字软件那样每一个局部模型都得一一修改,工作量很大,效率偏低。因为参数化设计建模是一种完全数学法则式的计算过程,不单是提高了设计效率,为建筑师提供了成百上千的候选方案,同时也生成了千姿百态的建筑空间造型艺术作品(图1~图3)。

参数化设计现在经常被一些先锋派(Avant-garde)建筑师用来进行复杂扭曲立面的找形(Form-finding)、建筑结构设计和建筑声光热等物理环境的科学分析。同时也给人一种幻觉,参数化设计建筑师的作品都是一些奇形怪状、七倒八歪的形体,这个现象在笔者看来应该是一种误解,参数化建筑设计的本质是快速高效的数字形体控制,它既可以是曲面的、异形的,或者说是非线性的,也可以是规则的、直线的(图4)。找形的过程实际是外形与功能结构的契合过程,不能是一味地炫耀技术,展示一些偏激的异形空间。

1.2 建筑参数化设计的艺术意义

在参数化设计技术环境下,形式追随功能(Form follows function)的要律不但没有被推翻,相反还更加科学地增强了(Form enhances function),老子"有之以为利,无之以为用"的空间哲学观照样实用。建筑师不同于结构师,他更多的是一位艺术家,他生来就是在不断探索和寻找新鲜的建筑形式语言(Architectural form language),从某种意义上说,参数化建筑设计技术打开了现代前卫建筑师一扇视觉造型艺术的新大门。

在参数化建筑设计系统中,有两类参数,第一种是不变参数,也就是几何形体之间连续延伸而不用改变的信息,另一种是可变参数,也就是不断改变的形体尺寸和工程参数值。参数化设计的本质是在可变参数按照具有一定数字函数律动变化的情况下,不变参数保持全部系统的恒稳,这种一部分参数的运动变化与另一部分参数的恒稳不

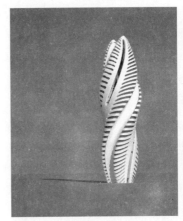

图1 住宅参数化设计效果图

图2 写字楼参数化建模

图3 马岩松:玛丽莲·梦露大厦参数化建模

变正是建筑师追求的设计意图。建筑参数化建模的过程就是用数字逻辑去表述形体,用参数修改去推敲模型。这个基本参数的获得有一个数学推导过程,建筑师要借助一些工具,比如分形几何学(Fractal Geometry)、涌现机理(Emergence mechanism)与元胞自动机(Cellular Automata)等复杂性系

统科学动力模型。

建筑参数化设计并不是产生于建筑理论家的学术思辨，而恰恰是工程实践推动的数字工具。20世纪90年代建筑商业项目中涌现出若干建筑数字设计研究团队（DRU），比如盖里（Frank Owen Gehry）事务所延展出来的"铿利科技"（Gehry Technologies），扎哈·哈迪德（Zaha Hadid）建筑事务所专门成立的计算机研究组（CODE）（图5），福斯特（Norman Foster）建筑设计事务所的数字专家团队等。这些数字设计研究小组不但帮助建筑师设计出令人炫目的建筑作品，更重要的是通过参数化设计生成详细精确的施工数据，确保了这些复杂的建筑空间形体能够在严格的成本预算和时间规划下有序科学地推进，最后顺利完成施工建造任务。

1.3 建筑参数化设计与传统设计的区别

参数化设计改变了建筑师的思维方式。传统的设计方式要把建筑空间概念物化成现实作品，完完全全依靠建筑师形象思维的推敲和修改，设计思路比较固定，形象备选方案也非常有限。更为突出的问题是这种传统方式很多情况都比较的概念化，是一种典型"top-bottom"自上而下的纯理想的建造方式，这种方式最明显的一个问题就是很多建筑作品千篇一律，变化较小。整个设计的过程对场地环境、人的个性化需求考虑较少，更多的情况是建筑去适应建筑师的个人风格。

而参数化建筑设计模式是一种典型的"bottom-top"由下而上的科学建造方式，他通过合符场地条件的尺度，符合人体工程学的参数进行虚拟的数字化建造，进行一个严谨合理的建筑空间造型生成过程，在参数化模型生成之前，也许建筑师对这个建筑的最终造型还不是非常的清楚，只有在这个虚拟建造（Virtual construction）过程完成之后，建筑师才知道结果，这样的设计过程往往是我们始料不及的，甚而至于很多情况下生成的建筑空间造型结果会让建筑师惊诧不已。

图4　写字楼参数化设计

图5　扎哈·哈迪德：阿塞拜疆文化中心，巴库

结果出来以后，建筑师再对这个参数化形体进行评估和分析，如果这个模型不符合建筑师和甲方的需求，又返回去修改基本的参数或者去修改参数模型生成的数学规则，这是一个循环往复的设计过程。

2. 建筑参数化设计的技术平台与案例

2.1 CATIA（Computer Aided Tri-dimensional Interface Application）

该平台既包括外形与风格设计，还包括机械加工、分析与模拟，具有参数化与变量修改混合建模功能，也就是说用CATIA进行建筑建模时，不必局限于最终的造型结果，可以进行后参数化修改。同时CATIA各设计功能模块有着强大精确的数据相关性，修改了三维模型，迅速地在二维平面上得到体现，这个修改也同时反应到有限元分析，模具和数控机床的加工程序之中。

建筑设计的CATIA运用是建筑师向机械工程师学习借鉴的结果。20世纪80年代，建筑师弗兰克·盖里为了在日本设计一座形似鱼的建筑作品，由于鱼的形态太复杂，机床加工也需要全面的数据，一般的软件实现不了这个功能，于是盖里事务所就引进了法国波音公司的飞机设计软件CATIA，收到了极好的效果，数字精确，效率很高。盖里事务所看到该平台的巨大优势之后，对该平台进行了大规模的改造，以适应建筑设计的特殊需要，这个软件就是现在的DP（Digital Project）。

今天DP已经成为参数化建筑设计最为强大的工具，毕尔巴鄂古根海姆艺术博物馆（Guggenheim Museum, Bilbao），沃特·迪士尼音乐厅（Walt Disney Concert Hall），2008年北京奥运会的主场馆—国家体育场"鸟巢"都是架构在该平台设计基础上的重量级作品（图6、图7、图8）。通过DP，建筑师终于实现了"功能–造型–建造"三位一体的严密的数字逻辑关系，这种关系通过图形和数据表格的形式输出，提高了施工效率，节约了成本。近年来，通过DP参数化平台，一批外表奇异、造型独特，表皮极具图案化的建筑作品大量涌现，但是核心功能区的规划设计仍然是符合传统美学原理的。

2.2 Grasshopper

该平台是目前建筑界进行参数化设计最火热的一个软件。它实际是基于Rhino环境下运行的一个建模插件，用它进行参数化设计极为方便，它不同于Rhino Scrip进行算法建模需要掌握VB（Visual Basic）语言，它不需要懂得太多的

图6 鸟瞰效果图：国家体育场"鸟巢"数字模型

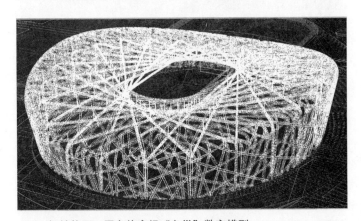

图7 钢结构图：国家体育场"鸟巢"数字模型

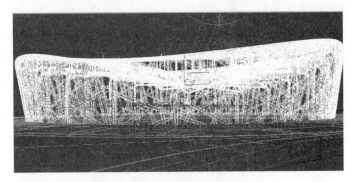

图8 前视图：国家体育场"鸟巢"数字模型

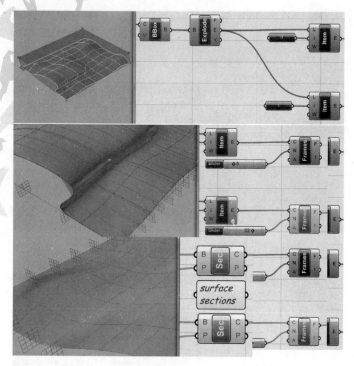

图9 Grasshopper参数化建模过程

极具视觉张力，给人以赏心悦目的感觉。很多人会有一个误解，认为这样的建筑实际只是方盒子上面披了一层虚无缥缈的外衣，与里面的空间规划和功能使用完全不搭调，实际不是这样的，参数化建筑师在一开始就很注意把外立面和内空间进行一体规划，实际工程项目中收到了很多意想不到的设计效果。建筑空间造型奇异的同时用户使用也很方便实用，并且人身处其中的行为与心理感觉也非常独特而舒适。

运用参数化设计手段使得很多传统设计手段无法完成的复杂扭曲立面得到了很好的解决，数据精确，易于整体修改和控制，并且能够快速生成大量风格迥异的造型设计方案备建筑师和业主挑选，这是传统手法难以企及的。

运用参数化进行建筑设计，让各专业人员需要的图纸之间配合得天衣无缝，建筑师需要的是平立剖面图，结构师需要的是柱网图、配筋图，设备师需要的是节点详图，在DP这样强大的建筑参数化平台中都一步到位，在一次性的建模过程中，各专业人员需要的图纸信息都一次完成，修改一个专业的图纸信息，其他专业的图纸信息也作出相应修改，精确无误。而传统的设计方式，结构师接到建筑师的图纸之后都要重新规划设计一番，费工费时，效率不高，更重要的是很多情况下数据对接不好，容易出错。

3.2 问题

由于部分建筑师的认识不是很全面，目前状况下，参数化设计手段生产出来的很多建筑都很奇异，甚而至于很多建筑造型极为怪异，大众认可度不高，更重要的是参数化建筑大多造价极高，是传统建筑的几倍甚至数十倍。参数化设计手段一般都强调建筑的运动感、流动性和律动美，从结构施工上大多运用钢结构，并且这些钢结构构件都不是一个模数尺度，不能批量生产，只能一个一个定做，造价极高，浪费资源。

计算机程序语言，通过一系列的流程组合就能达到建筑师想要的造型效果。

该平台为了让建筑师轻松达到建构模型的效果，整个程序都图形化，代码语言用"电池"代替（图9），电池的正负极分别代表输入的参数和输出的结果，若干电池的组合就生成复杂的参数化模型，操作直观，易用。并且该软件完全免费，代码是开源的，使得该平台发展极为迅速，受到很多建筑师的青睐。

3. 建筑参数化设计的优劣分析

3.1 优势

运用参数化手段设计出来的建筑空间造型大都可以做到

结语

在欧美建筑院校，参数化设计已经作为建筑本科教育的一门重要技术课程，大量的同学喜欢在这个研究方向去进行设计探索并体验到其中的无穷乐趣，这个路子既考验了学生的艺术修养、结构知识，还对学生的数学基础、编程能力提出了挑战。中国建筑师能够及时跟上，并创造一批优秀的建筑作品，对于中国建筑界无疑是一大贡献。

参考文献

[1] Mohamad Khabazi, ALGORITHMIC MODELLING With GRASSHOPPER[M], 2009.
[2] 王文栋. Rhino Script 参数建模[M]. 北京：中国青年出版社，2011.

图片来源：

图1、图4《Rhino Script 参数建模》。
图2、图9 ALGORITHMIC MODELLING With GRASSHOPPER.
图3、图6、图7、图8作者绘制。
图5 www.patrikschumacher.com.

论建筑美术课程交叉性互动新教学模式

王珉　蒙小英

北京交通大学建筑与艺术系

摘　要：多年来中国建筑美术课一直独立地服务于建筑学专业的设计基础教学，使得美术课与设计基础课出现条块分割、课程彼此脱节的僵化局面。本论文针对国内建筑教育美术基础教学多年陈旧的模式，进行了深入探讨，提出了建筑美术课程交叉性互动新教学模式：将艺术维度与技术维度结合起来，实现了美术课与设计课的整合，理论课与实践课的整合，造型设计与设计方案的整合，经典与现代的整合。本课程教学新模式将基础课的课程有效地统一在交叉互动的设计基础课程群中，优化了建筑学与艺术学的知识体系与教师资源，最大程度上发挥了建筑美术课程的教学作用。此教学模式已经在北京交通大学广泛实践，并取得了良好的教学效果。

关键词：建筑美术　交叉性　互动　新模式

Abstract: It is unavoidable for the teaching both Fine Art course and Architectural Design course to become discontinuous and repeatedly each other in China, in respect that lack of co-teaching between them. This paper proposes a new teaching model: cross-interaction model on the course of Fine art in Architecture, based on the outdated domestic teaching in the course for many years. This model has been structured through merging the teaching both Fine Art and Design, integrating the theory and practice during the teaching as well as classic and modern according to the idea of combining the art with technology. Consequently, it has combined the relative curricula and optimized the teaching resources including architecture and Art. Meanwhile, it has also been widely practiced in the Beijing Jiaotong University, and achieved good reputation.

Key words: finc art course in architecture, cross, interaction, new teaching model

1. 对目前国内建筑教育基础课程教学模式的反思

目前，除了综合性大学或专业性建筑学院外，全国不少艺术学院也开设了建筑学专业。众所周知，建筑美术课程在建筑学专业建筑设计的基础教学中，占有重要的地位。建筑美术课程是建筑设计的基础课程之一，对于如何进行"建筑美术"课程的教学，国内建筑教育一直在进行探讨。主要表现在两个方面：一是建筑教育目标的定位，二是教学内容和方法的研究。前者缘于新近增多的艺术院校中也开设了建筑学专业，开始与传统工科院校中开设建筑学专业建筑教育目标定位的争鸣。争鸣的焦点是究竟从艺术维度、还是从技术维度来定位建筑教育。国内以工科为主院校多侧重于技术维度，艺术院校多侧重于艺术维度。能否将技术与艺术维度二者有机结合，则是争论的空白点。多年来，国内传统建筑设计基础教育一直是建筑学概论、建筑美术Ⅰ、建筑设计基础Ⅰ、建筑美术Ⅱ、建筑设计基础Ⅱ五门大类专业基础课各自独立授课，课程条块分割、各自为政状况严重，课程之间的内容脱节出现不必要的重复。多年来，建筑教育研究主要是针对建筑学知识结构和设计问题的探索，而忽视了学生接受能力等教育中的人的因素，也忽略了建筑设计是艺术设计的范畴，鲜有将美术基础与设计基础整合为一体，从学科群模式上去改革建筑美术的教学或设计基础的教学。北京交通大学建筑与艺术设计专业经过多年的教学实践，有效地探寻出了建筑美术课程交叉性互动新教学模式，一直坚持在教学中运用这一新的模式，受到了学生的好评，也取得了良好的教学效果。

2. 建筑美术课程交叉性互动新教学模式的理论意义

建筑美术课程交叉性互动新教学模式，又叫做跨学科跨专业的建筑设计基础课程群教学模式，旨在结合建筑学与艺术设计专业并设的优势，整合两个专业的教师资源，改变按学科体系教学造成的结构分割，将上述各自独立授课的五门必修课程合理整合，完善课程体系。新模式中将建筑美术课与建筑设计课相结合，实现建筑学科与艺术学科的交叉、建筑学专业与艺术设计专业的互动教学，将技术维度与艺术维度建筑教育定位的争论统一在跨学科跨专业的新教学模式中，是国内建筑设计基础教育中的首例，填补了定位争论临界点结合可能性的空白。国内目前建筑教育关于艺术维度和技术维度定位建筑教育目标的争鸣，实质上是对新时代环境下教育大步推进，如何增加本科教育中建筑人才就业核心竞争力的思考。目前国内诸多院校中，少有建筑学与艺术设计并设在同一系中。建筑本是技术与艺术的统一体，只有两个维度一体化，才是定位建筑教育目标和人才培养的理想教育模式。目前国内建筑教育一味引入西方建筑教育的方法、模式，改革教学体系、教学内容，而忽视了本土学生的特色和他们的接受能力等人的因素。新教学模式将以学生自主学习的研究型学习为问题导向，探索新模式下建筑设计基础的科学教学与专业发展的特色，提高建筑设计教学质量和特色人才的培养。同时，通过两个专业教师的联合教学，探索研究型学习的建筑学专业人才培养的新模式，建立一种范式性的建筑设计基础课程群模式，自下而上地滚动到其他高年级的建筑课程教学改革，以探求能凸显建筑学与设计艺术学并设优势的建筑学专业的发展特色。

3. 建筑美术课程交叉性互动新教学模式的基本特征

作为一种新的教学模式，建筑美术课程交叉性互动新教学模式有以下基本特征：

首先，实现了美术课与设计课的整合。围绕专业培养目标中的定位与课程目标，对课程内容进行了大胆的改革和创新，整合改变课程内容陈旧、分割过细和简单拼凑的状况，减少课程内容之间相互脱节和不必要的重复，力求构建融会贯通、紧密配合、有机联系的课程体系。将建筑美术Ⅰ、建筑美术Ⅱ和建筑设计基础Ⅰ、建筑设计基础Ⅱ、建筑学概论五门课程进行整合（表1）。综合了以往五门课程中科学合理的部分，使之相辅相成、有机结合，改变了原来互不相干、各自为营的课程设置。整合后的课程是国内院校首次将美术课与建筑设计课结合起来，形成的一门独特、新颖、实效的课程。将素描、色彩教学内容和建筑设计基础的教学内容紧密联系在一起，使学生在设计启蒙之初，能够尽早尽快地认识到美术课与建筑设计基础课的交互关系，利于学生自主构建建筑基本知识框架。

其次，实现了理论课与实践课的整合。我国建筑设计基础教育通常将设计、艺术、技术类课程截然分开，教学课程体系单一。多数学校教学还一直沿用旧的教学模式，学生缺乏创新意识和创造个性；实践能力欠缺；缺乏设计前期策划能力,本科毕业生的能力主要体现在理论知识层面;重视"专业表现",轻视"专业实践";缺乏科学性和规范性的指导原则;普遍存在课程设置求多求全或课程划分过窄过细,相互之间缺乏交叉、连贯、整合的完整性;教学方法上缺乏创造性、主动性和积极性,缺乏引导启发式、研讨对话式、调研式的主动型教学方式,忽视培养学生的发现、分析、解决问题的能力等问题。本课程创新地发展了"交叉性互动新教学模式",整合五门课程,将理论、教学、实践融合一起,培养了学生的建筑设计综合素质与能力。

表1 2009-2010学年建筑美术与设计基础课程群整改后的教学内容安排

学期	教学专题	周次	教学内容	
秋季学期	建筑认知	1-2	建筑学概论	工程字体、钢笔画
		3-4	建筑素描基础知识	
		5-6	专业教室设计	
	造型与建筑	7-9	结构素描	
		10-13	名作解读:名作模型 建筑构成	名作解读:建筑分析 名作解读:立面重构
	空间与建筑	14-16	空间训练:单一空间限定	空间训练:空间组合
春季学期	色彩与建筑	1-2	色彩知识	色彩构成
		3-4	色彩重构	建筑色彩写生
	设计训练	5-7	建筑表现技法(1)	
		8-11	外部空间分析	外部空间设计
		12-16	小型建筑分析 小型建筑设计	建筑表现技法(2)

第三,实现了造型设计与设计方案结合。新型交叉性课程模式改变专业课程与造型教育、技术教育脱节的传统教学理念,将造型设计、方案设计及技术设计结合起来。通过前期策划调查、设计、技法表现、模型制作等各门课的每个环节训练,加强学生综合能力训练。造型设计导入方案设计,改变原来互不相干、各自独立的课程内容设置,确立一种课程内在的互动联系,因为,建筑设计并非是画出设计效果图就完成整体设计,设计者应了解相应的技术、工艺和材料,熟悉建筑设计的全过程和各个环节,了解业主需求与发展趋势。对于建筑设计来讲,绘画性的效果图和制作图仅是设计的开始。建筑设计项目不是停留在纸面效果的一种纯粹意义上的美术作品,最终应以设计作品的形式出现,成为真正意义上的建筑设计。

第四,实现了经典与现代的结合。将独立的、分散的教学内容进行科学的、合理的课程解构、调整、重组、整合而形成新型教学课程模式;强化特色的、新型的、实用的基础课程;整合脱节的课程内容,延展单一的课程结构,理清模糊的课程目标,强化美术基础课与建筑主题设计相融合,顺应时代潮流。

4. 建筑美术课程交叉性互动新教学模式的实践运用

北京交通大学建筑美术课程的改革，体现在建筑基础美术众多方面，在素描与色彩的教学中，打破了原先简单重复的以绘画为目的的教学模式，从素描基础教学开始，就紧密与设计基础课的教学要求和训练内容相结合，拓展学生的设计想象空间，为创新能力的培养奠定了基础，为高年级的专业设计打下了比较深厚的专业美术基础。在"建筑美术Ⅰ"课程实践运用中就充分体现了建筑美术课程的交叉性互动。建筑美术课程教学改变了过去以单纯的石膏素描写生、头像素描写生为主的课程结构，加强了建筑素描写生、创意建筑素描表现、建筑平面构成、建筑立体构成及建筑色彩构成的内容，更好地匹配于建筑设计基础课程的教学。在建筑素描写生中针对建筑专业新生没有美术基础的现状，选择几何体进行素描写生训练，在教学中运用多媒体配合理论知识讲解，以图文并茂的形式展示大量范作让学生直观理解几何结构与空间透视的关系，要求学生写生前养成思考的习惯，先观察如何表现对象，从不同角度勾画草图，做构图练习，将其中的一张草图发展成正稿（图1）。培养学生对画面的把握能力。

在具有了对画面的把握和对空间的表现认识基础后，进入较有难度的建筑柱头写生。这个课题主要训练学生对建筑柱头结构的理解和解决空间表现的透视关系，在写生中要求构图的组织与表现（图2）。要求学生将柱头的形态关系、组织关系、空间关系及透视关系表达出来，在训练过程中要不断地提示学生写生中要到考虑诸如形体、结构、透视、空间、整体、对比、和谐、节奏、韵律等表现要素的组织，注意画面的表现效果，提高学生对审美的判断能力和表现能力。

基于建筑美术课程与建筑设计课程的交叉性互动的教学原则，我们增设了建筑构件表现的素描快题练习，让学生选

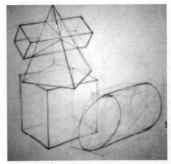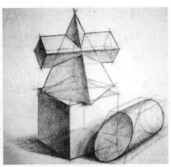

图1　几何结构体观察

择具有体积感或具有组织结构关系的物体进行创意训练。可选取以往训练的内容中一组或一个静物为创意元素，通过对物体元素的再加工及重新结合来组织画面（图3）。根据所给静物为主要表现物（元素）进行构思，观察、研究、寻找最佳的表现方法，在表现中可运用多种表现的技巧，突出表现建筑时空的新关系。注重建筑素描的体块组合处理及光影处理方法，建筑素描体量与结构的构思处理。

从上文表1的课程群教学内容安排中可以看出，建筑美术的教学是嵌入在设计基础教学中的，且其内容的讲授是与设计基础教学的进度和内容需求相匹配的，也就是说，是设计基础课在为建筑美术的教授内容提要求，建筑美术会根据设计课的需要，融入相关的美学与造型训练等。这种交叉不仅有效体现了建筑学专业中建筑美术为专业设计课服务的性质，而且也真正能体现艺术思维与技术思维的互动，更为重

图2　柱头结构与透视关系训练

 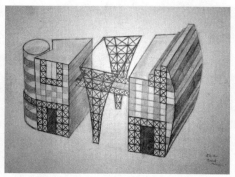 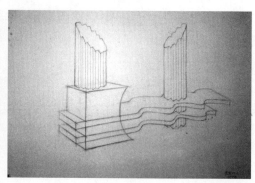

图3　建筑构件的创意素描训练

要的是这种交叉互动课程促成了知识点教授与运用的整体性和连续性，尤其对一年级学生的学习非常重要。因此在空间与建筑专题之前，为了让学生掌握平面与立体造型的基本知识，为空间塑造打好基础，我们安排了平面构成练习。讲授构成的理论知识的同时介绍构成与建筑的关系，拓宽学生的知识面。在平面构成的训练中要求学生以平面构成为原理，从点线面的构成到基本造型元素以及元素的结构与空间塑造关系的表现，均围绕本专业进行训练（图4）。

为培养学生对造型的观察及感受力，我们添加了建筑化的立体构成训练，从认识材料特性与造型的关系到结合建筑创意的立体构成练习，提升学生建筑素描表现中的体量与结构的认识能力和创造能力。立体构成快题创作结合交大校园建筑设计创意和故宫建筑群的立体构成创意练习（图5）。全班分为2组，每人完成1个单体构成作业，组合为2个建筑环境规划创意作品。尝试把建筑基础教学与透视、构成的教学进行整合，在讲授内容和作业安排上有针对性地进行立体构成的创意设计，在基础课与设计课之间建立有机联系，培养了学生团队合作的精神。

设计课完成空间塑造后，美术课又将设计课的成果作为色彩作业素材，要求学生对自己的空间塑造作品上色（图6）。这样连续交叉的课题组织，使学生从空间到色彩，能够有一个完整的认识和设计体会。

在教学过程中，注重学生自评，老师讲评，使学生在讲评中及时提高对知识的了解和认识。在整体教学过程中，多数学生学习热情很高，学习态度认真，学习主动性强，富于创造力。

因此，作为建筑设计专业的基础美术教学，坚持把艺术功能与专业设计意识相结合，实现艺术与设计、美学与实用、教师与学生、感性与理性、个体与专题的相互结合与互动，是建筑美术课程改革发展的一个方向。

总之，建筑美术课程交叉性互动新教学模式是多年来对建筑教育基础课程探索的一种新的尝试，具有创新性、实用

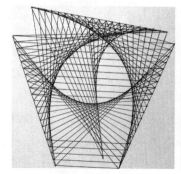 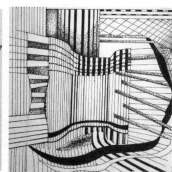

图4　平面造型训练

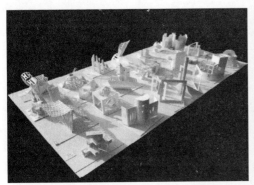 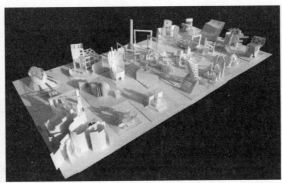 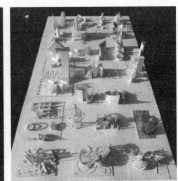

图5 交大校园建筑设计创意和故宫建筑群的立体构成创意练习

图6 空间塑造成果的上色练习

性与互动性特征,打破了多年建筑美术课程与艺术学美术课程脱节的局面,实现了专业之间、教师队伍之间、师生交流之间及美术与设计知识结构之间的互动教学,在实践中取得了一定的教学效果。建筑美术课程交叉性互动新教学模式是值得推广的一种教学模式,无疑对中国建筑美术基础教育的改革具有推动作用。

参考文献

[1] 林家阳. 设计素描,国家级"十五"规划教材. 北京:高等教育出版社,2006.
[2] 朱建民. 建筑形态构成基础. 北京:科学出版社.
[3] 中国美术学院. 设计素描. 杭州:中国美术学院出版社.
[4] 韩成远. 建筑美术基础. 长春:吉林美术出版社.
[5] (美)弗朗西斯·D.K.钦. 建筑:形式、空间和秩序,(第二版). 刘丛红译. 天津:天津大学出版社.
[6] 王珉. 素描. 国家级"十五"规划教材. 北京:高等教育出版社,2010.
[7] 王珉. 色彩,国家级"十一五"规划教材. 北京:高等教育出版社,2011.

略谈建筑风景写生教学

蔡泓秋

深圳大学建筑与城市规划学院

摘　要： 建筑风景写生是建筑美术教学中的一个重要内容。文章分析了建筑风景写生课程的教学目的，并结合教学实践，对建筑风景写生课程的教学思路和教学方法进行了一定的探讨。

关键词： 建筑风景写生　教学思路　艺术感受　评价

Abstract: Architecture Landscape Sketch is an important content in the teaching of Architecture Art. The essay analyzes the teaching aims in combination with teaching practice, and attemps to explore the teaching mentality and approaches of the course of Architecture landscape sketch.

Key words: architecture landscape sketch, teaching mentality, art feeling, evaluation

建筑风景写生是建筑学专业美术基础教学的主要课程，是建筑美术基础教学的重要环节，也是建筑师观察自然和表达自然景物印象的一种创作手段。建筑家童寯先生说："如果要求对建筑物的线、面、体三者加以观察并在最后明了，必须亲自动手画出，经过一番记录才巩固不忘。"[1]建筑风景写生教学要结合建筑学专业的特点，不断探索适合当前学生特点的教学方案。

1. 建筑风景写生教学的目的

建筑风景写生教学的目的有以下三方面。第一，描绘自然，从取景到描绘的过程中，都反映作者对客观世界的认识，帮助我们体会人、环境、建筑的关系。学会将对自然的感悟体现到设计之中，建筑风景写生正是研究生活、认识自然的一个重要手段。第二，国际建筑师事务所强调建筑师手绘方案，手绘方案是表达设计的重要方式之一，写生可以帮助提高手绘能力，在写生过程中训练中边画边思考的能力。第三，风景写生一方面是造型训练，更是一个思维训练的过程，从观察、取景、构图到意境表达，也就是在景物中发现美的能力训练，它需要画者的敏锐感觉与良好的素质，这种感觉的最终获得，需要大量的实践与探索。建筑美术教学必须重视建筑风景写生。

2. 建筑风景写生教学思路

建筑是多元的艺术，现代建筑运动的发展与现代艺术革命有着无数交叉与碰撞，解读东、西方绘画艺术作品时发现风景是促进画家艺术表达的一个重要因素。意大利文艺复兴画家、科学家和建筑师列奥纳多·达·芬奇认为风景画的结构是非常有趣味的，其他画家也都对这一主题十分着迷，十九世纪末现代艺术运动由法国画家开启的画布内的革命，通过将客观物像分解、重构、抽象化最终推动了独立于客观自然的抽象艺术。自然给画家的潜力无限，季节气候的变化，距离与空间的延伸，细节所带来的繁复质感与美，这些使得风景画成为激发艺术反应多样性的一种重要手段。正如法国印象派画家毕沙罗说"最大的困难不是纤毫毕露地画出轮廓，而是要画出内在的东西，画出事物的主要特征，试着用一切方法把它表达出来，不可过多地考虑技巧，只画你所观察到和感觉到的，要放手果断地画，因此最好不要失掉你所感觉到的第一印象，在自然面前不要胆怯，自然是唯一的大师，你可以永远以自然为师。"[2]每一位画者面对大自然都有独特观察、体验和表现方式，绘画是以快速的形式表达头脑中的种种意念的一种概念化工具。

在建筑美术教学工作中建筑风景写生是研究自然、认识自然的一个重要手段。一方面，写生是表达人对景物的理解和认识，是记录景物的手段。另一方面通过建筑风景画中对自然景物的创造来表现人与自然的关系、表现人的情感，描绘风景的过程将手、眼和脑联系起来，同时可把视知觉和潜意识联系起来，实质上写生是对环境和空间的再创作。

当前，建筑学院新生大多数没有美术基础，深圳大学近五年入学新生中有美术基础的同学低于总人数的50%，建筑风景写生平均每周2-4学时，课时较少。那么，如何在较短的美术基础课程的训练中，课时较少的情况下，使学生掌握建筑风景写生造型技巧并提高学生的抽象思维能力是教学工作的难点。掌握绘画的基本功，掌握控制绘具的能力，用手来奠定坚实的基础，只有学好基本功之后才能逐步形成独特的创作表现能力。因此，建筑学风景写生教学过程中，既要有绘画语言的运用能力，又要需要培养对自然的感受能力，这是一种综合的训练。要创作出优秀的写生作品，必须在作品中抒发自己的情感，画出自己独特的艺术感受。写生会激发画者的想象，增强画者的直觉，教学中抽象思维的训练，要从重视学生的艺术感受和想象的技巧培养开始。

3. 建筑风景写生教学工作中须重视的几个方面

3.1 课程内容设置重视基础训练

课程内容设置循序渐进、由浅入深的，教学中造型技巧训练重视临摹与写生交替进行。临摹与写生绘画主题选择可从：树木写生、建筑写生、建筑与环境等……由单一到多项，由简到繁依次进行，以适应学生绘画能力，将绘画的基本技巧与方法逐一设计到写生课程中，练习分为两部分。

3.1.1 课程设置以线条为主的造型技巧训练

根据对景物的形体、结构规律的理解与分析，以轮廓线条构筑出其基本形态特征的练习。目的：加强对景物形态结构本质特点的分析、研究，提高观察能力和表现能力，练习用简洁的轮廓线概括对象基本形体特征。重点掌握：形体与轮廓的观察方法、如何在比较的过程中发现比例和尺度、构图的技巧和徒手透视能力的训练。

训练要求：

A. 能研究并感受到所画对象的形体结构的基本特征

B. 能从对象的复杂造型因素中舍弃明暗、色调、质感等因素，提炼出足以显示其基本结构关系的线条

C. 按照自己的感受，利用结构线条的方向、长短、比例、粗细、虚实等变化重新组合成画面形象

3.1.2 课程设置全面造型因素素描练习

写生方法在注重物象形体结构因素的基础上，要求其他各种造型因素如明暗色调、空间、质感等都能协调综合表达。由于必须对所画物象的全面因素进行认真观察、全面分析综合和提炼取舍，所以作业的时间相对较长，难度较大。目的：以充裕的时间加强对物象各种造型因素之间关系的分析、研究，培养主动的、理性的观察能力与相对全面的造型能力。

训练要求：

A. 在以线条为主的造型技巧训练的基础上，熟练掌握透视法则，根据自我感受与体验，进行选景和构图

B. 以明暗色调为造型手段，准确、有序地塑造画面形象，表现出自己对建筑与环境的感受和体会

3.1.3 教学效果分析

教学实践中以线条为主的造型技巧训练，大多数同学（包括无美术基础的同学）也可以取得很好的进步，建立初步的信心；全面造型因素素描练习难度较大，由于课时少，练习时间有限，往往不如前者的教学效果好。以树木写生为例，从第一张写生练习开始要求学生主动表现自己的感受，将视线集中在写生对象的某个方面，运用较少的技巧画出自己的理解。图1，对树的研究展现了作者对细节的敏感，尽管这幅画十分的精确，但绝不是对大自然地复制。通过选择性地将视线集中在有特色的树结、树干和伸展的树枝上来寻找这棵树的精髓。背景留白省略了环境的描绘，令画面充满诗意。这一练习训练观察能力，运用简单的线条表现丰富的内容，作画前要求学生关注自己的感受，画出自己的理解。图2是四位学生的作品，从不同的角度进行观察和取舍，分别画出了自己对树的理解。

对于美术基础较弱的学生来说每一次练习都是一次挑战，学生必须克服许多的困难，从理性思维过渡到视觉思维需要一定时间的适应，授课时教师须予以充分的理解与鼓励。

图2

3.2 教学辅导适应学生特点，引导学生表现自己的艺术感受

大学一年级学生理性思维能力发展较好，对于再现自然景物的绘画基础知识比如比例、透视、明暗的比较等方面的学习能力较强，但想象力和主动创作表现的动力不足，绘画的激情需要激发。写生时遇到较为复杂的自然景物，学生习惯依赖老师示范，有时学生容易丧失主动构思与创作的自信，教学过程中帮助学生消除绘画过程中的挫折感也是写生教学工作的重点。写生过程中如何处理绘画的具体因素，往往与画者对于自然景物的整体感觉有关。中国画讲"物无常形而有常理"，所谓常理即最本质的规律，写生时面对复杂的景物鼓励学生大胆画出自己心目中的自然本质。避免不假思索的看到什么就画什么，教学中引导学生主动的对自然景物进行表达，使其逐步建立自信。

以树木写生为例，图3，是两位学生的作品，作画角度相同。一位同学画出了荔枝树粗壮、扭曲的树干，观察的重点集中在树干上，并用简洁的色调对比突出了主体的质感，

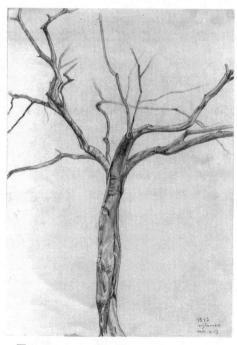

图1

画面质朴动人。另一位同学将草地、树木逐一地描绘，画面有方向的线条画出树叶和草地被风吹动时的样子，将注意力集中在透过树看到的整体环境，运用了两种明暗对比来描绘树叶，线条细节的微妙变化产生体积感和空间感。我们应该进一步注意的是，尽管从教学角度来说，这两幅画描绘得并不精确，但是画的结构展现了画者对这些树枝结构的仔细观察，真诚地将自己的感受画出来，描绘出他们对景物的内在本质反映。画者用自己的绘画语言传递了他们的热情与感动，在这两幅作品中表现得很明显。

教学就是要激发学生从心灵出发去绘画，把普普通通的东西变成新的组合安排，找到自己关注的角度，力求有含意。建筑写生教学中，训练绘画造型技巧的同时须重视学生艺术感受的培养。

图3

3.3 教学过程中及时进行作品评量工作

作品评价也是教学的重要环节。美术基础教学中教师对学生每一周的作品进行及时的评量。评价作品时首先考虑，评价作品的目的是什么？有两个方面值得思考：第一，绘画学习过程中的决定性意义是什么？笔者认为，绘制过程比完成结果更重要，即使一幅看上去"拙劣"的作品，也可以从中读到作画者所关心的内容，绘制作品的过程也是画者理解写生对象的过程。因此，有针对性地提出建议帮助学生，将能够更深入观察和体会写生对象作为评价的首要目的。第二，客观评价作品过程中鼓励学生的自我的体验与表现，风景写生不能为了技巧而学习技巧，表现的驱动力要先于技巧，自然是人用情感来感受的，写生又通过画中风景表现出作者的体验和情感。激发学生画出自己对建筑风景的独特理解是评量作品的主要目的。

结语

建筑学一直都是理性与感性交织的学科，建筑风景写生教学提倡不断地练习徒手作画，以便画得轻松自如；提倡不断地训练眼的观察能力，这样才能按照自己的感受描绘世界，才能"看见原本看不见的东西[3]"。建筑风景写生课只是一个开始，熟练地掌握绘画技巧，表现自己对自然的理解，不能浮躁，老子言"大巧若拙"，必须踏踏实实地练习积累写生绘画的经验。通过教学希望同学们艺术修养和建筑设计的动手能力有所提高，有能力将心灵的感受和体会，轻松自然地用笔表现出来。

参考文献

[1] 童寯. 童寯建筑画. 中国著名建筑师画系. 天津：天津科学技术出版社，1995.
[2] 佟景韩，余丁，鹿镭. 欧洲十九世纪美术. 北京：中国人民大学出版社.
[3]（日）安藤忠雄. 都市彷徨. 谢忠泽译. 宁波：宁波出版社.

媒体时代建筑美术教学研究

孙云

苏州科技学院　建筑与城市规划学院

摘　要：建筑美术课程作为建筑院校学生的基础必修课，在培养学生基本功和提高学生艺术素养方面起着非常重要的作用。但随着电脑技术和网络的飞速发展，对传统的建筑美术教育产生了极大的影响和冲击。在当下的媒体时代，我国建筑学专业的美术基础课还普遍缺乏有效的课程体系，很多院校的建筑美术在课程设置和教学上都或多或少地存在与建筑设计教学、电脑技术和网络发展脱节的问题，如何改革制定合理而有效的教学内容和训练方式已迫在眉睫。

关键词：建筑美术　媒体时代　教学改革

Abstract: The construction fine arts curriculum achievement constructs the colleges and universities student's foundation required course, is raising the student basic skills and enhances the student art accomplishment aspect to play the very vital role. But along with the computer technology and the network rapid development, has had the enormous influence and the impact on the traditional construction fine arts education. In the immediately media time, our country architecture specialized fine arts basic course also generally lacks the effective curriculum system, many colleges' and universities' construction fine arts the question which in the curriculum and the teaching more or less the existence and the architectural design teaching, the computer technology and the network development comes apart, how to reform the formulation reasonable and the effective course content and the training way has been imminent.

Key words: architectural fine arts, media time, educational reform

1. 美术课程在建筑学习中的重要性

建筑与美术有着密切的关联，建筑本身除了有实用的功能外还有着审美的功效。美术对于建筑艺术来说是必不可少的重要元素，建筑的设计、建造、欣赏都离不开美术的审美思维。而美术教学作为建筑学专业的基础课，在培养学生基本功、提高学生艺术素养和审美能力上起着至关重要的作用。建筑学专业的美术课程包括两个方面的功能：1. 训练绘画技巧，熟练绘制草图和效果图；2. 积累审美经验和提高审美能力，开发创意，启发设计思维。这是其他的课程所无法取代的。

2. 媒体时代对建筑美术的冲击

当下，电脑越来越普及和成熟，计算机辅助技术在建筑设计和效果图创作中运用的广度和深度已今非昔比，其高效、方便、快速的特点使得"手工绘制"日益萎缩。而在建筑高校，高年级的学生也很少在设计中使用手绘效果图，只有低年级学生仍然在教师的要求下使用手绘。另外，现在网络极其发达，各种信息异常丰富，绘图软件和图片资料唾手可得。一些学生甚至在低年级就开始使用绘图软件，这就可能使得学生疏远本就并不擅长的手绘创作，导致徒手绘图能力退化，很多学生对建筑美术的教学的意义产生怀疑，学习积极性不高。而很多院校建筑美术的课程设置和教学方法尚跟不上媒体时代的步伐，观念落后、教学思维相对陈旧，严重影响建筑美术的教学效果。对于更先进、合理、有效的建筑美术教学方式与训练模式的探索和改革已迫在眉睫。

3. 当下建筑美术教育存在的不足

传统建筑院校的基础美术课向学生传授的还是基本的绘画技能，忽略了对学生创造性思维能力和潜质的培养。"建筑作为艺术视觉造型设计的一个重要门类，不仅需要未来的建筑师要掌握基本的绘画技能，更重要的是具备较高的艺术素养，富有思维创造能力的潜质，而这正是传统建筑美术教学中所欠缺的。"[1]很多院校的建筑美术在课程设置和教学上都或多或少地存在与建筑设计教学、电脑技术和网络发展脱节的问题。在师资方面，目前我国高校的建筑美术教师大多毕业于纯艺术院校，对建筑学专业方面的知识及专业设计过程、发展缺少了解，在教学中容易过于强调建筑美术的"技术性"、"技巧性"，而忽视"审美性"、"创造性"，以绘画思维代替设计思维，使得建筑美术的功能性不明确。在学生方面，建筑学学生通常还是以文化课水平来进行招生的，入学前基本没有学过美术，连最起码的构图、比例、透视、色彩等基础知识都没有，更不用说具备美学思想了，学生对建筑美术课程的重要性也缺乏足够的认识，导致学习动力不足。基础差，不理解，自然兴趣不高，这就很难形成良好的学习氛围。而在建筑美术的课程设置上，也往往处于孤立状态，与建筑设计课程的结合不够紧密，缺乏相互间必要的联系，课程内容及设置缺少针对性和时代感，加上学时有限，很难达到良好的教学效果。

4. 媒体时代对建筑美术教学的探索

处在当下的媒体时代，如何确立建筑美术在现代建筑教育结构中的定位，重新构架美术课的内容和方式，并与建筑设计课程形成有机配合，已成为建筑美术教学与时俱进、改革发展的关键。我们必须要有时代的紧迫感，要从具体问题入手，分析当前建筑美术教学中存在的普遍问题，并根据教学的实际经验提出可行的改良方法，针对具体的教学方式和教学内容进行有效的探索与实践。

首先，要改变落后的教学观念，明确建筑美术的教学性质。"大学的作用不是把尽可能多的事实塞进学生的大脑，而应该是引导学生养成批判和观察的习惯，以及理解与所有问题相关的原则和标准。"[2]作为建筑美术的教师，从观念上必须要明确，建筑学专业培养的不是画家，而是具备一定审美能力、富有创造能力的设计师。建筑美术教育不能仅限于绘画的范畴，而要培养学生全面的综合素质，应把培养学生的审美能力置于首位，不能只满足于对象表面描摹能力的训练上，要应进一步明确设计基础的性质，在锻炼提高学生绘画技巧的同时，积极调动学生的主观能动性，教给他们正确的学习方法和艺术思维方式，鼓励学生勇于开拓与创新，着力培养学生的艺术审美能力、观察分析能力和创造表现能力。

其次，要强调建筑美术与设计教学的有机配合，合理调整课程设置，整合课程内容。建筑学是一门结合了理工与艺术的学科，专业内容丰富庞杂，因此，课程设置的合理性非常重要。建筑教学各课程内容的延续性、科学性和完整性是完善教育体系的关键。课程设置与划分不能以教师的专业出身来定，必须站在建筑学全局上来考虑和完善，明确建筑学专业中各课程的目的、任务、内容与特点，改变建筑美术各个课程分科讲授，缺乏相互配合的不足，认真研究建筑教育的性质和需要，对原有的教学大纲、教学计划及教学内容等进行大胆的调整及改造。比如，可以较大程度地削减铅笔画写生课，而多进行钢笔线描的训练，加强形式语言分析与表现能力的培养；在色彩训练中，可以把重点放在培养学生运用色彩表现空间、安排色调、渲染气氛等画面整体处理的能力上；美术课与设计课在教学时间上也可以交叉结合，美术教师可以参与设计课中的相关指导，设计教师也可以参与美术课的指导，使两种课程紧密结合，互渗、互补、互促，从而提高美术基础教学的针对性，使课程设置趋于更加完整、深刻和全面，最终为设计服务。

再次，要改革传统的教学方式、教育模式，使其更贴近专业特点。我们当前建筑美术教学改革的目的，就是要结合建筑设计特点，把重点转移到培养学生的艺术素养和创造力上来。因此，"教师示范、学生观摩"的传统课堂教学方式已经不能满足当下时代的要求，需要进行多层次、多元化的探索和创新，逐渐形成一套切实有效、专业特点突出的建筑美术教学方式。新形势下的建筑美术教学，可以在传统课程中，在保证有足够量的美术基础课程的前提下，借助电脑和多媒体系统，开设相关选修课，如中外艺术史、设计艺术理论与技法、艺术作品赏析、建筑艺术作品分析等课程，还可以进行参观展览、举办各种讲座等丰富多彩的教学形式，注重生动性和趣味性，将古今中外优秀的最具代表性的美术、建筑、甚至音乐、舞蹈等作品及流派介绍给学生，并在过程中要求学生进行口头或书面的评论，写出有针对性的专题论文，扩大学生的知识面，加强他们的艺术审美能力。并可以通过校园电脑网络进行学生之间、学生与教师之间的对话、交流，倡导学生积极参与教学，激发学生的学习热情，不断完善建筑美术教学的教学方式、教育模式。

结语

建筑美术对建筑类专业学生的成长、发展有着重要作用，它是建筑学的必要铺垫，它有助学生对构思、造型、形式感、节奏感、空间想象等形象思维能力的培养，有助于审美意识和创新意识的培养。在设计表现中，电脑、网络的运用虽然能减轻人的劳动，却不能代替人的设计意图以及整体效果的把握，建筑师与绘画有着不可分割的关系，电脑不能替代人脑，在掌握运用现代科学技术的同时，绘画技能的训练与审美能力的培养仍然必不可少，不能削弱，只能加强。同时，随着建筑设计数字化、智能化的飞速发展，建筑美术受到电脑、网络的冲击越来越强烈，目前我国大多建筑院校的美术教学相对还比较传统，或多或少地存在与建筑设计教学、电脑技术和网络发展脱节的问题，改革与创新势在必行。媒体时代的建筑美术教学，必须敢于开拓思路、打破陈规，要针对建筑设计的专业特点，进行开放的教学形式和切合实际的内容设置，激发学生学习兴趣，注重学习效率，结合实际需求，以实践促进教学，以教学推动实践，不断深化建筑美术教学的改革与创新，为造就出具有潜在发展创新能力、适应时代发展的优秀建筑设计人才服务。

参考文献

[1] 李昂. 论建筑美术教学中创造性思维能力的培养. 河南教育学院学报（哲学社会科学版），1999（4）：93–95.
[2]（英）罗素. 西方的智慧. 亚北（译）. 第一版. 北京：中央编译出版社，2007：58.

美术课程在建筑学专业学时分配之探讨

程澜

安徽理工大学土木建筑学院

摘　要：美术教育是建筑类设计专业的基础之一。建筑学专业的学生在入学时几乎没有进行正式的绘画专业训练。建筑的物质老化期有百年左右，可精神老化期只有短短几十年。所以建筑师的美学修养要很高，这样才能设计出类拔萃的世界建筑。美术课程是建筑学专业，乃至景观专业、城规专业、园林专业、环境艺术专业等重要主干课程，不可轻视对待。

关键词：美术教育　学时分配

Abstract: Art education is one of architectual design professional foundation. The architectual major student almost didn't carry on formal painting professional training while enter school. The aging of building is about hundred years, but the spirit aging only have for short several decades. So the esthetics accomplishment of architect wants to be very high, then can design an outstanding world building. The art course is a building to learn profession, refering to landsape, city planning, garden design, environment art major etc., is important main course. It is can't despise to treat.

Keywords: art education, learn allotment

建筑的三要素：功能、建造技术与建材、美观。可见，我们对建筑的要求不仅仅只停留在实用上，要在实用的基础上更加美化建筑造型。建筑物质老化期有百年左右，可精神老化期只有短短几十年。所以建筑师的美学修养要很高，这样才能设计出类拔萃的世界建筑。从《中国美术名词浅释》中对美术的定义是"造型艺术"，是社会意识形态之一。建筑也是艺术，是一种广义的造型艺术，它涉及的艺术范围广而深。如:建筑造型美学、建筑景观美、建筑装饰材料色彩美、色彩肌理之美、等，它是科学与美学的结合[1]。对一个优秀的建筑师来说，设计构思的创新、全方位、多角度的审美水平以及丰富的工程技术知识、深厚的艺术修养缺一不可。

1. 美术教学是建筑专业基础课程

建筑专业的美术教学不同与艺术院校的美术教学。建筑美术教学的对象是未来的建筑师而不是单纯的画家，它旨在培养建筑师在构思、造型、美感、形式感、空间想象和表现手法等能力，使建筑学的学生在收集素材、设计效果图、建筑与环境表现等艺术创造活动中更具专业特色[2]。另外，建筑学专业的学生在入学时几乎没有进行正式的绘画专业训练，与艺术院校学生相比较弱。在五年制建筑专业美术课程中，我们把美术教学的重点放在了素描、色彩与表现技法等的基础训练上。因此，成功的建筑造型设计与建设往往能够极大地提升一个城市的总体形象及魅力，并使其具有巨大的无形资产价值。如"水立方"是一幢优美和复杂的建筑，它融建筑设计与结构设计于一体，建筑造型设计新颖，结构独特。美学指导颇多，如建筑造型、材料色彩、纹理等。

2. 两高校主干美术课程学时分配之对比

教育部直属全国重点大学，国家"211工程"和"985工程"重点建设某A高校，是我国培养优秀建筑师的摇篮，它的建筑学色彩课程安排学时充裕，可见学校已领悟到美学对专业设计的重要性。它的教学目的是让学生掌握色彩写生造型的基本概念、基本理论、基本法则；培养学生为具有专业所需要的造型艺术的色彩观察力、严谨的色彩造型表现力、一定的色彩审美鉴赏力；开阔艺术视野、加强艺术素养、提高艺术境界。课程学时分配246学时，其中144学时安排在每学年的短学期中，下面是供参考的学时数。绪论3学时、单体静物单色写生6学时、单体景物色彩写生18学时、简单组合静物色彩写生57学时、建筑室内局部色彩写生6学时、建筑风景局部色彩写生12学时、建筑风景简单构图色彩写生60学时、建筑风景色彩写生84学时。某一般B高校建筑学专业色彩课程：3学分、102学时。色彩课程可以提高学生观察能力和造型能力，发展形象思维，训练科学的观察方法和熟练的表现技巧，了解色彩的基本理论，以及应用色彩和调配色彩的方法。通过课堂教学和名作欣赏，树立正确的审美观及提高艺术修养。相比下来，某A高校对美术学时投入的多些，很多优秀毕业生确实在建筑造型上独树一帜，手头功夫也很好。

手绘建筑效果图从古至今都是非常重要的。与计算机绘制建筑效果图相比，有更多自身独特的优点，是不可替代的。手绘建筑效果图与计算机绘制建筑效果图同样重要，不能片面强调某一方面。要想做好计算机建筑效果图，更要练好手绘建筑效果图的表现技法。电脑只能代替人手完成建筑以及装饰效果图的绘制，不能取代人脑的聪明才智和创造性思维能力，以及时代艺术审美要求和徒手画的根底。来看调查的两所学校在建筑表现课程中的学时设置。A高校建筑表现课程教学目的：通过训练着重培养学生的建筑表现理解力、为建筑设计创作打下扎实基础。建筑表现能力具体为快捷地徒手绘出建筑设计方案的能力；准确地用工具绘出建筑的平、立、剖面图的能力；用多种方法画出建筑室内外的效果图的能力。一年级第一学期36学时（2学时/周×18周）和第二学期126学时（7学时/周×18周）。学时充裕，能让学生多练多学，打下很坚实的手绘基础。某一般B高校的建筑学专业建筑表现技法课程目的让学生利用各种绘画材料和手段进行单项和综合的训练，要求最终达到熟练地表达设计构思的目的。课程总51学时、实训45学时。实训项目内容、能力标准和学时下配表1分析：

研究完上两学校在同一课程的学时对比，个人觉得还是A高校建筑表现课程学时合理，并不是学时多就是正确合理的，而是学生入校前都没有美术基础，要在短短几年画出像样的建筑图纸，不多加练习是不可行的。B高校因为学时总体少，所以分到每个技法的练习都少，增加学生掌握的难度。最终培养的学生眼高手低，手头功夫较差。美术修养的培养不是半年一载就做到的，需要不断的修炼。所以可以在一到三年级都有安排相关练习课程。高年级可以学时少点。

本文不是单纯的阐述多增加美术课程学时就是合理的安排课程，而是从实际入学的学生基础来深刻分析的。建筑学专业是培养建筑师的，城市里的所有建筑都是出自建筑师之手，如果建筑师美术修养很差的话，就不可能为人类建造实用美观的建筑。看全国上下比较有名的建筑都出自国外同行，我们国家的建筑师要苦学建筑空间知识，更要加强美术修养，使我们的建筑都焕发独特的艺术形象，当然这与空间功能和结构设计是相一致的。综述所论，可以有力地说明美术课程是建筑学专业，乃至景观专业、城规专业、园林专业、环境艺术专业等重要主干课程，不可轻视对待。在此呼吁有建筑学专业的各大院校，要注意增加学时分配。

表1 教学大纲

序号	实训项目	主要内容	能力标准	学时分配
1	素描技法	素描建筑图	素描的表现规律及手法	6
2	速写技法	速写建筑、景观等	快速的建筑表达	4
3	水粉、水彩技法	颜料的练习与运用	颜料在建筑效果图中的运用技法	10
4	马克笔、彩铅技法	笔的练习与运用	马克笔和彩铅的技法	9
5	喷笔技法	喷笔绘图	喷笔的技法特点	6
6	综合技法	绘制较复杂精细的效果图	表现准确、技法成熟多样	10

艺术这个东西是没有速成的，不管你是多么厉害的天才都是需要时间的浸泡。

参考文献

[1] 唐星焕. 论美术教育在建筑类艺术设计教育中的重要性. 艺术教育[J]. 2008（11）.

[2] 杜小林. 谈高校建筑专业美术教育的作用. 中外合资[J]. 2010（24）.

美术实习是建筑美术课堂教学的延续

李昂

华南理工大学建筑学院

摘　要：美术实习是建筑美术课堂教学的延续，它既培养了学生的创造性思维和创造实践能力，同时也为学生的专业设计积累了丰富的知识与素材，并在与大自然和社会的广泛接触中锻炼了学生的意志和品性。

关键词：建筑美术　实习　艺术实践

Abstract: The art practice is a continuation of architecture art classroom teaching. It develops the students' creative thinking and innovative practice ability, as well as accumulates rich knowledge and materials for the students' professional design, and exercises their willpower and virtue in an extensive contact with nature and society.

Key words: architecture art, practice, fine art practice

美术实习是建筑美术专业基础训练中重要的有机组成部分，它能够弥补课堂教学的不足，倡导学生从课堂走进社会与大自然，将课堂所学的知识在社会实践中加以运用，以此来检验课堂教学的成果，建筑美术实习能充分调动学生的创作热情，抒发学生对自然的深刻感受，学生在研究绘画形式美的同时，从中也为专业设计搜集了丰富的素材，在他们今后的专业设计中积蓄潜能，从而为他们在设计风格与创新的多元性上提供可能。

1. 实习前的准备

根据教学大纲的要求，建筑美术实习一般安排在第二学年美术课结束后的两周（有些院校第一学年结束后也安排素描实习1—2周）。充分完善的准备工作是建筑美术实习顺利完成的保障。教师应提前作好实习前的各项前期工作，如提前选派教师赴实习地点进行考察，选择实习写生参观的景点，根据实习学生和带队教师的人数安排好食宿，解决好学校与实习地的往返交通问题等。

由于美术实习自身实践性与检验性强的特点，教师在实习前应注意解决好学生在心理和物质层面的问题。在校一、二年级的大学生涉世未深，对复杂的现实社会缺乏深入的了解和认识，明辨是非的能力有限，在由单纯的学校生活即将走向纷繁的社会生活时，教师要主动帮助学生树立积极向上的人生观，培养学生对善恶敏锐的观察力和挑战困难的信心与勇气，帮助学生克服面对社会的心理障碍，舒缓学生的心理压力。

另外学生来自于不同的地区，由于地域、气候、饮食、身体条件的差异，对实习的环境的适应性有很大不同，都会给美术实习造成一定的影响，带队教师应事先做好学生的思想工作，介绍一些实习中的技巧和要领，积极开导学生消除紧张心理状态，正视实习中可能遇到的种种困难和现实问题，发扬吃苦耐劳的精神加以克服。

物质材料的准备是否充分关系到美术实习的成败，带队教师应根据教学计划的要求与实习时间的长短给学生列出所需准备的物质的种类和数量清单，除了必备的美术用具如笔（铅笔、水彩笔、水粉笔、毛笔、马克笔）、颜料（水彩颜料、水粉颜料）、纸（素描纸、水彩纸、水粉纸）、画板、画夹、调色盒、水桶、透明胶、美工刀、夹子、橡皮、速写本、照相机、笔记本、三脚架，还须准备日常生活用品和衣物鞋帽雨具，包括学生的身份证、学生证、实习证明和一些感冒、发烧、晕车、消炎、中暑、跌打损伤的药品，做到万无一失。

2. 实习时间地点的选定

建筑院校的美术实习一般放在暑假前两周，可借暑假较充分的时间安排学生赴外地实习，学生在完成实习任务后，在返校或返家途中，可以沿途做停留进行专业调研和素材收集，为专业设计积累第一手资料，也可利用速写、摄影等手段继续和丰富艺术实践。

有些院校考虑到暑期天气炎热，学生实习中时有中暑的情况发生，不利于学生的健康，加上夏季写生色彩单一，对培养训练学生的色彩观察与表现能力有一定局限，故将美术实习的时间调至春、秋两季进行，凉爽怡人的气候与丰富多变的色彩使美术实习收效更佳，深得师生的青睐。当然美术实习的变更应服从每个院校的教学安排，它牵扯到与之相应的多个学科课程的时间变更与协调的问题，对某些院校而言有一定的困难，最终还要视各个院校的具体情况而定。

建筑美术实习地点的选择应紧紧围绕建筑学科的专业特点和建筑美术课程教学计划来进行，使学生在审美绘画能力的训练与建筑专业知识两方面均能获益匪浅。我国地域辽阔，民族众多，几千年不同的文化背景、风俗民情、地理环境、宗教经济的差异，加之外来文化的融入，造就了丰富多彩的建筑形式。美术实习地点的选择应注意安全性、集中性原则，选择一些具有典型地方或民族特色、充满自然景观与人文景观的建筑及自然环境，特别是一些历史遗存下来保护较完整、在中国建筑史上颇具价值的中国传统民居、古建筑、园林等进行写生效果更佳，如安徽黟县的西递村、宏村、屏山等古村落；江浙水乡周庄、乌镇、同里；湘西凤凰、芙蓉镇、德夯；云南大理、丽江；山西平遥等古城镇；山东曲阜孔庙；河北承德避暑山庄；江南苏州传统私家园林等大型古建筑群，这些实习环境景点集中，当地民风淳朴，环境保护到位，外部干扰不多，很少安全隐患，景色幽美恬静，陶醉其中更易激发学生的写生创作热情，学生在写生中既锻炼了绘画技巧，又亲眼目睹了过去在建筑书本画册上才能看到的著名建筑实物，身临其境，对建筑的尺度、环境及文化背景加以感悟，并亲自动手进行描绘，其感受定会异常深刻。

3. 实习内容的掌握

建筑美术实习的内容应以建筑及环境写生与创作为主，使学生将课堂写生所积累的知识付诸实践。教师在实习前应向学生明确讲述实习作业的具体要求和实习作业完成的数量，如速写、素描、水彩、水粉的张数与比例，画幅的大小与尺寸。到达实习地布置写生任务时，应首先带领学生熟悉实习地点的建筑及周围环境，教师根据自己掌握的知识对写生景点的人文与自然环境向学生作一些介绍，使学生迅速建立起对实习景点的感性认识，帮助学生选取写生景点。

钢笔或铅笔速写能锻炼学生对建筑及环境敏锐的观察能力和快速表达能力，在景物的选取与构图中，教师应引导学生根据课堂所学的知识从自身的审美角度出发，抓住地域环境特色，选择那些最能引发自己兴趣和表现激情的景物加以表现，注重意境和情趣的表达，根据主题的需要大胆取舍，侧重强调自己的主观感受。学生在准确把握构图、比例、透视的同时，要求他们在速写本上以文字注释其艺术感受，并能从建筑专业的角度，对建筑的结构形态特征加以笔录，例如学生在安徽皖南传统民居的写生中，在教师指导下，通过描绘具体的民居建筑形态，在提高绘画技巧的同时，了解到当地民居的传统类型、布局特点、环境落位、符号装饰，甚至建筑的结构形制与常用作法，当地物质技术条件、地理气候对建筑形态构成的影响，民居地方风格形成的缘由等，为他们以后的专业设计提供了有价值的素材，而这些又正是未来建筑师所必备的基本素质。

素描建筑及环境写生则要求学生重点放在其材质的观察分析表现上，对建筑的形态、体积和空间特征做更理性的认识和刻画，使其更丰富、充实、完善，充分提炼和表现出其精神实质。素描建筑写生中引导学生要注重取舍与概括，捕捉并获得具有自己独立个性的画面意境，尤其是在表现中国传统古典建筑时，学生根据自己的立意，借助于光影变化，通过明暗虚实的手法，大胆地将古建筑结构中繁琐的结构装饰进行艺术概括处理，使建筑主题部分更加突出，主次分明。

色彩（水彩、水粉）写生要求学生在正确把握色彩关系的基础上，准确地表达建筑的造型特征、材质特点及与环境的关系，通过深入的描绘来领悟和理解建筑的地域特征与文化内涵，强调对画面意境与情趣的追求，同时倡导学生在写生的基础上，不拘泥于对象，运用艺术形式美的法则进行大胆的创作，充分调动学生的形象思维与艺术创造力，如安徽皖南的民居村落粉墙黛瓦，登高俯瞰错落有致，极具韵律感和形式美，学生在写生时可借鉴中国传统绘画形式法则，从多维的艺术视角加以表现，摒弃丰富的色彩，追求色调的和谐、唯美与单纯，从而抒发出对景象的感受。

4. 教师示范与管理

赴外地实习由学校课堂走进广阔大自然，学生定会异常新奇而兴奋，这既是学生学习的动力，如果引导不当也会成为学习的阻力。由于实习路途远，学生多，教师少，实习又是分散在野外写生，存在着各种不确定的不安全因素，都会给学生的管理带来相当大的难度，对教师而言管理上必须要更加严格负责。

首先教师要向学生阐明建筑美术实习的意义目的和要求，以及实习计划的详细内容，甚至每一天的实习安排都能够有一个明确的细分，实习计划是教师对实习进行有序管理的纲要，它保证了实习教学工作有目标、有组织、有措施、有步骤地进行，以达到预期的实习效果。其次教师为便于学生管理，应将学生分成若干个实习小组，每个小组男女生合理搭配，班干部充实其中，配备必要的通信工具及时与教师联系，这样既增强了景点选择的灵活性，提高了学生作画的效率，也增强了学生相互间紧密协作的集体观念。

另外教师要精心地安排好学生在实习地的学习和生活，带队教师应安排学生集中在卫生条件较好的旅馆住宿就餐，让学生吃好睡好，精神饱满地投入到实习中去，提倡学生发扬互助友爱的集体主义思想，在学习、生活上互相关心帮助。

教师还应利用美术实习的机会，在自己积极投入写生创作的同时，更重要的是加强对学生的现场指导与示范教学。实习开始时学生面对实习景点独立取景构图与画面艺术处理的能力不足，教师的演示显得尤为重要，学生现场目睹教师从选景、构图，到画面艺术处理各个环节的步骤方法，学会了从自然庞杂的景物中如何抽取画面所需保留的要素，如何取舍概括、强调夸张提炼，将写生上升到主观能动性的创作层面上，进而追求自我感受的自由表达。教师的言传身教吃苦耐劳会深深影响和调动学生的学习积极性和写生创作欲望，教师每天督促学生早出晚归，勤奋作画，及时检查指导学生的每一幅实习作业，并做深入细致的评述，找出学生作业的优点与不足，使每个学生都有明确的目标，严把实习作业的质量关和数量关。调动学生独立思考解决问题的积极性，尊重学生的主观艺术追求，建立良好的学术氛围和竞争机制，确保美术实习的顺利进行。

在实习写生的同时，教师要鼓励学生体察民情，与实习地的居民建立起友善的情感，展现出新时期大学生健康的精神风貌，使学生充分融入社会实践的大课堂得到锻炼和教育。

5. 实习汇展与总评

建筑美术实习结束返校，在院、系领导的支持下应举办一定规模的实习汇报展览，以检验美术实习的成果。为保证展览的质量，可提供一周左右的时间给学生对自己的实习作业进行整理加工，学生可参考实习时拍摄的照片资料对写生作业加以修改和完善。教师应在此期间在同学的协助下，积极筹备布展，订制画框，布置展厅，准备文字资料等。在展览作业的挑选上既要严格把关，保证质量，又要兼顾到每个学生均有作品入展，目的在于激励同学学习美术打好专业基础的学习热情。

实习展出期间应邀请其他院校师生前来观摩和交流，达到相互切磋、扩大影响、共同提高的目的，增强学校学生学术研究的良好氛围。同时评选出美术实习作业中的优秀作品予以表彰与奖励，并推荐介绍到各类建筑美术刊物上发表。扩大建筑美术实习在专业教育中的影响。

美术实习最终的总结对今后的实习教学和管理工作有着重要的意义。学生通过对照教学大纲的要求、美术实习的目的，对个人的思想观念、行为表现进行自我评价，总结出成绩经验和存在的不足，找出产生的原因，从中提高认识。根据实习总结，结合每个学生实习中的实际表现评出最终实习成绩，真正做到全面、客观、公正。通过建筑美术实习，不断从中总结出成功的经验与存在的不足，为今后的大学生专业实习与社会实践探索出新的途径和方法。

建筑美术实习既强化了学生的艺术思维能力与绘画造型能力，也为他们今后的专业设计积累了丰富的感性和理性认识，同时又使学生在与大自然社会的广泛接触中磨炼了意志和品性，它是建筑美术课堂教学的进一步深化和延续。

浅谈建筑环境艺术设计专业美术基础课教学

张乐

安徽建筑工业学院

摘 要：建筑环境艺术与美术有着极其密切的联系，建筑环境艺术是一种我们日常生活中频繁接触的空间艺术，所以它必须要有着实用的功能和能让人赏心悦目的审美功效。在高等院校的建筑环境艺术设计专业中美术基础课是一门重要的必修课程，由于建筑环境艺术专业的特点决定了其美术基础课所独有的特色，对基本的透视造型和审美眼光的培养成为了建筑环境艺术设计专业美术基础课所培养的目标和方向。美术基础课的教育是训练优秀的建筑环境艺术设计师拥有审美眼光，并是运用培养创造能力的基本前提和必要条件。本文结合作者自身多年教学经验就建筑环境艺术设计专业美术基础课教学的认识浅谈一下自己的看法。

关键词：建筑　环境艺术　美术基础　教学

Abstract: There is a close relation between the environmental design and the fine art. The art of building environmental design is a kind of space art which be contacted frequently in our daily life. So it has practical function and delightful aesthetic effect. In institations for the major of building environmental art design, the basic courses of fine art is compulsory. The characteristics of building environmental art determine the unique features of its basic courses. The training on the perspective of shaping and aesthetic turns into the target which on the basic courses of building envioronment. Art education is the basic course of training outstanding architectural design with environmental art and the aesthetic and creative means the ability to use the basic premise and the necessary conditions. In this paper, the author's own years of teaching experience on the building environment-based art and design professional art understanding of what the teaching of their own views.

Key words: architecture, environment art, fine art-based, teaching

1. 我国建筑环境艺术设计专业美术基础课的教学目的与现状

1.1 建筑环境艺术设计专业美术基础课教学的目的

美术基础课是联系形态基础课和专业设计课之间的桥梁。其目的是通过让建筑环境艺术设计专业的学生经过一个个课题的训练，培养学生科学把握立体造型规律的意识，提高对立体形态敏锐的观察力和创造能力，为以后学习专业设计课服务。美术基础课教学是艺术设计各专业在进入专业课学习前期的必修基础课。学生基本功的好坏将直接影响到自身以后的专业课学习；学生设计思维的培养、开发成败直接关系到他们将来在专业领域里能否实现良性的可持续发展。

1.2 当代建筑环境艺术设计专业中美术基础课的生存现状与发展趋势

把美术基础课作为建筑环境艺术设计专业的一门必修课是由培养计划中其学科的特点所决定的。我国的美术教育早先深受巴黎美术学院的影响，而建筑环境艺术设计教育则是从20世纪40年代由西方引进的建筑教育体系。

我国的建筑环境艺术设计专业美术基础课的教学内容受

传统的学院派影响，一般都集中在大一的一、二学期，大都是统一的教学模式：大一第一学期安排以素描课程为主，一般写生几何石膏体、静物、人物、风景等内容，采用结构素描与明暗光影素描结合的教学方法。大一第二学期主要以色彩课程为主，进行水粉静物和色彩风景写生等内容的训练，一般采用写实训练和表现训练结合的教学方法。这些教学内容虽然在解决学生基础的造型和色彩感觉等问题上起到了一些训练作用，但在加强学生的形象思维、创新意识以及与专业课的结合方面却显得远远不够，其实没有达到美术基础教学的真正要求。

单纯的来判断，建筑环境艺术设计专业的美术基础课教学对专业的提升无疑有着非常明显的支撑意义，但仔细深入分析，当今美术基础课教学的存在意义却在慢慢随着时代的发展产生变化，我们可以从以下四个方面来分析：

（1）表达形式训练方面。欧洲的古典建筑教育开始于文艺复兴时期，由于当时相对技术比较落后，受表达工具的制约，绘画是表现建筑环境设计造型效果的最好表现手段，这也就使美术成为建筑环境艺术教育的基础教学手段。但随着时代的进步科技的发展，现代技术和科技手段不断创新出现，绘画已经不是唯一能表现建筑环境艺术效果的工具了，美术在建筑环境中的作用已经被大大地削弱，如果我们在美术基础课教学中过于去强调绘画在建筑环境效果表现上的作用，使学生过于想去解释自己的设计而不去关注设计本身，可能会让学生过于在乎画面的效果和质量，当对画面质量的重视超过空间质量的重视就会直接影响对于设计质量的评价。所以说当代的建筑环境艺术美术基础课应该减少对绘画的依赖可侧重对观点和认识的引导。

（2）设计方式研究方面。由于早期历史条件和初期认识水平的落后和不足，人们只能依靠绘画透视学及体积明暗的表达来分析建筑基地、建筑环境、建筑与人体尺度、建筑与城市轮廓等相互关系，有了这些研究和分析才能在思想中形成新的设计思路和设计草图及初步方案。而如今科技飞速发展，高科技的工具和手段（如摄影、模型、DV影像和影像合成等）可以直接用于研究设计理念和分析设计过程，这些手段和工具拥有绘画无可比拟的直观性和高效性，当现在计算机技术和数码技术已经在建筑环境艺术设计中起到普及和决定性的运用，如果我们在时代发展到如今的状况下还想依赖绘画去表现分析和设计的过程，就会直接影响到后期的深入设计效果。

（3）设计比例尺度方面。美术审美中的黄金分割比例审美体系对于古典建筑审美意识和审美素质的提高有着积极的教育作用。即使在现代建筑环境艺术教育中的造型课程，包括平面构成、构图原理等非绘画类美术课程，其教学中心仍然是构图比例和构图关系的和谐。这种静态的平面化的比例关系在现实空间环境中视觉效果很难得到体现，所以当代的建筑环境艺术美术基础课教学中对于设计的比例尺度的教学，应该引导学生更好的利用现代科技工具进行计算和分析，再结合自己的感觉去对自己的设计比例尺度去进行判断。

（4）审美情趣教育方面。传统美术的审美情趣对于建筑环境艺术的审美视角和审美启蒙有着巨大的影响作用。在传统审美情趣中对建筑环境设计影响最大的是包括色彩的对比、色彩的和谐及色彩的情感意义的色彩关系审美，而精神和情趣方面的审美影响却很难进行理性教学。而当代建筑环境艺术设计的审美价值体系中除了色彩之外，材料的美感、造型和肌理、实施技术等要素必须在专业实践中慢慢摸索和研究，这些在美术基础课中只能使用引导欣赏的方式来实现教学效果。

由此可见，建筑环境艺术设计美术基础课在当今社会发展环境下如果想达到更实用更有效的教学效果与作用就必须与时代共同进步，不能在教育中失去了美术基础教学的自我也不能过分强化了美术的作用，要发挥自身的优势更好的结合建筑环境艺术设计专业的特点，让学生学的明白学有所用。

2. 如何对建筑环境艺术设计专业美术基础课教学进行改革

在上面我们分析过当今社会建筑环境艺术设计美术基础课教学的现状与发展趋势后，我们冷静的发现如果不与时俱进的话，建筑环境艺术设计美术基础课教学就会慢慢走进死胡同，逐渐和社会发展脱节，和科技进步脱节，和教学培养目标脱节，所以我们美术基础课程教学必须要进行改革。

2.1 改革的方向和目的

人类认识世界总是通过各种不同的思维方式来进行的，而美术思维则是通过视觉器官对外物进行感知与把握，用它特有的方式对对象进行选择、储存、简化、抽象、分析、强化、综合，从而获得高度的理性功能和视觉意象。所以建筑环境艺术设计专业美术基础课教学的根本方向我们不能偏离。改革要要依附时代科技的进步，新观念、新科技来让学生在教学过程中更明确自己的学习目的和方向，更好地学到使用的知识和技能。

2.2 改革的方法

（1）应该结合建筑环境艺术设计各专业特点改革相应教学内容。在建筑学、环境艺术设计、城市规划、园林等不同专业的美术基础课程教学中，教师应该首先明确自己的教学目标，充分结合各专业的不同发展方向和应用功能制定具体的教学内容，如环境艺术专业就应该偏重于造型训练，结合对空间的透视关系的分析，并且开始风景速写等相关课程以帮助学生提高手绘表现能力。

（2）应该在建筑环境艺术设计专业美术基础课教学中加强对学生审美欣赏能力的培养和引导。我们给学生上美术基础课，目的不应该是要去教学生如何画好一张作品，而更多是本着要去培养优秀建筑环境艺术设计师的目的去引导学生去欣赏美、认识美和创造美。所以我们应该在教学过程中不光是要带着学生画，更重要的是要带着学生去看去欣赏生活中的美。

（3）应该充分发挥学生的主观能动性，激发学生的创作灵感。在教学中忌讳教条主义，按部就班老老实实去一张张机械地画画培养不出好的建筑环境艺术设计师，要给学生发挥的空间，要让学生的思想灵感能够都呈现出来。而且在实际教学过程当中一定要对学生的积极学习态度进行鼓励，信心是最好的老师，只有在能够和谐互动的课堂上学生才能学到想学的知识。

结论

建筑环境艺术设计是借助具体生动的形象符号对空间进行艺术的概括的一种设计，可以让理性认识呈现于生动的艺术典型之中。而美术基础课就是训练学生具备这种能力的第一步，由于时代日新月异的发展变革，人的生存观念和对待生存环境的眼光也不断在变化发展。美术基础课必须在这些可以创造新世界的学生们准备迈出第一步的时候给他们指出正确清楚的方向和目标。所以建筑环境艺术设计专业美术基础课教学必须要更好地融入到整个建筑环境艺术设计的教学体系当中，适应建筑环境艺术设计专业不断对它提出的新要求，拓展丰富建筑环境艺术设计专业整体的教育内涵。

参考文献

[1] 王受之. 世界现代设计史. 北京：中国青年出版社，2002：9.
[2] 常青. 统计建筑学教育的改革方向[J]. 时代建筑，2005：4.

浅谈建筑学专业学生艺术素养的培养

徐岩

青岛理工大学建筑学院

摘　要：本文针对建筑学专业的特点，指出艺术素养在学生培养过程中的重要性，并由此分析在现行培养模式下，如何在教学过程中有针对性地提高学生的艺术素养。

关键词：建筑学　艺术素养　培养　美术基础课程

Abstract: Regarding characterisfics of the architecture professional education, Aesthetics can be the essential accomplishment of architecture. The paper also describes the importance of aesthetics and points how to approach the aesthetic standards in architecture course.

Key words: architecture, aesthetics, cultivation, fine arts basic course

1. 艺术素养是建筑学专业的基本素养

建筑学是一门综合类学科，它既有理工科专业的严谨与务实，又兼顾人文学科的唯美与感性。它涉及了政治、历史、哲学、文学、艺术、社会学、心理学等多个领域，这种综合性就决定了它的设计者必须具备多学科的综合素质。概括地讲，建筑学的这种综合素养又可大致分为设计素养、艺术素养和技术素养。设计素养是指解决综合问题的能力，或者说是创造能力的体现。艺术素养和技术素养则是对设计素养的有力支撑。

艺术素养，是指一个人对艺术的认知和修养。具备艺术素养，主要是具备艺术的基础知识和审美能力，它是一种由内而外的气质。艺术素养对建筑学专业的学生具有重要的作用和意义。

2. 艺术素养培养的必要性

2.1 在中小学教育阶段我国的艺术教育与国外仍存在一定差距

近几年来我国的中小学教育虽然普遍开始推行素质教育，素质教育引起上下各方面的关注，但几十年应试教育的影响并没有消除，激烈的升学竞争让人们更加看重的仍然是成绩。美术教育是中小学素质教育的重要方面，对美术的爱好和追求，潜移默化地影响着人生的长远发展。我国现阶段小学的美术教育，只是画画图画，做做手工，而中学的美术课更是形同虚设。教育体制造成学生的综合能力和艺术素养偏低，这种结果只能交由大学承担。与此相比，国外中小学就比较重视艺术教育，他们的主课较少，选修课特别多，而且十分正规，系统化。很多国家的各类博物馆、科学馆也都是对中小学生免费开放的。学生从小就受到良好文化艺术的熏陶。在周末俄罗斯的剧院、音乐厅和艺术博物馆是人们最喜欢带孩子光顾的场所。像法国巴黎的卢浮宫等博物馆更是成为了中小学生的第二课堂。

2.2 艺术素养对建筑学专业的学生具有更为广泛的意义

早在古罗马时期，维特鲁威就在《建筑十书》中指出，建筑师必须具备广泛的知识，包括哲学、音乐、医学、法律、艺术等。这时期虽然出现了建筑师，但建筑师的地位介于工匠和艺术家之间。到了文艺复兴时期，建筑与艺术才算达到了真正的完美融合，米开朗基罗不仅是画家、雕塑家，还是著名的建筑师，他的建筑设计开创了后世巴洛克建筑的先河。就连伟大的画家达·芬奇，也有不少建筑设计的草图留存于世。西方最早的建筑系也是设在美术学院。著名的建筑师无不具备良好的艺术素养。艺术素养不仅可以开阔人的视野，使思维更加活跃，还能帮助建立强烈的自信心。

3. 充分利用教学手段培养学生的艺术素养

罗丹曾经说过："所谓大师，就是这样的人，他们用自己的眼睛看他人看过的东西，在他人司空见惯的东西上能够发现出美来。"美不是任何人都能发现的，任何人的艺术素养也都不是天生的，而是在艺术创作和实践的过程中逐步培养起来的。平时要多读、多听、多看，接触各种艺术形式和流派，才能培养出较高的艺术情趣和艺术鉴赏能力。

3.1 美术课教学——从传统的技能训练转向审美与艺术修养的训练

传统教学中艺术素质的培养是通过美术课来实现的。
美术课作为建筑学专业的基础课，在总体的课程体系中占有较大的比重。美术课的主要课程是素描、色彩以及三大构成（平面构成、色彩构成、立体构成）。这些基础课程，主要是通过一、二年级基础绘画技法的训练，提高学生的造型能力和审美素养。绘画技能训练是美术学习的重要方面，绘画技能在一定意义上代表了个人的专业水准。目前国内建筑院校都属于理工科，虽然学生在建筑学专业入学前都加试美术，但学生的绘画基础相对薄弱，美术教学应从最基本的结构素描开始。通过结构素描分析物体的形态结构，达到培养和提高造型能力的目的。当然单纯的技法训练是远远不够的，在课堂教学中要变单纯技能性学习为基本理论传授与绘画技能训练相结合的学习。建筑学专业的学生缺乏的是对一般艺术原则的了解和掌握。技能训练不能急，只能按部就班，而理性知识则可以先入为主，配合技能训练起到潜移默化的效果。其次，要加强课余学习，课余学习所起到的作用往往比课堂教学效果还要明显。

恩格斯说："一个民族想要站在科学的最高峰，就一刻不能没有理论思维。"适当增加理论选修课的比重，将相关的理论课纳入到教学体系中，对全面提高学生的艺术修养是十分有必要的。如开设艺术发展史、艺术概论、工艺美术史等课程，不一定局限在建筑艺术的领域。另外形式美学的课程开设对建筑学专业的学生也很重要。美是人类特有的意识形态，美是有规可循、有形可感的存在，在人类对美的不懈追寻研究过程中，中外艺术家、科学家通过不同的途径，发现和总结出中西各自独立成系又相互融合的美之各种形式规律，这是一笔十分宝贵的精神财富，只有完美地继承，才有可能创新与发展。

概括地讲，建筑学专业美术基础教学应该是提高学生对"美"的认知和理解。美术教学既包括专业教育，即知识与技能的传授，也包括通过课程教学对学生的心理、行为产生积极影响，除此之外，还要考虑从美术的角度培养学生对美的感受力。

3.2 重视传统文化教学

艺术教育并非局限于几门艺术类的课程，它还融合了相关人文艺术的精华。中华民族有着悠久的灿烂文化和优秀丰富的艺术宝藏，而现代社会的文化艺术正朝着多元竞争的新格局不断发展，这就需要整合和理顺传统与现代的关系。传统是发展的根基，只有让学生充分了解各艺术门类的发展源流、历史背景和社会功能，才能在接受现代文化的同时，不忘记辉煌的历史文化，从而全面地提高学生的综合艺术审美能力。

中国的传统文化博大精深，哲学、文学、绘画等对学生的人格品质，创造性思维的培养都有着举足轻重的作用。以中国古典园林为例，它之所以能在世界园林史上独树一帜，与园林所蕴含的意境有密切的关系，而意境又是通过诗书、绘画及哲学完美结合体现出来的。再以中国古代建筑史的教学为例，建筑历史课绝不仅仅是告诉学生什么时期出现了什么样的建筑，更重要的是引导学生认识理解建筑形成的原因，所以建筑史的学习与气候、地理、政治、军事、社会、哲学、文学、绘画、音乐等都有着不可割裂的关系，只有了解了这些丰富的背景知识，才能对建筑有更深层次的认识。在教学过程中，应引导学生从传统文化的宝库中汲取营养。

3.3 加强教学中的实践性环节

学生除了在课堂上学习，还经常外出实践调研、美术写生等，将感受建筑的课堂延伸到更宽广的大自然和社会生活中。路易斯·康50岁以后才成名，在此之前他一直在到处旅行，正是这种实践的经历促进了他的厚积薄发。

作品的鉴赏与分析也是实践教学中的一个重要环节，不可忽视。作品可以是美术作品，也可以是建筑作品，教学可以通过分析比较的方法，提高学生的审美能力和鉴赏能力。

结语

艺术素养是建筑学专业的基本素养。学生具备了良好的艺术素养，才能在学习上举一反三，才能设计出真正意义上的中国现代建筑。

参考文献

[1] 汉宝德. 给青年建筑师的信. 北京：生活·读书·新知三联书店，2010.
[2] 刘华领，武勇. 论建筑教育中的人文素质缺失. 全国高等学校建筑学学科专业指导委员会. 2007国际建筑教育大会论文集. 北京：中国建筑工业出版社，2007.

设计类多专业共享美术基础教学平台的改革与探索
——以北京建筑工程学院素描课程教学实践为例

朱军

北京建筑工程学院

摘　要：本文针对北京建筑工程学院专业设置的现状，根据素描课程学习的内容。分析和研究以往素描教学的经验与现状，结合各专业特点，研究素描课在建筑设计、城市规划设计和工业设计三个专业课中所承担的作用及应用效果，逐步明确三个专业对素描课所需的知识与能力要求。提出素描教学课程如何设置更加科学、合理，然后有针对性地逐步进行课程改革，对不同专业进行不同的教学内容、教学方法等改变，目的是使美术教学能更好地为各设计专业服务。

关键词：专业设置　素描教学　设计基础

Abstract: In this paper, According to the status quo for Beijing university of civil engineering and architecture major's settings, and the content of drawing courses, analysis and research in the past and present of drawing teaching experience, combined with professional features, study drawing lesson in architectural design, urban planning and industrial design of three specialized courses in the assume the role and application of results, a clear step by step drawing lessons for the required three professional knowledge and capacity requirements. Proposed sketch tutorials how to set up a more scientific, rational, and then targeted and gradual process of curriculum reform, be different for different professional teaching content, teaching methods changed, the purpose is to make the art of teaching can have a better professional services for the design.

Key words: major's settings, sketch teaching, design basis

引言

北京建筑工程学院建筑与城市规划学院的专业设置分为三个专业即：建筑设计专业、城市规划设计专业和工业设计专业。由于不同设计专业存在不同的教学特点，在以后的专业学习和发展方向上亦有很大差别，在专业学习中对学生美术方面的要求也不尽相同，所以应根据不同设计专业的特点进行不同的美术基础教学。针对于此，在教学实践中探索不同专业的美术素描基础课在遵循美术教育规律的同时，进行针对性的教学改革，包括教学内容、教学手段和教学方法等。重点解决不同设计专业学生素描基础课基本相同，与专业学习缺乏联系的问题。力求使不同设计专业的学生在相对有限的时间内掌握相关的美术知识与技能，以利于今后的专业学习。

1. 设计类专业素描课程教学的状况分析

和国内同类学校相似，北京建筑工程学院建筑与城市规划学院所设三个专业（建筑设计专业、城市规划设计专业和工业设计专业）同在一个学院内，专业的设置具有宽跨度的特点，课程体系尤其是基础课程基本是依托建筑学的办学优势而形成的，各专业虽各有不同，但某些课程又相互联系，像设计初步课程、美术课等三个专业基本相同，但随着专业课的深入，各专业的特性将起主导作用。而美术知识与技能是专业设计的基础与前提，由于历史形成的原因，素描课教学内容及教学日历和任务指导书在教学上各专业一律统一，教师在课堂上面对三个不同专业的学生，教学的要求和指导方法也完全一致，课程在具体操作中，教学内容比较粗放，专业针对性较弱，其基础与专业教学的衔接被普遍忽视，教学内容更新、教学环节设计的丰富与改革的步伐缓慢，这样必然会使不同设计专业的学生在以后的专业学习中面临或多或少的问题，也容易使素描基础训练与设计课产生脱节现象。我们认为美术课应为学生在专业设计的学习中发挥更加有效的作用。因此，针对建筑与城市规划学院目前具体的专业设置特点，对素描课程做了尝试性的教学改革。

2. 设计类专业素描课程教学的目的

随着时代的发展，观念的更新，现代设计类专业的美术基础课程教学的目的应从单一的传统美术造型技能训练拓展为对设计本质规律、造型观念、创造性思维研究的全方位、多层次、纵深化的教学实践，培养学生创造性地运用各种艺术手段实现设计表现的能力，通过素描，认识自然，发现设计，使学生从一种"自然"无意识的状态进入有意识的专业设计训练状态，最终实现从素描中认识设计的目的。

素描是通过对对象的具象或抽象的描绘来反映意识形态的。而设计则是按一定的审美规律创造出与人类生存有直接关系的环境，以满足人类生活和心理的需要的科学。设计的造型基础教学与绘画的造型基础教学相对不一样，设计的基础要跟着设计的需要走，设计变了，设计的基础就变，设计的造型基础也要变。不同的设计需要不同的美术造型基础，

让素描为设计的本质奠定良好的基础，是设计类专业的素描基础课程教学的目的和归宿。

3. 设计类专业素描课程的改革与实践

3.1 确立目标、明确思路

在素描教学改革与实践中，关键要解决的问题，一是确定出三个专业各自对美术基础的要求是什么，有哪些相同，有哪些不同；二是找到其特点后用什么样的教学内容，怎样安排得更加合理、有效。在实际工作中，首先对目前三个专业的教学目标进行分析，确定各专业的学生需要怎样的美术基础，研究它们之间的联系与差异。分析目前的素描教育状况、优劣短长及对各专业的作用与影响，然后进行各专业素描课训练的重点与方向的确定。在同一课程阶段，针对不同专业设置不同的教学内容，通过教学单元内的实践，总结出一套比较符合建筑与城市规划学院学科特色的、有针对性的、对三个专业学生学习能发挥一定作用的素描教学体系。在教学实践中不断总结经验，检查教学效果，听取专业教师和学生的反馈意见，进行定期的教学成果观摩，同时对教学大纲、教学日历和任务指导书逐步进行修改充实。在课程改革的过程中还对其他院校的教学经验进行吸收，结合自身的特性不断完善。教师在教学研究和教学实践中不断完善教学理论，不断提高自身的教学水平和研究能力，发现问题，制定措施。通过具体的教学内容改变和调整，研究和探索如何使素描课对以后专业设计的学习给予更有力的支持。

3.2 具体实施、抓住重点

在具体的素描课教学改革环节中，必须从课程的针对性做起。素描基础对于不同专业来说其需求是不同的，素描基础课的教学内容、侧重点必须由专业需求来决定。只有找到专业的需求，找到教学的侧重点，有针对性地设计和进行基

础课教学，才能发挥基础课真正的基础性作用。通过对三个专业特性分析，逐步确定出各专业的素描课程的具体教学内容。而具体的教学要求、教学方法、评分标准等均需要在实践中探索出新的方法加以解决。在课程安排上要结合每个专业，设计不同的教学内容。

如建筑设计专业，课程设置上要结合专业的特点。首先让学生明确这个专业所应具备的素质和能力，也就是具有空间与形象的思维能力。通过设计者的素质和具备动手的本领来为人们创造出表达自己或他人的空间和形象思维的活动成果。为了让学生具有这种素质与能力，素描也是从欣赏优秀作品开始，让学生认识创造空间的艺术。在基础训练中，首先从几何结构的理解与描绘入手，运用结构素描的方法来观察描绘每件物体，清楚大小体积，内部外部的结构关系。其次，结合建筑进行空间的认识与构成训练，这种训练是要求学生在建筑内部选择几种角度进行透视形象的了解，认识室内空间各部分的结构关系，以及室内物体与之相互间的关系。通过透视现象获取对空间的直接感受，并把这种感受描绘表现出来。在此基础上进行室外空间的训练，通过大量的速写练习实地获得真实感受，使形象更生动。另外，通过造型手段表达设计的意念，这个过程也就是创造的过程。如让学生设计想象中的建筑，要求学生借用绘画表现手法，体现设计者的意念，传达设计者的构思。这个课题在训练前还需穿插环境表现性速写练习，设计概念草图练习，让学生在绘画效果图的练习中更得心应手，更能表达学生追求的风格。另外将结构素描与创意设计素描结合起来，既强调造型的严谨与准确，又融入趣味与率性体验。结构素描着重强调研究形体内在穿插与连接关系，要透过表象看到或推理出物体内部的空间结构形态，在理性的分析中认识和把握物体的形态与结构关系。创意设计素描是通过此项课程训练逐步培养学生的创造意识和想象力，锻炼对画面的组织与设计能力。在具体练习中减少长期作业量，加大结构素描和建筑速写的课时量。

又如工业设计专业，针对其专业特点，除一定的素描基础训练之外，教学内容上增设工业产品的专项写生练习，为此我们专门购置了一些数码、体育、家电等产品，进行物体的结构与特征及质感与效果的表现练习。在课题设置上侧重加强对工业产品的认识，通过投影课件观赏国内外产品及其设计过程。同时为学生提供现代最新的产品设计资料，让学生认识时代与工业产品发展的步伐，提供西方高等艺术院校与我国各高校艺术类专业学生的美术作品，帮助学生对产品实物本身结构关系与造型关系的理解。"懂得物体的形体构造各部的有机联系、外在和内部关系，才可以说真正理解了形体结构"。具体实践中我们为学生选择了各种工业产品造型（如家电产品、厨卫、数码产品等）进行研究与表现，要求学生采用结构画法，将产品的外形、部件表现出来。采用轻重、粗细、强弱、虚实线条，在同一张作业中，画三个不同角度的结构素描图，把产品的正、侧、俯视展示出来，使画面在单一中求得视觉上的丰富。让学生力求做到由感性上升到理性，由感觉走向精确，最终获得对产品结构本质的深刻认识。

再如规划专业，在特点上决定了对学生把握整体画面的要求较高，训练的内容与课题也就更为丰富。他们除了通过欣赏了解艺术源流发展，了解各时期大师的名作，了解同专业的同龄人的优秀习作外，在环境大场面写生训练上大大增加了教学内容。另外结合该专业在大空间规划、设计制图时经常运用抽象的形式美感的特点，在"美术四"的教学中安排用素描手法临摹研习现代抽象绘画作品，在研习过程中不要求一成不变完全临摹，而是要求通过临摹大师们的作品，体味点、线、面、色块、明暗、肌理所构成的形式美感。采用传统教学模式与现代教学模式结合的形式，有利于造型能力的加强，有利于适应将来社会的需要。总之，通过课堂的实践结合对各专业课的分析，针对不同专业进行具体的改革实验，整个过程都融入每一教学环节当中，使有限的学时发挥出最大的效能。

通过素描基础课程教学研究与实践，进一步促进了建筑与城市规划学院素描基础课的改革，使三个专业的素描基础课学习目标更加明确，使素描基础课在各专业今后的学习中发挥更加积极有效的作用。同时进一步整合了素描课程体系，对每一阶段都重新确定教学内容、评价指标、教学方法。通过重新调整、增设新的教学内容等，使各专业的素描课既相互联系又有一定的特性。建立起更加符合本校学科特色的、更具实效性和针对性、更加科学与完善的素描课程体系。

结语

本文是对近几年的教学改革所作的总结。实践证明素描基础课根据各专业特点，应该是有侧重性的。但这种侧重性不是硬套上去的，尤其刚开始进行素描基本功训练时，更需要熟悉和全面掌握规律，涉及造型的主观的和客观的各种因素。专业特点是自然形成的。这主要是指某一专业所用工具、材料以及艺术形式与艺术体现的条件，形成和创造了这种带有专业倾向性的美术基础课教学方法，对学生来讲，在一定时期内，必然可以更顺利地去学习掌握某一专业的造型基本功。当然，造型艺术毕竟还是有它的共同性。既要掌握造型的各种规律，不能有所偏废，又要能在某一专业的特点上深入。因此各专业的素描基础课同时又充分地显示了它的共性。而某一专业的素描基础课必然会有某一专业的倾向性，所以我们可以理解，如果素描基础课没有专业的特点，那素描课就不能成为专业的基础。当然，在教学改革实践中，还有一些不成熟的地方，需要美术教师在具体教学实践中不断总结经验，加以完善。

参考文献

[1] 于秉正. 素描实践与鉴赏. 广州：岭南美术出版社，1996.
[2] 周至禹. 艺海扬帆. 太原：山西人民出版社，2002.
[3] 蔡明, 赵华. 从建筑写生到设计. 杭州：浙江人民美术出版社，2002.
[4] 钱欣明. 素描进阶. 上海：上海人民美术出版社，2002.

设计色彩课教学探索

程刚

内蒙古工业大学建筑学院艺术设计系

摘　要：高等院校艺术设计专业色彩课应当包括向学生讲解现代色彩原理的内容。在设计色彩课中，教师要培养学生的观察能力，同时要强调技巧训练的重要性。归纳色彩训练、马赛克色彩训练和创意性色彩训练都是必要和有益的教学手段。设计色彩课的教学内容也应当随时代发展而不断变化。

关键词：色彩原理　观察能力　技巧训练　静物写生

Abstract: The design colour course of colleges should include the content of the teaching of modern colour theory. In the teaching of the design colour course, teachers should develop the observant capability of students, and lay stress on the importance of technique training. The inductive colour training, mosaic colour training and initiative colour training are necessary and useful teaching method. The content of design colour course should be altered with development of the times.

Key words: modern colour theory, the observant capability, technique training, still life painting

1. 设计色彩课的意义

设计色彩课是艺术设计专业的基础课之一。设计色彩课对于学生学好设计专业课具有重要的意义，如果学生学不好设计色彩，可以肯定地说，他（她）也同样学不好设计专业课，或者说，至少达不到应当达到的专业课学习效果。这些年来，随着高校扩招，一方面有更多的青年人有接受高等教育的机会，这无论对于个人还是社会都是一件好事；但是另一方面，学生各方面的学习水平和专业水准都有下降的趋势。这是一个严重的问题！反映到艺术设计专业上，就是学生的专业水准下降，这突出地体现在设计色彩课的学习上。因此，如何提高学生对于设计色彩课的学习效果，如何使学生自觉能动地掌握设计色彩规律并充分运用于设计专业上，就是一个重要的不容回避的问题。笔者在这里根据几年来教授这门课的教学经验，谈一些关于如何上好这门课的个人观点和意见。

2. 色彩原理

设计色彩课首先要向学生介绍色彩原理。我认为这就是介绍牛顿所发现的现代色彩原理。1666年，牛顿进行了著名的色散实验，他把一房间关闭得漆黑，只在窗户上开一条窄缝，让阳光射进来并通过一个玻璃三棱镜，结果在对面墙上出现了一条彩虹似的光带，光带被称为连续光谱，概括地说，光带色彩按红、橙、黄、绿、青、蓝、紫的顺序排列。牛顿又进行了实验，让彩色光束再穿过一个三棱镜，这时色光又还原成了白光。究竟是三棱镜产生了奇幻的彩色光谱？还是阳光本身就是由色光组成的，只不过三棱镜把它分解开来呢？经过多次实验牛顿得出结论：太阳的白光是由彩色光组成的。按照这个理论，世界上只有太阳光才是有颜色的，万物只是由于对阳光的吸收和反射率不同才呈现出不同的色彩。我们平时看到的红色物体、如红色衣服，之所以呈现红色，是因为在阳光下物体〔对于衣服则是染衣服的色料物质〕吸收了红光以外的色光，反射出红光；看到黄色，则是由于物质吸收了黄色光以外的光，反射出黄光；其他颜色亦然。我们看到白色物体，是由于物体几乎把照射的色光全部反射，色光融合又形成白光。黑色则是由于物体几乎把照射的色光全部吸收而形成的。既然只有光是有颜色的，那么与此相对，按理论来说物质世界是没有颜色的。万物之所以看起来有颜色只是由于各种物质对光的吸收反射率不同而造成的。这和我们的日常直觉经验相矛盾，我们睁开眼睛，看到的是一个五彩缤纷的世界，怎么能说物质世界是没有颜色的？但现实中许多事实同样是和我们的日常直觉经验相矛盾的。例如，从太阳发出的光到达地球大约需要8分钟，我们看到的太阳是8分钟前的太阳，此时此刻的太阳看不到，要想看到必须等8分钟。但我们的直觉经验使我们觉得太阳就在眼前，无需等8分钟才能看到。所有星体被我们观测到的图像都是介于4.22年前和20亿年时间范围之前的样子。我们的直觉使我们觉得这些星光没有那么遥远，好像就是现在发出的。笔者写这一段无非是要说明现实中许多事实是和我们的日常直觉经验相矛盾的。

关于现代色彩原理，我敢肯定的是大部分人都不知道。高校设计色彩课教材的大部分版本都不提这个色彩原理，只是介绍一些色彩三原色、间色、复色、补色的概念和如何搭配不同明度、不同色相的颜色可以产生不同视觉效果的方法而已（当然介绍这些概念也是绝对有必要的），目前我只发现有一本装饰色彩教材比较系统地介绍了这个原理。我认为这种状况亟待扭转，现代色彩原理应当是当代人的常识，现在的情况是不仅大部分人都不知道，而且艺术专业的学生也几乎不知道。我在给学生上设计色彩课时，在课堂上向学生介绍和宣讲现代色彩原理，在这里我稍稍"吹嘘"一下自己：也许我是少有的几个向学生介绍这个重要原理的教师之一，甚至有可能是唯一向学生介绍这个原理的教师。我让三、四位自愿参加的学生在课下收集和色彩原理相关的资料，在课上宣读，这三、四位同学搜集的资料各有侧重，有些涉及这个原理，有些没有涉及这个原理、只是谈及一些色彩概念，最后由我总结并系统宣讲现代色彩原理，力图使每个学生都知道这个原理。这种办法取得了一定的学习效果。在这里我建议所有艺术类专业（不论是绘画还是设计）在上色彩课时都要向学生讲解现代色彩原理，这是极其有必要的。

3. 静物写生

静物写生是进行设计色彩课教学的必要内容和手段。教师可以通过静物写生课来培养和锻炼学生在真实环境下对物象和色彩的观察能力，并将观察结果反映到画纸或画布上。传统手绘在当今电脑绘图技术日益进步的情况下仍是非常重要和不可取代的。那些只学会了几个软件而对素描、色彩和透视根本不懂的人是不会很好地完成设计任务的，更不会成为大师的。现在的艺术教育特别是考前培训也大不同于以前了，很多学生临摹小画片上的罐子、盘子、水果直至能够背着画，这当然就默写能力来说是一件好事，但是它带来的负面作用也不可小觑。很多学生因为有一定默写能力，所以经常在画面上随意改动原本放好的静物，如果是小距离挪动还勉强可以，但这些学生经常是大距离挪动，殊不知位置变了，素描关系和色彩关系也变了。还有一些学生对着逆光的静物却画出了侧光或平光的静物，原因很简单：他们没画过逆光的静物，却会背着画侧光或平光的静物。这样做就严重违背了静物写生的本意，这些学生看不到在真实环境下物象生动、丰富的结构和色彩变化，只知一遍又一遍地复制单调空洞的图像。这个问题现在已经具有普遍性，好几届艺术设计专业的学生中存在这些问题的都大有人在。教师必须使学生明白静物写生的目的就是要学生抓住并描绘出真实物象生动的色彩变化画面，而不是随意臆造图像。

　　静物写生的过程在起稿后一般可分为两个阶段：①用大号笔铺大的色彩关系；②逐步深入刻画直至完成。在第一个阶段，要求学生把大的色彩关系画出，有一部分学生这方面能力较差，调配不出准确的色彩，比如一块黄绿色的衬布他画成了偏冷的蓝绿色，对于存在这些问题的学生只能加强训练，直至使他们达到要求。在第二个阶段，要求学生画出丰富变化的色彩并画出一定程度的细节。在这一阶段，大部分学生都做得不好，主要问题是色彩不够丰富。有一些学生是因为看不到丰富的色彩，所以画不出；另一些学生看到了，但由于技巧跟不上，所以画不出。对于可以看到丰富的色彩，但画不出的学生自然要加强他们的技巧训练，直至画出。对于看不到丰富色彩的学生要培养他们敏锐的观察能力，要向他们解释：自然界物体的色彩是十分丰富的，有时紧盯着物体一个点看颜色时，只看到一块灰色，如果将视线稍微移动一下，就可以看到不同区域色彩的微妙变化。雷诺阿说，他在人体上可以观察到千百种色彩，这就充分说明了善于观察色彩的人的真实感受。视觉功能正常的人在自然环境中都可以看到丰富的色彩变化，这并不是少数人的特异功能，教师的责任就是引导学生充分发挥视觉功能，真实地看到这些色彩变化。在解决了准确地铺大色块问题后，色彩单调、缺乏变化往往是学生课堂作业中常出现的问题。首先要培养学生正确的观察能力，在这基础上把颜色画得丰富起来，这需要长期的苦练才能做到。好的静物画应当是画面总体色调准确饱满，局部色彩非常丰富，好似浑厚的交响乐，既可以听到多重声部和音色，又可以听到主旋律。

　　设计色彩课在完成了写实静物写生阶段后，还应进行归纳色彩和马赛克色彩训练。归纳色彩要求把真实的色彩概括为几种，在单独的色块内，不要求有变化，只做到平涂即可。色彩之间明暗的过度通过不同色块明度渐变做到，虽然细看局部，没有任何渐变，但总体上看还是能看到明暗层次的变化。归纳色彩把真实的色彩概括为简单的几种，虽然它也强调色彩的丰富性，但它不要求做到像写实静物写生那样的色彩丰富程度，它的特点在于突出形象和色彩的整体性和概括性。归纳色彩在平面设计中经常被用到。马赛克是指从古罗马到欧洲中世纪广泛流行的一种彩色石子或玻璃镶嵌画艺术，在设计色彩中，马赛克是指把实际色彩变换为小的不连续色块组合的练习，在电视画面和摄影中经常可以见到这种图像处理。我在课上进行马赛克色彩训练时，要求学生在画纸的四边用刻度尺记下、画好1或1.5厘米的间隔记号，用直尺画成规整的网格，再在这样的画纸上对实物进行写生。学生经常犯的一个错误是把静物的轮廓线特别是曲线按实际的样子画出，使轮廓线贯穿一个小方块，使一个小方块出现两种颜色，这样做显然没有理解马赛克的图像处理规则。马赛克要求一个小方块只有一种颜色，如果物体的轮廓线正好贯穿一个小方块，使一个小方块包含两种实际的色彩，那么这个小方块的颜色应由两种实际的色彩混合而成。局部看，每个小方块的颜色是分离的，无法形成具体图象，但整体看，还是能看到图象结构和色彩的过渡的。

4. 含有空间和创意元素的练习

　　为适应室内设计专业，在设计色彩课中加入了空间内容。按教学计划要求学生根据具体建筑物内部空间完成两到三幅色彩作业，我让学生课下提前拍摄某一带有楼梯和立柱的大厅照片，再根据照片完成色彩作业。以前学生用临摹照片的办法，很多学生在作业中出现明显的透视错误（很多学生上过透视课仍犯错误），因此完成这个作业还要向学生专门讲解透视知识，我教给他们画按一定比例产生透视缩减的物体的对角线法则。为避免这种错误、节省有限的课上时间，后来我都要求学生直接把放大的照片拷贝到画纸上，再在上面画色彩。可以根据照片颜色画成写实的色彩，也可以画成归纳色彩。如何把建筑内部空间的光影和色彩表现好是这个练习的难点。

设计专业的学生很少画人像，但我认为人像练习是解决色彩和形体问题的很好的手段，因此我让学生完成一幅自画像，可以拍照片，根据照片最后画成写实的或马赛克的色彩图。有一部分学生这个作业完成得比较好。在设计色彩课中还可以引入创意元素，比如，画以石膏头像为主的作品，可以在画面中加入不同时空的物象，产生一种奇幻的视觉效果，使色彩练习具有一定的创作意味。

总结

设计色彩课的目的是使学生很好地掌握色彩规律，并把所学到的色彩知识和相关的技能运用到设计专业上。向学生介绍牛顿的色彩理论是十分有必要的。学生理解了色彩理论，就能够理性地看待现实世界中真实的色彩，更好地认识一些色彩现象。培养学生正确的观察能力是设计色彩教学中一项重要的内容。没有正确的观察能力，就不会有好的写实作品。在静物写生中，既要强调色彩的整体性，又要强调色彩的丰富性。归纳色彩可以分为写实的和主观的，主观的归纳色彩是指按主观意愿设计色彩、不按实际的色彩进行描绘的练习。也可以用归纳色彩进行明度变化练习，可分为暖色系和冷色系明度变化练习，还可以按与实际物体明度相反的顺序进行明度变化练习，这样做的结果就类似于胶卷照片的底版，呈现出亮处暗、深处浅的特点。设计色彩课应当充分发挥学生的创造性和积极性，使学生在作品中展开创意联想，同时强调技巧的重要性，因为没有坚实的技巧功力，是无法把好的创意设想落实到作品中去的。大部分学生并不缺乏创意联想，缺的是足够的技巧，因此教师应当更加重视学生的技巧，强化技巧训练。设计色彩课的具体教学内容应当随时代发展而不断变化，目的是使学生更好地把握色彩规律、不断适应变化的社会对设计工作的要求。

参考文献

[1] 张连生.《装饰色彩》. 沈阳：辽宁美术出版社，2006.
[2] 约翰·凡登.《神奇宇宙》. 靳琼译. 合肥：安徽少年儿童出版社，2005.
[3] 石公. 星空的探索. 香港：香港万里书店，1987.
[4] 李天祥，赵友萍. 写生色彩学. 北京：人民美术出版社，1980.

设计师启蒙阶段的造型艺术感知培养

刘杰 邵郁

哈尔滨工业大学建筑学院

摘　要：目前国内艺术类学生的生源大部分不具有设计师的基本素质，这就加重了大学设计基础教育的责任。本文就如何强化设计师启蒙阶段学生的视觉感知能力，丰富其视觉经验，为设计师的核心能力培养提出解决方法，以期建构设计师的感知基础。

关键词：设计师启蒙阶段　感知　培养

Abstract: At present, most students of art students do not have the basic quality of the designer, which increased the responsibility of the University of the design of basic education. This stage of enlightenment on how to strengthen students' visual design perception and enrich the visual experience, building designers a solution of core competencies.

Key words: stage of designers enlighten, perceive, enlightening

德国心理学家阿恩海姆在他的著作中揭示出这样一个事实：视觉不仅仅是一种观看活动，它更是一个理性思维的过程。视觉在认识事物时具有特殊的思维倾向，感知的过程就是一种人类精神的创造性活动。这种视觉的创造活动是设计师的核心能力，是设计师进行形式表达和创造的基础。是一种随时间的推移，仍持久发挥作用、设计师终其一生都需要继续发展的能力。这种视觉思维能力我们生而有之，但想流畅自如地应用在设计中必须经过特殊的训练。

1. 造型艺术感知培养的现状

设计师的启蒙教育一般指设计专业启蒙教育，也称为设计基础教育，指以设计为专业方向或从业方向的学生在大学1-2年级的学习经历。虽然2001年6月国家教育部颁布了《基础教育课程改革纲要(试行)》，在中小学进行艺术课程的改革，并在几个省区进行普通高中艺术课程改革，但是，因为高考招生的应试制度的问题，形成了高中美术教育只是空喊素质教育，实际上却在寻求考试模式与方法的风气。使得刚进校的学生，尚不具有设计师的基本素质，新生面临的角色转换和能力与方法断层，都加重了大学设计基础教育的责任。

1. 有限的艺术教育背景。从目前国内艺术类学生的生源来看，艺术设计类专业学生在入学前受到的造型艺术训练是比较有限的，绝大部分还处于考前美术培训的初级阶段，缺乏对艺术设计核心技能的掌握。

2. 传统教学模式的客观现实，不足以提高学生作为设计师发展方向的核心能力的提高。设计师的视觉思维能力在传统设计教育中是通过三大构成、美术技法训练来实现的，课程之间存在的割裂性和训练手段的单一性，既不能很好提升学生的视觉感知力，也不能完整提供给学生作为设计师应具有的艺术背景。

2. 课程体系建构要点

怀海特在《教育的目的》中谈到：在中学阶段，从智力培养方面来说，学生们一直伏案专心于自己的课业；而在大学里，他们应该站起来并环顾四周。因此，所谓"启蒙教育"，其宗旨理应是为学生的终身学习、工作与生活等诸方面的可持续发展打下坚实的基础。设计师启蒙教育目标强调加强学生的核心能力来认识设计教学的基础性问题，即要求把学生视觉感知训练放在重要的位置上，由简单的美术教育背景提升到设计体系背景，使学生初步具备"深入感受—主动思考—敢于评价"的专业能力。[1]

2.1 以视觉感知为主线安排课程内容

感知需要落实到具体操作，通过再现、表现、分析等不同的操作角度来进行研究。传统教学模式将视觉感知训练安排到不同的课程中，比如在素描和色彩写生等绘画任务中倾向于技法的传授，原理的讲授；在构成训练中安排学习视觉要素的造型（形式创造）原则。这种直接性的训练导致每门课各有各的训练重点，不同的任课教师往往由于自身的限制缺乏对其他课程内容的认识，课程之间缺乏必要的衔接和整合，导致感知训练的效果往往达不到目标的要求。

作为设计类专业启蒙教育的基础课程，教学体系是前后呼应的，更具整体性、工具性、方法性和知识性。课程内容以视觉感知原理为主线，贯穿全部的造型技巧训练，使专业基础课与设计课教学紧密衔接，并且更加有效地培养学生创新能力（即具有视觉思维、视觉评价及表达设计成果的能力）。

具体而言，在专业基础课程中所应掌握的知识与技能，是从如下方面进行组织：

（1）训练掌握视觉交流与表现的策略与形式，形成利用形式语言进行思考、表达和创造的习惯与方法；

（2）训练对形式语言的敏锐的感受性，并发展为能够把握多向性、多维性的形式要素的能力；

（3）认识与理解专业基础的概念、性质、原理、历史作用、要素、类型等知识，及从多种角度进行剖析，以认识设计专业基础的多元化手法与无限的可能性；

（4）了解课题设计原理和一般作业设计方法，掌握课题程序和评价的开展方法及在作业展开中解决一系列问题的方法。

在课题的组织上注重逻辑性和循序渐进的特点，教学遵循学生认识事物的基本规律，将复杂的问题拆解为相互关联的部分，按先简后繁、先平面后空间、先形象后抽象的原则进行课程设置，使学生由浅至深的学习，更便于入学阶段的学生掌握。

以哈尔滨工业大学的造型艺术基础课程为例，课程内容体系中留有部分空间，以便在每个教学单元中能及时补充最新专业信息，即在教学中及时引入国际顶级设计师的经典设计和他们在中国境内中标的最新设计、设计思想、面临问题等内容，并着重讲解分析学科前沿最新设计与专业基础训练的必然关联性，使学生尽快了解本学科前沿领域的最新信息和最新问题，从而调动学生主动投入专业基础课的学习积极性，同时加强学生的事业心。

2.2 多元化的教学方法

（1）研究学生实际情况，预见学习过程。预见学习过程的前提是了解学生，主要是了解学生的接受心理，了解学生的已知经验，包括学生的能力基础和生活经验以及发展潜力。教师对学生已知经验的掌握，使生成的问题架起新知与旧知、知识与生活、知识与实践之间的桥梁，从而借助设置的课程作业唤醒学生的已知经验，为学生的学习与探讨提供支持，同时也为教师把握问题的基点提供参考。预见学生的发展潜力，进行基于探究问题的引导，即预见学生可以达到什么样的学习程度，还可以有多少提升的空间。教师也注意到和尊重学生间的差异，设计出适合不同学生进步需要的课题任务。

（2）强化学习兴趣，重视"首次课"效应。绝大多数设计专业的新生怀着对大学的向往、对未来的憧憬、对知识的渴求。这时候，要特别注意保护学生们的学习激情。刚跨入大学门槛的新生，最关注第一学期学什么、第一节课讲什么、第一位老师是什么形象。当他们亲身感觉到第一节课、第一位老师就是有大学的风尚、有大学形象，第一学期教得好，就能学好，学得好，那么"有激情者更亢奋、隐激情者开始张扬、无激情者也情不自禁"[2]，这样就激发和保护了大学一年级新生的学习积极性。一年级新生有了学习积极性，才能使他们产生并形成直至树立追求事业的学习动力。因此，为激发和保护大学新生的学习积极性，为树立事业动力创造基本条件，要特别注意第一节课的教学内容、第一学期的教学质量。

2.3 多维化的成果评价

建立由学生"自评"、教师"联评"、学生间"互评，"校外专家"外评"的多部门共同参与的，多维度的教学评价体系。

结语

在设计人才的幼苗阶段，视觉感知训练以"启蒙"教育的形式，有意识地"埋下一颗种子，培养一类兴趣，教会一种方法，养成一些习惯"，为学生日后的成长埋下信心的种子，让学生在日后的学习还是工作中都能以饱满的自信和雄心去开拓、去进取、去创造；给尚处于专业懵懂阶段的新生以视觉思维兴趣培养，使无论在初期爱好设计与否的学生都能激起尽可能大的热情去完成日后的学业；将学习方法、研究方法的教育融入到新生教育中，尤其是自学方法的授予，为培养学生主动、互动的学习方法打下基础。使感知训练教学不再是简单地绘画和构成，而是让学生自己去"发现"和"探究"知识的过程，学生不再是消极的听众，而是主动的求知者、参与者、探索者，使教师在掌握学生的接受心理的基础上，科学调动学生的潜能，帮助学生加强创新意识。

参考文献

[1] 周至禹. 设计基础教学. 北京：北京大学出版社，2007.
[2] （日）佐藤学. 学习的快乐—走向对话. 钟启泉译. 北京：教育科学出版社，2004：11-12.
[3] （美）凯瑟琳·费舍尔. 如何成为设计大师. 黄文丽，文学武译. 上海：上海人民美术出版社，2006：21-23.

释放空间
——雕塑在建筑学、环境艺术专业教学实践中的应用

刘昕

华中科技大学建筑与城市规划学院

摘 要：在当代，空间艺术已经成为建筑和环境艺术的重要研究方向。本文通过在建筑学、环境艺术专业开设雕塑课程的教学实践，从形体的存在空间、思维方式和材料结构三个视角，对设计专业的雕塑教学方法进行探索，成功地拓展了学生的设计创造能力，引导学生对空间进行全方位思考，最终借助对雕塑的理解，使学生更好地掌握空间形态，加强设计表现能力。

关键词：建筑学 环境艺术 雕塑 形体 空间设计

Abstract: In contemporary, space art has become an important research aspect. Through teaching practice of sculpture courses in the specialty of architecture and environmental art, we explored the teaching methods of sculpture from three perspectives: body's existence space, thinking mode and material structure. The practical exploration expanded the student's creative ability successfully, leading them to think about space in all directions, and eventually helped students master the spatial shape skillfully, strengthening the ability of design expression through the understanding of sculpture .

Key words: architecture, environmental art, sculpture, body, space design

1. 建筑学、环境艺术专业设置雕塑课程的意义

雕塑伴随着人类文明至今，一直受到人们的关注，它的真实、可触摸和与人体之间的位置存在关系，使得人们对其能够产生亲近的感受。在当代，人们更是将雕塑称为一门空间艺术，是形体与空间的语言载体。从视觉艺术的角度，建筑学与环境艺术设计都属于空间形态范畴，它们具有立体的视觉形态，在空间和时间上向人们展现其艺术性。雕塑作品是由各色材料构成的形体，主要通过形体的内外界面构成对空间的占有，形体占有空间，空间促成形体。因此对于属于空间艺术的建筑和环境艺术等设计学科来说，对雕塑的学习和训练有利于拓展学生的专业设计思维。同时，雕塑作为传统的三大视觉艺术之一，也是提高学生艺术素质的重要基础课。

但是长久以来，在我国建筑院校开展的建筑设计教学一般偏重于图面表达，运用平面的绘画手段来进行设计训练。在教学设计中传统的制图、手绘占据了较大的份额，极大地限制了学生的空间性思维和设计方法。近年来设计发展的本质从实用性向人性化、情感化、思想化发展，直观的立体化、手工化教学已经逐渐形成趋势，因此简单的直线以及从平面图上拉升的几何体块已不足以满足当代设计发展的需求。众所周知绘画是对于二维的图像、色彩、纹理的探索，而雕塑是对三维的形体、空间、材质、肌理、结构等视觉元素的探索。我们将雕塑课程引入到设计专业，旨在加强两种

学科之间的交流融合。当前有些学校在建筑设计、环境艺术以及其他的设计类教学中同样开设了雕塑课程，但这些传统的雕塑课程一般分为技法性、创造性、理论性和欣赏性几个方面，普遍注重雕塑与专业设计作品的组合与欣赏，而对雕塑的空间语言往往缺乏更深入的挖掘。另外还有一部分学校开设了形体构成、形态设计等课程，它们也都是从立体构成中演化而来，雕塑语言的丰富性在这些课程中都无法得到充分的展示。因此我们认为针对建筑学、环境艺术专业设计相应的雕塑教学课程体系有非常重要的意义。

2. 针对建筑学、环境艺术专业设计雕塑课程的思路

我们试图通过对雕塑课程的研究和设计，让学生对空间语言的多样性有一定的了解和掌握。首先我们用对比的方式给学生讲述雕塑在中西方艺术史上不同时期对空间的表达，向学生展示历代雕塑家对形体、空间的阐释。改变其对雕塑具象的人物、故事情节的关注，从而认识到雕塑语言的实质就是形体的空间表现。它具体体现于不同的面之间表现形式的转化和静向动的转化；体量空间在加与减之间的转化以及团块形体向空间占有的转化。

在雕塑课程的教学实践中我们从三个视角设计出相应的课堂练习对学生进行具体的针对性训练，帮助他们充分体会雕塑形体语言的丰富性：

2.1 视角一：从物理空间上认知形体的存在关系

（1）对自然形象的空间认知

万物之始都有形态的产生，每一个物种有感知形态空间的独特方式，每一种感知方式都赋予特定物种以特定的存在空间，同时也为这个物种带来一定的空间认知上的局限性或相对性。打破这种局限性和相对性，突破以往的视觉经验可以使视觉信息在传达中形成更新鲜的刺激，引起视觉接受者的注意力，从而提高其接受效率。因此对自然世界原生状态的认识，可以让学生领悟自然不仅是可利用的资源宝库，也是解决诸多设计问题的最好典范。

课堂练习：

通过寻找石头、树枝、土块、纸团等经过自然力加工过的形体，让学生抛弃尺规，对形体的存在本质有新的认识。再以这些形体为元素进行加工或转换形体特性，改变学生对事物的惯性思维。

（2）对形体的"张力"认知

黑格尔在《美学》第一卷《全书绪论》中说："艺术的显现却有这样一个优点：艺术的显现通过本身而指引到它本身以外。指引到它所表现的某种心灵的东西。"雕塑空间的建构以形体为载体，并在形体的凹凸中生成可感知的力量，这种力量造成视觉和心理上的导向关系，并对形体以外的空间产生积极的影响。雕塑作品倾向性的动势的变化如同人体的肢体表现语言带来的心理暗示符号，强烈的张力特性使得作品的感染力超出了其实际所占有的空间。

课堂练习：

选择合适的材料、形体为基础，在正负空间中延展形成张力，从中体验空间中的扩张和压缩，做到张弛有道。（图1）

（3）对空间存在关系的认知

当代雕塑总是关注人与自然、人与环境、人与人之间的关系。这些关系促使雕塑作品具有气场效应，正如围棋术语中存在气场的说法。在中国的传统艺术中，"形"与"势"来提"气"造就了"空"，"空"也就是空间，如同中国画中的留白，传统的雕塑作品浑然天成，"言有尽而意无穷"，这未尽的表达也是一种空间布局。通过"形"与"势"构成围合、呼应关系，从而使作品产生区域性的感染力。通过雕塑体面和视点的转换来体验由时间、正负空间的变化所带来的

心理视觉语言。因此自然空间成为当代雕塑的直接追求，而不仅仅是其造型的一部分。日本雕塑家本乡新曾经不无感慨地说过："伟大的雕塑家往往给予一小块泥土以生命，使它比山和海还要丰富坚强，也可给人们以永久之爱。"在有限的空间中致力于最大的艺术表现，正是当代设计师毕生所追求的目标。

课堂练习：

选择合适的现实场景，利用一切可利用的环境元素，设计一个具有"场"效应的作品。

2.2 视角二：运用思维模式、意识形态引申形体空间

（1）逻辑推理

在逻辑思想的引导下，近代观念艺术的兴起使得艺术形式呈现多样化。自从塞尚以后，各种艺术流派纷至沓来。艺术是人与社会的反映，在历史环境与人文地域的背景下，许多视觉形式与形体空间形成了约定俗成的符号语言。这些符号又反作用于人与社会，形成特定的秩序，也就是说艺术家和设计师能够运用逻辑推理出的视觉和形体符号语言来引导并形成艺术的新秩序。

课堂练习：

借助某种思想体系（如结构主义、解构主义），以一个单一形体为基础进行形体空间的拓展。（图2）

（2）感性联想和思维空间的扩展

传统具象雕塑的叙事性、人物的组织构图，会让观者自觉联想到塑造人物的状态和空间背景。而当代雕塑中，艺术家组织空间的角度既不是描述性也不是形式性而是把时间和空间的扩展作为一种新的体验方式。雕塑空间以人为主体，是观者自我追寻的一种过程，它强调观者的"自我"审视和角色换位的体验。它既涉及精神上的情感文化沉淀，同时又包括身体的视觉、触觉等直观体验。从这种意义上说，空间的概念在雕塑的建构过程中，不一定诉诸外在的客观世界，而是体验自身主观世界的过程，雕塑变成了一种不断被阐释的"文本"，在空间中使人与作品之间取得一定联系。所以就雕塑的本体角度而言，当代雕塑空间是用造型结构来限

图1

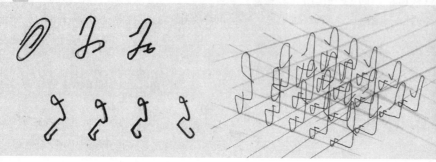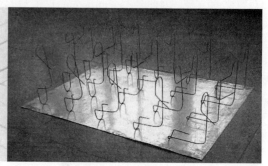

图2

定，但就人与艺术的角度来看，空间是由心理的感性联想来建构的。

课堂练习：

充分发挥感性联想思维，挖掘形体语言的内涵。以一个形体或形式为基础，传达作品的情感语言。

2.3 视角三：材质的肌理、结构在空间中的表现

（1）材质肌理

当代设计师必须知道如何发现自然材料特有的美，以最合适的方式去触动生命最本质的东西，比如植物、泥土、岩石、冰雪，甚至阳光和风等。然后将自然空间中的一切物质作为创作元素，设计出回归自然的艺术作品。我们认为材质肌理是重要的视觉元素之一，每一种材料都是一个语言符号，能够传达出不同的语言特性。因而对材料的关注和理解是艺术家和设计师必备的素质之一，同时独特材料的运用也往往形成了他们各自的代表性艺术风格。

课堂练习：

挖掘材质肌理的语言符号，并运用相应艺术手法突出材料的空间表现。

（2）材料结构

材料的特有结构与构造关系同样也反映了特定的符号语言信息，自然中物质的形态存在往往有其内在或外在的结构规律，感知并把握结构不同的材料可以造就不同的空间样式和艺术风格，甚至一些新型的构造材料与创新的构造方式能够从根本上改变空间的样式。

课堂练习：

探索材料的结构与构造特征，强化作品的艺术效果。（图3）

3. 雕塑课程教学实践的总结

我们在建筑学、环境艺术专业中引入雕塑课程，从形体的存在空间、思维方式和材料结构这三个视角，对设计专业的雕塑教学方法进行探索。在教学实践中引导学生对空间进行全方位思考，帮助学生更清晰的认识空间设计。同时讲授的这三个视角也是学生进行艺术设计的三条重要线索，在设计练习过程中相互交织，使他们能从一个想法或发现中产生出多种选择和结果，从而成功地拓展了学生的设计创造能力。当然在教学过程中我们也发现存在一些问题，一方面学生在设计中，还习惯于从平面的几何形入手，需要更多的教学时间让他们转变思维习惯；另一方面教师也需要提供更直观的视觉形象和更细致入微的讲解，让学生能更清晰地理解

图3

老师授课意图。

结束语

日本"物派"雕塑家曾主张:"作为现代艺术,不是永无休止地往自然界添加人为的主观制作物的工具,而应是引导人们感知世界真实面貌的媒介。"不论是建筑还是雕塑,若与自然环境相得益彰,就能充分展现建筑或雕塑自身的艺术审美,就像经历了岁月的考验仍巍然挺立在阿克罗波利斯山上的雅典卫城一样。作为新时代的高校教师,在设计教学过程中,我们应该开拓思想,积极创新,通过我们的讲授帮助学生放飞自由的空间思考,去感受艺术丰富的表现力和独特魅力。

注释:文中标示图片均为建筑学和环境艺术专业的学生课堂练习作品

参考文献

[1] 吕品田.《自由空间的向往——西方现代雕塑》. 岭南美术出版社,2003.
[2] 邵玥娇. 当代雕塑空间研究.《中国雕塑》. 2010:1.

水彩画材料语言在实验中的拓展

杜粉霞

内蒙古工业大学

摘 要: 艺术的创新常常是从材料的选择开始的,由于水彩画在材料的运用上包容性非常强,对新材料的探索和运用必将带来新的风格、语言。中国水彩画家应大胆走进水彩画的禁区,反复研究各式各样的绘制媒体,创立出符合自身个性面貌的独特技巧,使水彩画技巧个人化,为水彩艺术现代审美品格的确立找到突破口。

关键词: 水彩画 材料语言创新意识

Abstract: The artistic innovation is frequently starts from the material choice, because the tolerance for the watercolor painting is strong in the material utilization, will certainly to bring the new style, the language to the new material's exploration and the utilization. China water colorist should enter the watercolor painting boldly the forbidden area, studies all kinds of plan media repeatedly, establishes conforms to the own individuality appearance unique skill, causes the watercolor painting skill personalization, found the breach for the water color art modern esthetic moral character's establishment.

Key words: watercolor painting, material language, innovative ideology

1. 在实验中的探索

水彩画在中国的发展传播,大体上分为传入、成长、发展三个时期。清末20世纪初传入,长于20世纪四五十年代,老一辈水彩画家樊明体、冉熙、张眉荪、张充仁、李剑晨、关广志、王肇民等成为了中国最早的水彩画家群体。他们的作品创作,在充分研习了英国古典水彩画技法之余,开拓了水彩艺术的民族性,有意识地摆脱了老式英国水彩画风,奠定了中国水彩画艺术的发展基础,使这一枝"洋花"在中国这片肥沃的大地上,生根发芽,绽放出美丽的奇葩。中国水彩画家用短短的几十年走完了欧洲几百年的水彩绘画发展过程。

受中国传统绘画的影响,有些人主张水彩画向传统水墨画靠拢,有人说水彩画是诗,优美抒情;又有人说是落日的余晖,捉摸不定;再如说水彩画水色交融、轻快明丽等等。久而久之就形成了所谓的中国水彩画正统语言,人们亦据此界定了水彩画艺术的特点,水彩画的规模日益庞大。但是就在水彩民族化过程中也随之出现了一系列的问题。作品风格相近、技法雷同、语言单一、表现题材局限的现象造成了水彩画艺术的衰落,以至于到了20世纪50年代末至70年代,水彩画逐渐失去了独立画种的地位,成为一个小画种,一个仅仅以技术材料才能显示其存在价值的绘画形式。

2. 在实验中的前进

2.1 对中国传统水彩画语言在拆解中的重建

对传统的重新审视,这是一个时代的命题,实际上,传统作为一种范式,只不过是融合了多少世纪艺术家的创造成果而已。如果传统仅仅是一种"膜拜"的对象，那它无疑会对后世的艺术家的创作产生致命的桎梏。但是，艺术进步的范式总是在不断地否定其所固有的成果，艺术的演化也是在艺术家对传统的秉承、质疑、反拨、实践、创造的过程中得以展开的。无疑，水彩画拥有伟大的传统，水彩画从英国画家开始，就创造出无数的优秀的经典作品。但是水彩画作为一种语言，其言说的形态一直延续到今天却没有发生根本性的变化，更别说具有创新意识了。这一方面是受制于其工具材料的表现的局限，另一方面，主要是受制于其观念的保守和陈旧。画家黄增炎认为水彩这一概念，几乎包容了所有水性绘画，"如果我们真正从本质意义上来认识水彩这一新媒介，它就会向我们提供各种可能性，就是说，在创作中我们怎么做就怎么做，无所顾忌，这种可能性有助于我们做到大宽容，不去计较今天张三走偏了，明天李四是过头了"[①]，人们对水彩的定义词诸如："亮丽"、"飘逸"、"清秀"，"可染、可印、可擦、可刮"、"即兴性、偶然性、随机性（还有人提诗化性）……"等，限制了水彩的创作表现空间。有人认为水彩画得"厚重"是模仿油画，失去水彩语言特有的"轻快"、"亮丽"、"清秀"。其实，"厚重"、"轻快"、"亮丽"、"清秀"属于审美范畴，不是哪一艺术门类固有的特点或专利。"厚重"是一种难能可贵的品格，绝非唾手可得。人们从多种方位选择运用工具材料的方式、方法，正是为了更全面地展示水彩画的面貌和本质。其实，语言作为一种形态，其言说和表现的范围具有无限的广阔性。就是对传统的继承上也表现出最大的自由度和进取精神。一个画家的创造，不在于这种创造是否超出了某些规范，重要的是他的作品能否找到一种好的语言的表达形式，或者创造性地为其本体语言开辟出一些新的内容和新的方法。我们应该清楚地认识到水彩作为舶来画种，如果不保留它的国际性，就不会被更多人接受。正如王肇民先生所言：水彩画最根本的特征是工具材料。[②]水彩工具的可塑性极强，水彩画创作中材料语言的丰富是水彩画走向丰富繁荣的前提。

2.2 水彩画中材料语言制作的探索

当代画家们都注重对绘画语言的突破及视觉效果的强化。每位中国画家都面临着如何选择突破口，如何创新，并力图找到自己的表现语言。中国水彩画家对水彩画的表现方法和探索新题材的可能性思考，这并不是一种简单的转变，而是对水彩画语境的升华和新的反思。

水彩画的表现技能应包括绘画工具材料的选择和运用两个方面。

（1）对水彩绘画工具材料的创新

艺术的创新常常是从材料的选择开始的，由于水彩画在材料的运用上包容性非常强，对新材料的探索和运用必将带来新的风格、语言。中国水彩画家应大胆走进水彩画的禁区，反复研究各式各样的绘制媒体，传统优质的水彩画笔虽包含水色在纸面上肆意挥写，然而甜有余而欠辛辣，柔和而缺刚劲，易轻抹淡写，难浓艳浑厚。我们可以扔掉水彩画笔，用刷子或者任何可以拿起的东西作画，此外，为改变水彩画颜料用水稀释后常见的单薄，我们还可以尝试着在颜料里添加媒介剂、易于凝结的不透明水性颜料或其他橡胶剂等材料，使笔触更显凝重，色彩更饱和厚实。我国著名水彩画家王肇民创造的在水彩纸上做肌理底子的画法使水彩画坚实雄厚、深沉博大。实践对于艺术创作是最重要的，富有创造力的艺术家总是不满足已经拥有的、已经掌握的媒材。他们乐于寻求发现未知的新表现空间，乐于在使用材料上反复试验、选择、提炼。他们往往不只是在已有的画种范围内改良式地综合使用一些材料，当材料的感觉空间形成以后，接下来就是通过理性的深入使感觉具体化，把实验中创造的新的可能性推向极限。当新的水彩材料随意自由地运作之后，自己偏好的各种水彩语言痕迹相继出现，并相互作用、相互交叠和渗透，就会产生多种具有个人本质特性的"复合语言"。

（2）技法技巧的研究和应用

技法的典型化和完善化是当代水彩画艺术的重要特征，水彩画家们在重视新材料的研究应用的同时，应同样重视绘画技法技巧所蕴含巨大的能量。在艺术的多元化时期，艺术家尤其应该重视在技法实验中引起的具有新颖美感形式审美的新的艺术样式。水彩艺术的技法成分是构成其本体语言与形式外观的核心，也是水彩艺术区别于其他绘画艺术的根本，它构成水彩画艺术永恒魅力的审美基础。考察美术史上有成就的水彩画大师和著名画家，他们除了赋予作品以广袤深刻的思想内涵，也都对水彩艺术在技法和技巧领域做个性化延伸，为丰富水彩艺术的技法宝库做出不朽的贡献。美国水彩大师安德鲁·怀斯、瑞典画家佐伦等人的水彩作品是传统与现代观念的完美结合，他们把油画、版画的一些技法优势，通晓吸纳，为我所用，在保持水彩透明、纯真基点上，采用润色喷染法、油水分离法、刀刮法、拓印法，这些特技所产生的肌理效果，既丰富了水彩画内涵，又拓展了其外延。怀斯的干笔水彩画，超乎寻常的凝重有力，打破了传统观念的局限，创造了水彩画的新境界。中国传统绘画重意境、神韵的绘画思维方式也丰富着水彩画语言的表达形式。风景画的杰出画家陶世虎，他的水彩画创作充满着独特的思考与追求，致笔精微、气势雄浑、细密而整体、浑厚而透明，融汇了东西方艺术思想，形成了自己雄浑、凝重、质朴亮现、宁静致远的风格。在人物画中，关维兴的水彩人物画独树一帜，代表作《远眺的新娘》、《初看世界》、《春》这些作品技法娴熟，尤其是在水分的运用上，达到了一个新境界。在静物画中刘寿祥的作品在视觉上具有极强的冲击力。他的绘画，"意在笔先，画尽意在"。既是绘画，也是构成，既客观又主观，他探索着把东方、西方、传统与现代有机的结合，恰如其分地糅合在一起，创造了东方意韵的水彩语言，有着不同一般的审美情趣，代表作《鲜果系列》。写意、装饰性水彩画的代表当数王涌、柳毅、黄金德，他们的作品，充分利用点、线、面营造一种让人意想不到的画面效果，如柳毅的《水风琴》、《水随天去》、《德国小镇》，王涌的《静物》系列，黄金德《偎依》、《明月落谁家》等等。目前水彩画语言形式已走向艺术的多元化，各种绘画语言思维方式激发出了更加多样化的水彩画语言技法操作方式。他们对水彩艺术产生了广泛的影响，创立出符合自身个性面貌的独特技巧，使水彩画技巧个人化，为水彩艺术现代审美品格的确立找到突破口。

成功的技巧往往是以画（笔触肌理）为主，以做（特殊肌理）为辅，特殊肌理应天衣无缝地自然融入笔触之中，从而产生趣味天成的画面效果。

3. 实验中的拓展

3.1 超越传统水彩画的技术性和工具性制约

在当代画坛，由于水彩画的语言特征和工具材料的性质，使它容易沦为一种单纯技术性和工具性的画种，人们一直在探索解决的问题诸如"水彩画究竟是以艺术而存在还是以画种而存在？"、"究竟是水彩画本身不可超越的局限性限制了它的发展还是作为艺术主体的创造意识亏欠，阻滞了水彩艺术的拓展？"。在造型艺术中，艺术作品是由艺术家通过对媒材进行加工制作而成的。媒材与艺术家是一种互动的制约关系。在水彩创作中，画家一方面会受到了传统作画工具材料的制约，另一方面对作画工具材料也在进行着拓展。可以说媒材的制约正是导致艺术风格形成的重要因素之一，而媒材对艺术家创作的制约作用已极大地阻碍了艺术观念的发展，这种阻碍力和艺术家反制约需求的对抗达到临界状态，终于导致了艺术家对媒材的反制约。艺术家们在创作中通过对各种新材料的选取、运用、革新了创作手段，解放了创作思维，拓展了艺术表现的新领域。并且进一步促进了用新视角去发现、探寻各种材料的新特征和新表现的新形式，从而影响、改变了传统的审美经验，拓展了水彩画的表现语言。其实，对传统工具的反制约，在其他绘画领域也从没间断地进行着。传统的中国画的笔、墨、纸、砚等绘画媒材是有严格规定并且是一成不变的。随着历史的发展，东西方文化交流的深入，很多画家越来越觉得这种严格约定的传统媒介制约了他们，在创作中被束缚住了手脚，于是本世纪初开始就有画家出于融合东西绘画的目的而进行对中国传统绘画媒材进行改革的试验。比如林风眠先生将水粉画颜料掺入墨中而使中国画面目一新，呈现一种色彩鲜艳、丰富厚实的画面效果。改革开放以来，我国艺术界的国际交流日趋活跃，科技文化发展、信息的迅捷传播以及在"现代艺术精神"的感召下，更是有越来越多的画家开始尝试综合使用多种材料进行艺术创作，他们进行了许多有意义的实验和探索。

结合现代高科技手段，如电脑手段的引入，也会帮助我们进入新的天地。只要水彩纸承受得了，可以不拘一格地选用各种不同性能的颜料或材料。在充分了解不同颜料性能特点的基础上，大胆地探索，除用水彩、水粉和中国画颜料外，像丙烯、染料、幻灯颜料、油画棒、色粉笔、酱油、汽油、洗衣粉、洗发精以及各种矿物质颜料等，均可以尝试运用。只要不失水彩的特点，不是简单的颜料堆砌，均是有益的探索。在注重中华民族审美精神的前提下，无论是运用色彩的流滴法、滴洒法、渗透法、泼色法、沉淀法、水冲法、吹色法、拓印法、打磨法、刮擦法、遮挡法、做底法、粘贴法，或者别的什么方法，都可以尝试，多方面探索各种水彩肌理与表现语言的关系。

在水彩创作中，合理的综合运用材料，可以丰富和扩大水彩绘画语言的表现力，大大开发画家的创作潜能，创造性的发挥材料本身特征并融合绘画的多种表现手法，丰富画面的表现力。

3.2 扩充水彩画创作的创造意识

谈到创造意识，首先涉及的就是艺术中的创造主体（画家）和创造客体（对象）的关系问题，创造意识的扩充必然要求画家的主观意识的凸现和自由度的扩大，艺术的发展是由客观到主观的过程，从必然到自由的过程。作为当代水彩画家首先做到的就是对中国传统水彩审美特征的解构，画家应把创新美学组织原理和材料语言作为自己"创造"的切入点。而在创制的过程中，新材料的尝试与使用改变和引发出了新的水彩艺术语境，这样，作为情感和语言的载体——绘画材料，就变得重要起来了。因为随着社会的转型，文化旨趣的变化，现代艺术的有效形式只有符合改变了的感情和文化状态时才能充分地显示出它的存在价值。

3.3 材料语言的拓展与深刻的思想内涵相一致

在利用综合材料进行水彩创作的过程中，除了"具体地运用"更应关注作品的文化内涵和精神负载。不能脱离今日世界和文化背景来孤立地思考，更不能脱离中国民族文化的根基。

艺术的创作，要有益于社会的进步，有益于培养社会主义新人的道德、情操、思想、信念和精神境界，塑造美的形象，不断追求真、善、美高度统一。就要求水彩艺术作品，要把握时代的脉搏，着力刻画火热的社会生活中的人物，涉猎社会生活中起支配作用的重大题材。

中国水彩绘画长期语言单一已是事实。如果能从媒材入手，探寻走向新综合的可能也是一项积极的有建设性意义的艺术行为，对水彩绘画创作立足于民族精神和文化内涵的认识和研究，使中西艺术的文化精神伴随着艺术实践的进展，在比较中思考和学习，不断促进认识的深化有着重大的意义。

结语

绘画强调个性表现，画家作画完全受心性指使，不应囿于框框套套的限制。林风眠说得好：绘画就是绘画，不分什么东西。"绘画不能受限制，只要好就行"（赵无极语）。中原民间有句俗语："画画儿无正经，好看就中"，说得更为言简直白，道出了绘画的手段与目的。不管你采用何种手段，出好作品才是大事。

注释

①黄增炎. 黄增炎赏珍集[M]. 岭南美术出版社，2005：3.

参考文献

[1] 黄增炎.《黄增炎水彩画》[M]. 岭南美术出版社，2005：6.
[2] 杜高杰.《水彩画的美学观念与艺术语言》[J]. 美术，1991.
[3] 袁振藻.《中国水彩画史》[M]. 上海画报出版社，2000.
[4] 周济祥.《水彩画技法与肌理》[M]. 湖南美术出版社，1980.
[5] 王肇民.《画语拾零》[M]. 湖南美术出版社，1983.
[6] 王肇民.《王肇民水彩画作品集》[M]. 岭南美术出版社，1985.
[7] 刘汝醴，刘明毅.《英国水彩画简史》[M]. 上海人民美术出版社，1985：10.
[8] 胡伟.《绘画材料的表现艺术》[M]. 黑龙江美术出版社，2001：3.
[9] 周济祥.《绘画技法与肌理》[M]. 湖南美术出版社，1991：6.
[10] 杨丹.《小议当代绘画的材料语言》[J]. 美术向导，2003.
[11] 班石.《材料与表现》[J]. 新美术，2002（2）.
[12] 高天民.《有限拓展 综合创新》[J]. 美术观察，2002（1）.

素描各模块的教学重点
浙江大学建筑系素描教学实践之研究

傅东黎

浙江大学建筑系

摘 要： 20世纪60年代，中国美术受前苏联美术的影响，直至80年代的中后期，素描教学在新美术思潮的冲击和影响下百花齐放。大胆尝试多种素描教学的方法，有德国表现主义的、有法国……积极探讨和研究不同素描的形式语言以及审美特质，多视角的审美发展和变化所带来的活力值得我们思考。当下我们处在国际多元化并存的环境，就素描而言，有结构素描、意象素描、新概念素描、表现素描等等。然而，它们是否适合建筑、环境艺术专业？基础素描教学既要与时俱进又要避免信息泛滥和混淆视听的干扰。尤其我们从事基础美术教学工作的教师不要"雾里看花"，须坚守"阵地"，应该旗帜鲜明地对待素描各模块的教学重点，在有限的时间内提高教学质量，我认为很有必要研究和探讨。

关键词： 第1模块：如何看——准确造型的能力训练

  整体观念

  立体观念

第2模块：如何画——造型和塑造能力的训练

  结构素描

  全因素素描

  速写

第3模块：创意素描——创造和设计能力的训练

Abstract: In the 1960s, the Chinese art influenced by the art of the former Soviet Union. It was not until the late 1980s that drawing appeared a certain kind of flourishing state under the new art impact such as German Expressionism. Some bold attempts emerged to sketch a variety to explore different forms of sketch language using multiple perspectives. Nowadays, we are in the diverse global environment, and sketch covers a wide range of fields like structural drawings, images drawings, new concept sketch, and showing sketch. However, are they suitable for the architectural designing or environmental arts? How to make the sketch-based teaching keep up with the time meanwhile avoiding mixed auditory and visual interference caused by overload of information? To deal with the above problems and renew teaching method, the clear and efficient teaching modules are needed.

Key words: Module 1: How to observe — the ability to portray

  Overall observation

  Three-dimensional space

Module 2: How to draw — the ability to shape
    Structural sketch
    All factors in drawing
    Sketch
Module 3: How to draw creatively — the ability to be creative

"素描，它是构成油画、雕刻、建筑以及其他种类绘画的源泉和本质。"这是早在文艺复兴时期米开朗琪罗对素描的一段精辟的阐述。无论是今天还是明天，学习素描仍是培养锻炼造型能力以及技法的重要手段和途径。同时，在学习素描过程中，逐步培养和提高未来从事建筑和环境艺术设计的同学的美术功底。我在浙江大学建筑系从事美术教学近20年的工作经历，在日常的教学实践过程中慢慢地摸索和总结。随着时代的发展和审美的变化，素描教学在每个阶段有不同侧重。20世纪60年代，中国美术受前苏联美术的影响，直至80年代的中后期，素描教学在新美术思潮的冲击和影响下百花齐放。大胆尝试多种素描教学的方法，有德国表现主义的、有法国……积极探讨和研究不同素描的形式语言以及审美特质，多视角的审美发展和变化所带来的活力值得我们思考。当下我们处在国际多元化的环境，就素描而言，有结构素描、意象素描、新概念素描、表现素描等。然而，它们是否适合建筑、环境艺术专业？基础素描教学既要与时俱进又要避免信息泛滥和混听视效的干扰。尤其对我们从事基础美术教学工作的不要"雾里看花"，须坚守"阵地"，应该旗帜鲜明地对待素描各模块的教学重点，在有限的时间内提高教学质量，我认为很有必要研究和探讨。

1. 第1模块：如何看——准确造型的能力训练

整体观念和立体观念

考入我浙江大学建筑学系的学生绝大多数没有系统学过美术，大学前偏重于数理化，逻辑思维重于形象思维。素描从物象的观察到画面的表达都离不开形象性思维。因此，首先要转变思维方式。课件里多讲讲形象性思维作画过程中的感觉：线条和色调的关系；空间和调子的关系；客观物体和画面主观表现的区别和统一等等，慢慢培养学生的形象思维。

学习素描的初步——如何看，显得特别重要，开始就应该解决整体观察的问题。那么，何谓整体观察？整体的观察是通过所绘物象的空间、透视、比例、材质、体量、对比度等所有呈现出来的诸多数值的全盘反映，在绘制过程中紧紧地围绕整幅画面展开。统筹观察，巧妙综合地把握到一起进行观察。要解决这一基本方法关键在于教师的整体观念倡导和重视，如果看的问题不解决就会影响画的环节。然而，对于一个没有系统过学习过美术的学生来讲，他们延用一贯的书写习惯：由上到下由左至右；看东西是从局部到局部；哪感兴趣就画哪，根本不管画面之间存在的相互关系，等到画完才发现问题，结果可想而知。只有掌握了"如何看"，造型的比例、透视、空间等方面的错误随着整体观察观念的树立和贯彻，一切都会得到改善。

"形"，对于画家来说具有深刻的内涵，它是一种立体的整个全局的以及内在的结构现象。画家的视觉感受是对物象诸多因素的整体统筹的关照。打形阶段观察对象时，需要我们整体地观察物象的前后空间，上下左右的互相关系，由表及里地透视出结构的空间比例，材质，体量的对比关系，物象在画面中的艺术空间的先后次序。除外，整体观察还包括在绘制过程中局部与整体的关系；先画和后画之间的关系；重点和非重点的关系。要正确理解局部刻画不是破坏整体，而是用细节丰富整体，否则就要忍痛割爱。整体观察导致表现的整体性，学习素描能够事半功倍，可以说整体是造型艺术的灵魂。基础素描教学在这一环节上必须得到应有的重视。不管是多因素素描画法还是结构画法，首先应该做到的是这一点。任何形体表现，一旦失去整体性便呈现出一片紊乱，失去了部分之间各构成的有机联系的协调性。对此，画前我们不能盲目动手，首先对形象作一个全面的整体的认识和理解，对形象特征有条理地、有主次先后地、有大小地进行概括和整理加工。牢固地树立起整体——局部——整体以及概括——深入——概括的思维方式，写生中将其贯彻到画前观察、深入作画和收尾调整的始终。达·芬奇说的"整体的每个部分与整体成比例。"就辩证地说明了整体与局部之间的关系。

任何物体在光的作用下立体地呈于空间。在白纸上要栩栩如生地表现出物体的立体感，首先要深入理解形体结构，分析形与体的关系，抓住形体结构线，借助明暗不同层次的调子，用粗细不同、虚实有别的线条，强化其形体的空间关系、体面关系。罗丹曾说过："你们要记住这一句话——没有线，只有体积。你们勾描的时候，千万不要只着眼于轮廓，而要注意形体的起伏在支配轮廓。"他有力地说明了形体起伏作用于线，线只是内在结构的外形化。这种空间〈深度〉观念和形体塑造观念，就是画家主客观统一之后要树立的立体观念。

2. 第2模块：如何画——造型和塑造能力的训练

2.1 结构素描

结构造型是揭示物象的内在规定性的一种造型形式。去除依附在物象表面的色彩，肌理等表象，有意识地观察物象的本质。具有重点突出内在结构特征，通过结构理解和分析，强调其物象的准确透视、比例以及空间感觉。这种对物象结构的认识和描绘，为建筑学系学生日后的专业设计和构思作品奠定了发展基础。创造力和想象力正是基于对自然物象内在结构及规律的认识和理解。形体和空间是互相不可分割的统一体。理解形体对于初学者来说，常常停留对物象表面的外轮廓形的平面理解，打形时总是描摹外形，正是缺少对形体空间中的立体观察，较复杂的结构很难把握其准确度。基于这种情况，开始作画时，我们需要将空间分为虚和实两部分。实空间是形体本身的体积深度，是三维空间，平面的长和宽加上立体的纵深厚度；虚空间往往存在于后空间中。我们要善于利用虚实空间彼此互为鉴定牵制的特点；善于发现两者的互为存在的关系，强调形体结构的同时，捕捉空间的视觉感受。两者之间互为存在的图底关系，这和音乐中的复调有异曲同工之妙。

结构素描是强调了素描中特定的视觉感受去认识和表现自然物象，发现其物象的内在基本特征。比如人体的肌肉，内脏及皮肤是由骨架支撑的，人体速写时可以概括为三大块和一根脊椎线的运动规律。就像医院拍X射线通过人体的外在部分，存留的影像只剩骨架的基本形体特征。这类骨架型物体通常是生长的，运动的动物和植物。所以，对骨架型物体的认识，不能停留在物体轮廓边缘的变化。在观察和表现时，应着重各结构部分的比例、方向以及空间性质的分析。另一种物质的结构类型是由体积构成积量物体。如：静物里的花瓶、石膏几何体等，具有一种静止的稳重的、具块状或重量感的性质。它们内部是一种几何构造的关系并能够通过轴线，剖面线，切线等表

169

现其结构的造型。这种结构线可以利用粗细不同，刚柔相济外在轮廓线和内在骨架的结构线表现物体的结构空间。由于这些结构线支撑着物体表面，具有强烈的"深度"空间形象特征，这些除去物体表面的外衣，仅存的结构线条艺术地揭示客观本质的空间存在，形象地再现出空间画面，鲜明地表达了作者对物体结构的理解和想象，提升了空间创造性思维的视觉造型训练，从对客观存在的物体描摹式展现到实物提升后立体结构空间的主观表现。

2.2 全因素素描

经过结构素描的训练，在掌握物体透视和比例具一定准确度的造型练习后，让学生的注意力集中到观察画面中各物体固有色、光源色和环境色在空间秩序中对比关系上来。明暗是构成物体结构和空间的重要因素，通过明暗色调的变化和对比，确定物体的空间秩序；物体的肌理、材质、体量等视觉形象立体的画面效果。对于刚进建筑学系的新生来说，掌握明暗五调子，全因素地表现物体形象特征以及空间立体感觉是非常必要的。另外还需要训练画面的色调效果，理解各色调的心理感受，提高主观处理画面的能力。发挥高、中、低的色调给画面带来的视觉冲击，避免黑白灰处理不当所致的"碎"、"花"、"灰"不整体的弊病，力求整体精彩的大效果，不要面面俱到的局部刻画。强调整体与局部的关系——一双筷子与一把筷子的区别，每个局部的精彩刻画不能脱离整体之外。通过整体的观察方法，捕捉形体之间微妙的调子变化，全面展开对不同物体的质感、体量、空间主次等形象的艺术表现。尤其是在完成造型的基础上，解决深入塑造形象的能力训练。从客观的物体形象到艺术的空间形象过渡；对物体的客观展现到主观艺术表现的过渡。强化其艺术表现形象的使命感。明暗调子的练习，由单色的石膏几何体和柱头开始训练，逐步加入不同色彩的静物器皿和瓜果蔬菜，通过不同材质的静物素描练习扩展到室内景观，建筑风景，自然风景的练习，由简至繁。铅笔和木炭铅笔以及钢笔等不同工具的全因素调子训练。锻炼对物体空间形象的敏锐的视觉感受和熟练的艺术表现能力。这环节训练过程中，强调整体观察，明确每个色块之间的色差对比，同时强调空间的主次关系。合理进行艺术的虚实处理，使画面的视觉中心、前后、左右关系的色彩对比度有节奏感的变化，把无序的客观空间经过艺术的夸张达到理想的、整体的、立体的艺术效果。因此，全因素表现能力的训练重点在于如何把握调子在整体效果中的综合处理，成败在于整体观念和立体观念以及综合处理能力的认识高度和经念积累。

2.3 速写

速写是素描造型能力的缩影，扎实的素描基本功训练为速写打下良好的造型基础。反之，速写能力的培养提高了素描的造型功夫。速写训练，锻炼概括物象的内在的结构关系，比例等诸多因素的基本骨架与特征，在有限的时间内建立捕捉物象内在结构的敏感性，通过速写的练习，达到入木三分和过目不忘的能力。速写训练要狠抓以下几个重要的环节：

（1）概括基本特征的能力

速写是以以少胜多为基本原则。概括、简练是速写的根本，若要有一套训练有素的整体观察和敏捷身手的功夫，速写是催化剂。尽管素描阶段有过造型训练，但是，要在短短的几分钟里迅速概括出物象的基本特征，还需要加强理解对象的结构的同时，要在"狠"、"准"、"少"上下功夫，力争做到眼疾手快，下笔不犹豫、少重复，开始练习可以控制在15分钟之内，在紧张的状态下积极地训练眼和手，形成良好的循环常态。无需刻画与此无关的细节，只追求基本结构特征、透视、比例的准确，在有限时间里做到主体重点突出，特征明显。在日积月累中提高准确度。

（2）速写的韵味

速写不像素描过程中有定位的环节，它不可以拉辅助线打轮廓，不准时也不可以用橡皮。因此，速写只能单刀直入。画前做到胸有成竹；画时做到力透纸背。尽管速写时落笔于局部，但是，眼睛一直综观全局。而且，还要注意线条表现物象时的韵味。作画时要多注意指力、腕力的交替使用，运笔的角度、力度是跟着感觉走的。时而粗时而细；时而疾速时而缓慢；时柔软时而刚劲，那样用线的韵味是源于画时内心情感和审美的需求。通过速写生动的用笔，达到线条的形式语言与物象的结构特征完美统一。

3．第3模块：创意素描——创造和设计能力的训练

创意素描在素描阶段新设的一个环节。它可以开拓想象的空间表达；素描的形式语言的拓展；也锻炼了形象记忆和默写能力。创意素描的练习，试图让学生从被动的素描再现到激情创造的个性升华。创意素描可以是一幅写生作品的变体，也可以是一个梦境的画面……不管画面源于何处，它从记忆与默写环节中来，记忆与默写是反复观察、理解以及实践的基础上互相交替进行的，观察、理解和记忆各环节紧密相连。如果观察能力强，发现形象特征就越深入；如果对形体结构理解越深入，记忆也就越准确，形象也就越生动。如果记忆与默写的锻炼机会常态化了，那么，有助于视觉形象的创作和设计。

建筑学系的素描学习时间非常有限，入系后的学生普遍缺少美术基础，要在短暂的时间里打好扎实的造型基础任务是非常艰巨的。这需要教师对素描教学各模块重点的严格把关，还需要学生课前课后不懈的努力。综上所述，这是我在浙江大学建筑系从事近20年的美术〈素描、色彩〉教学的一些体会，仅供参考，异议处欢迎大家一起探讨。

素色方宇　随类赋彩
——对建筑风景素描写生后期着色教学的相关思考

唐文　赵刚

昆明理工大学　建筑工程学院　建筑学系

摘　要：本文主要探讨在建筑美术教学中进行建筑风景素描写生后期着彩训练的教学模式。在一年级素描风景写生时加入彩色铅笔、马克笔的着色训练，在二年级色彩风景写生时加入钢笔淡彩的着色训练。既强调前期素描作业的严谨性，又保证了后期赋彩的主观性、创造性。还根据建筑学、城市规划、景观三个重点专业的不同特点进行相关的后期着色训练，从而提高学生对绘画的兴趣。

关键词：建筑美术教学　风景素描写生　后期着色训练

Abstract: This article focuses on the topics of how to carry out scenery sketch for the color of the late training teaching mode in architecture art teaching. In a year when the sketch scenery to join colored pencils, mark the pen of the shading training. In grade two color landscape sketch add pen light color shading training. The emphasis on both preciseness of the sketch homework, and ensure subjectivity and creativity of the later Color rendering. According to the architecture, city planning and landscape, three key professional different characteristics of the related training later coloring . So as to improve the students' interest in painting.

Key words: architecture art teaching, landscape sketch the sketch, the later color rendering

建筑风景素描写生是广大高等建筑院校必上的一门专业基础课，其目的是为了强化基础训练、夯实艺术理论及修养，更是对各类建筑的绘画一个形式上的教学总结与归纳。但由于目前学生入校后绘画水平参差不齐，光是靠课堂的训练难以达到目的，也缺乏一定的趣味感，故我们通过长期的教学，拟定在素描风景写生的阶段，根据建筑学、城市规划、景观三个重点专业进行相关的后期着色训练，提高学生对绘画的兴趣。由此引发的相关思考如下：

1. 教学内容及相关思考

1.1 在一年级素描风景写生时加入彩色铅笔、马克笔的着色训练

（1）以明暗或线条风景画为基础，不能太强调纯色彩表现与视觉效应，在关注作业的形、明暗同时，适当地运用彩铅、马克笔进行赋彩、渲染，可以主要运用彩铅的基本绘画语言：绕线、纽线、排线、点线、不同色系的排线、重叠与线条风景素描相结合，力求使画面产生多种多样的趣味感。马克笔则主要是尝试先运用灰色系列的马克笔对各类风景画（尤其是明暗风格的风景画）进行一些明暗的强化处理，增加层次感，在运用一定的纯色系列的马克笔对建筑、天空、

环境的相关固有色加以着色，使画面具有简单色彩的笼罩效应。彩色马克笔的选择在初学者当中不宜太多，应对学生的选择进行一定的限制，选择明度高、纯度低系列的马克笔进行着彩是一种常见的教学模式。

我们在教学中则建议学生主要采用湖蓝、肉色、紫灰、粉绿、中黄即可，上述颜色足以满足学生对天空、地面、植物、建筑瓦面、夯土建筑墙体的基本固有色的作色需求。

（2）规定该类练习由于是课外作业的形式出现，故鼓励学生多画幅、多风格的尝试，如不同彩铅的着色技法、彩铅结合马克笔、负片效应的着色，甚至包括不同色系彩色纸上进行的素描风景着色训练，这些都可以纳入到练习范围当中。在教学中提倡学生把未着色的素描初稿进行复印，在复印好的素描底稿上进行不同着色的练习，减少失误。

（3）鼓励学生在线条风格的风景素描当中进行一些抽象的、主观的色彩搭配训练，探索色彩在不同环境内所扮演的不同理性价值。

（4）运用简单的作色，逐渐向建筑设计课程的草图作色表现过渡，这一点是需要广大建筑美术教师甘当绿叶，多关注学生同时期建筑初步设计的课程内容，因势利导地加以扶持。

（5）在作色后期，教授运用纯黑的马克笔、木炭笔、彩铅，对画面的最暗部加以积淀性的点缀的方法。

1.2 在二年级色彩风景写生时加入钢笔淡彩的着色训练

（1）在该学年由于学生课堂美术写生课程为水彩为主，故课外可采用钢笔淡彩的作色训练——注重色彩的季节性、时令性表达。同时也可以用马克笔、彩铅来辅助运用到水彩作色训练过程中。

（2）强调作色透明、不叠加、靠线，特别是有一定灰度的水彩色练习表现不同的建筑材料，掌握竹木、钢材、玻璃、砖石等建筑质感尤为重要，在水彩风景写生当中，上述物体也是最为重要的。

（3）钢笔淡彩和钢笔赋彩是该部分练习的两种形式。前者主要强调运用透明的水彩，不破坏作品的边界的着色练习；后者可以尝试用薄水粉在底稿上进行着色训练，甚至可以打破边界来进行着色，目的是让学生在绘画中不拘一格、发挥自我。着色完成后，可以用其他不同的画笔进行后期色条的补充，达到线色相容的艺术效应。

2. 素描风景写生着彩的教学特点分析

（1）总体的概括起来为：素色方宇，随类赋彩——既强调前期素描作业的严谨性，又保证了后期赋彩的主观性、创造性。

（2）熟悉色彩工具的表现魅力，了解"绘画"与"绘图"的效果的区别性，更好地为今后的绘图着色服务。

（3）画外之话：可以强调尝试不同的着色训练。如强化记忆化着色、临摹化着色相互结合，尺幅可以小一些，强调一些文字性的记录，今后可以延展到设计草图的表现中。

3. 根据建筑学、城市规划、景观三个重点专业特点进行不同的后期着色训练

（1）现代建筑、交通建筑、城市道路桥梁、局部鸟瞰图、高架桥、机场、地铁、施工现场、滇派园林、民族村落、工业厂房、商业建筑内部、公共小空间等，这些类型的题材平时我们较少涉及，这些建筑或场景主要属于冷灰色系，是着色训练的最佳元素。

（2）通常针对建筑学专业学生我们采用的是乡土建筑、住宅建筑、工业厂房、商业建筑内部、公共小空间等来加以着色训练。

（3）城市规划专业学生我们则用交通建筑、城市道路桥

梁、局部鸟瞰图、高架桥、机场、地铁、施工现场等尺度较大的城市场景题材加以训练，并努力使其结合上城市设计的相关课程进行相互渗透。

（4）而对于景观学专业学生，我们侧重用滇派园林、公共小广场、传统街道等题材让其作后期作色训练，并纳入一些城市艺术小品设计题材贯穿于当中，作为专题竞赛等内容进行评奖，这样使教学必定有一个良性循环的效应。

结语

建筑风景素描写生教学必须是一种严谨、规范基础教学，不管课外如何进行教学的尝试，都不能影响正常的教学，学生只有牢牢的掌握了素描所具备的造型基础技能以后，才能不断进行色彩着色的后期训练。本文的目的，只是使学生在具备绘画基础知识和技能时，不断开拓创新、触类旁通，发挥个人的主观能动意识，为今后的学业产生一个"蝴蝶效应"，在素色方宇之间，用心语辐洒倾盆之彩……

论文附图：唐文为素描风景画后期作色教学所做的教学范画

图1 《笔架山下绿葱蓉》（钢笔后期作水彩作色）唐文 作

图2 《建水朱家花园古戏台》（钢笔后期作水彩作色）唐文 作

图3 《龙泉之源探幽》（钢笔用有色纸作画，后期彩色铅笔作色）唐文 作

图4 《想象画——地窖式民居群》（铅笔线描后期作彩色铅笔作色）唐文 作

图5 《景洪曼飞龙白塔景区入口踏步》
（钢笔线描后期彩色铅笔、马克笔作色）唐文、张华娥 作

速写是设计的翅膀

傅凯　倪太婷

南京工业大学

摘　要：随着科学技术的不断发展，速写这种传统的手绘形式在计算机和通信的冲击下慢慢淡出人们的视野。这使得数字化的设计作品缺少艺术性和生活的真实性。要想创作出形神兼备、意境深远、形象完美的作品，就必须重视和加强速写训练。通过速写到设计跨越这一手段的练习使设计者做到头脑灵活、思维灵敏、激发设计创造力和表现力，在设计上达到"随心所欲"的程度。让速写为设计插上翅膀……

关键词：速写　设计速写　艺术设计

Abstract: With the continuous development of the science and technology, the sketch as a traditional hand-drawn form is slowly fading from the view in the impact of the computer and communication. It makes the digital design work lack the artistry and the authenticity of life. To create the vivid, artistic and perfect work, we must pay attention to and strengthen the training of the sketch. The practice to the cross from the sketch to the design make the designer flexible, sensitive, creative and expressive, and achieve the "free" level in the design. To make the sketch improve the design...

Key words: sketch, design sketch, art and design

1. 设计速写概述

1.1 我国设计速写的现状

（1）应试教育

在我国应试教育体制下，许多学校盲目招生使学生的绘画素质每况愈下。有些高中生为了能够上大学或上好大学勉强走上所谓艺术之路，对艺术设计毫无兴趣，学习的功利化追求过于明显。学生自身的艺术修养欠缺，绘画基础较弱，对学习速写有为难情绪。

（2）"电脑设计"

随着计算机的更新换代和信息时代的高速发展，现在电脑的威力尤其强大。再加上我国许多艺术院校的艺术设计专业把绝大部分时间都放在学习软件的应用上，使得许多学生认为依靠电脑便可以完成设计，他们认为速写与设计能力的培养没有必然的关系。

（3）设计速写的教与学

由于长期受传统美术教育的影响，当前设计教育中的速写教学，基本上是在沿袭美术教育范畴中的速写教学模式，没有摆脱"绘画"教学思维的影响，没有把速写与设计紧密地联系在一起。速写的教学，并不是真正意义上为设计而服务的。

广大学生在学习速写的过程中缺乏正确的学习方法和心态，不是不加思考的盲目练习，就是不知道如何将速写素材转换成设计语言。他们缺乏设计动机和变通能力，从而使速写的学习难以突破，甚至半途而废。

1.2 设计速写的定义

速写,作为绘画术语,一般即是指作画者在短时间内,凭借观察和瞬间记忆用简练的线条表现出对象的形态、动作和神态,或者把作画者对对象的印象和感受记录下来的一种绘画表现形式。它重在感性,可以在主观上、个性上进行艺术创造与发挥,这种创造与发挥甚至是无边无际的,表现手法的自由度较大。

设计速写,是指以简捷、迅速的方式记录和捕捉设计者瞬间即逝的灵感,表达设计创意和构思,是设计者在创作过程中腹稿的视觉化表现,如设计快图等。它重在理性分析,需要符合一定的自身规律和规范性,必须具备一定的合理性、科学性,更多的是研究"用"与"物"的关联性。

2. 速写在设计中的重要性

陈侗教授在《速写问题》一书中呼吁把速写"从课堂教学的边缘位置提升到整个艺术教育的方法论平台"上,提出了重新认识、评价速写的作用和意义。速写不仅是美术专业的基础,更是艺术设计专业的基础。赵平勇教授在《设计概论》一书中指出:"每件好作品的背后都有大量的速写记录着设计工作的每个步骤和阶段,这种能力是设计师必不可少的重要技能。"速写是艺术家或设计师吸取生活营养、激发创作热情、表达创作或设计的重要手段,是使设计理念形象化的一种重要表现形式,在提高敏锐观察能力、艺术概括能力以及迸发灵感的想象力方面有着不可替代的作用。

2.1 获取素材

由于速写的方式可以不受时间、工具、地点等的限制,所以它能以最便捷的方式去记录相关形象、文字,能使设计者加深对形体的了解和对各种图像的记忆的同时丰富自己的设计语汇,为日后的设计创作奠定了坚实的造型基础和积累了大量的纪实性资料。

2.2 捕捉灵感

速写在创造性思维与触发设计灵感方面有着独特的优势,是获得感性知识的一种有力的艺术表现手段。通过速写让设计师体会并记录设计对象的一种感觉,根据这种感觉设计师来推敲、判断和确定所要的形象,从物象存在的自身规则中寻找设计中的艺术规律,促进创意灵感的迸发。每个设计师本身和每个作品都是在这个过程中不断成熟起来的。

2.3 综合能力

(1)造型能力

速写的最显著特点是快速捕捉对象的造型。在很短的时间内用概括的语言表现出对象的特点和自己的理解,这对眼、手、脑的统一协调提出了很高的要求,对整体把握和重点提炼之间的平衡进行了有针对性的训练,全面地提高了设计者的造型能力。

(2)观察能力

罗丹曾经说过:"对于我们来说,自然中不是缺乏美,而是缺乏发现美的眼睛。"敏锐的观察能力是分析和表现对象的前提,是设计师必须具备的首要素质。速写的快速表现属性首先要求设计者有敏锐的观察力,它对观察力的培养具有得天独厚的优势。

(3)表现能力

无论艺术家还是设计师在速写过程中,作品会随着心情的变化,甚至有时会随着时间地点的不同而产生不同形象的画面效果,这种形象和画面效果有时是确定的,有时是不确定的,甚至是比较随意的。对成熟的艺术家来说,不但会利用速写的这种随意性和不确定性来激发创作灵感,还会利用各种艺术手法如夸张、提炼等来因势利导,弥补速写素材的不足,既能够快捷地调整画面效果,又能够彰显艺术家个人艺术个性和风采。每一件设计作品都蕴涵着设计者的创作思维和个人情感，速写丰富多样的表现形式，在满足不同人群需要的同时极大地提高了对造型的概括能力和表现能力。

（4）审美修养

见多才能识广，速写在培养观察力和表现力的同时更积累了设计者认识世界、感受世界的审美能力。设计者在速写的过程中绝不是机械的重复或还原，而是一种对客体的独立思考，一种对客体潜在文化的深层次体验。速写的同时，思维是活跃而敏捷的，对客体的感受也是最强烈的。在这种与客体碰撞的亲密接触中，设计者的艺术素质与审美修养无论是在广度还是在深度上都会无形中有长足地提高。

3. 从速写到设计跨越

3.1 设计跨越方法

（1）增减与移植

在利用速写素材转换成设计语言时候要对其进行一番有目的的甄别和筛选，寻找出对设计有用的素材或元素，再根据所需对它们进行一定的添加和删减是完成从速写到设计跨越的必要手段之一。

另外速写素材具有一定的自然属性，这种自然属性常常会给人以思想局限性，容易使设计师拘泥于所谓生活的真实，而忽略了艺术创作的虚拟性及超越性。从艺术理论上讲，生活的真实并非艺术的真实。设计师在设计创作过程中根据所拥有的素材进行局部或全部在形象、结构、色彩等方面的移花接木，甚至有时张冠李戴是设计跨越的有效途径。

（2）提炼与夸张

艺术是来源于生活而又高于生活。往往通过速写收集到的素材是自然的、原始的，如果直接把原始材料用到设计中，除了在形式上缺乏美感，在结构功能上也是不合适的。这就要求设计师在设计过程中有效地利用速写素材并对其进行有目的的提炼、夸张与修饰，从而使设计语言更加精炼，设计主题更加明确。就像剧作家把生活中的语言进行提炼、修饰成为舞台表演语言一样，使设计画面更具美感及艺术思想性。对生活司空见惯的东西进行一定的提炼就可以创造出新的设计语言。

（3）联想与发挥

艺术是需要联想的，联想的过程既是艺术家创作的过程，同时也是给观赏者予想象空间并在其中通过自己的联想从而达到心理满足。我国京剧艺术就是如此。京剧舞台上的道具非常少甚至没有，就靠演员的表演来给观众展示情景，如扬鞭表述骑马、开门、划船等。

艺术家或设计家通过速写表现对象有时候是无目的的、随性的。有时候目的性很强的去找素材也不容易得到，而往往在不经意间发现的素材反而能够起作用，确实能印证所谓"踏破铁鞋无觅处，得来全不费工夫"这句话。在过程中需要设计师具备一种联想与发挥的能力。所谓联想就是由一个图像想到另外一个图像、由一个事物想到另外一个事物等。对于有些事物在外行人看来可能没有什么联系，但在设计家、艺术家等内行人看来里面有着某种联系，再通过有目的的发挥与改动，它们就会完全被变成为一个全新的并且非常自然的图像或事物。

联想是可以训练的。比如多观摩雨花石上绚丽多姿的花纹、屋漏痕、变换无穷的云彩等。

3.2 设计跨越步骤

（1）先小后大

在进行设计跨越中，一开始不要图多求大，可以从小规模、少部分开始，哪怕是一个局部，通过先小后大的设计跨越的训练逐步培养初学者的创造力和把握整体设计理念的能力。有时候一个小小的设计改变都能够带动整个大的设计理念的变化与确定。

（2）先简后繁

设计的简单和复杂是相对的。对初学者来说无论在把速写素材扩展成为设计语言，及其表现手法上，一开始选择的

对象和表现方法要简单或者单纯一些,这样利于初学者对设计语言的提炼和掌握,为以后进行比较复杂的设计打下良好的基础,在过程中坚持先简后繁的原则是非常必要的。

(3)先外后内

在把速写素材转化成设计语言时有时可以先从对象的外观开始,因为外观的造型更直观、更容易把握。然后再对其内部结构进行设计调整,在过程中往往要经过先外后内,再由内到外的反复多次推敲才能最终确定设计方案。不过,无论怎样都要使设计作品趋于完美,使设计达到功能与审美的高度统一。

4. 结语

随着设计教育的日益完善,速写在设计中的作用越来越突出。设计的思想不是僵硬,而是在"跳跃"中寻找"理性"的存在方式。因此,在速写的教学中着重培养学生如何从多种角度观察理解事物、如何在表现客观事物对象的同时训练对其归纳、变通的能力等,这样既能够逐步树立学生们的学习速写的信心,又能提高他们学习兴趣,并将以往单纯的绘画性速写训练,转化为针对设计思维能力的培养。让学生在速写的教学过程中具备敏锐的观察能力、创造性的思维能力、准确的造型能力以及丰富的表现能力,为在今后的设计生涯中有所建树打下坚实的基础。

速写,是设计的翅膀。它不仅能让设计起飞,而且能让设计飞得更高、飞得更远。掌握好速写这对"翅膀"为设计本身服务,将会带来从"地面"到"空中"的飞跃。

参考文献

[1] 傅凯. 速写到设计跨越. 南昌:江西美术出版社,2011.
[2] 陈侗. 速写问题. 长沙:湖南美术出版社,2001.
[3] 赵平勇. 设计概论. 北京:高等教育出版社,2003.
[4] 张彦军. 论设计速写在教学中的重要性. 美术大观,2010;01.

图解心智
——中法联合教学的启示

朱丹

东南大学建筑学院

摘 要: 设计往往被看成是一个灵感突现的过程。然而事实上,任何形式的设计从某种角度上来讲都是对于设计者精神世界的一种图解。一个心智成熟的设计师必然拥有极为丰富的经验或者那些从其他地方获得的与其专业相关联的东西,将之联合碰撞才能获得创新上更广泛的自由度。Philippe Guerin的工作营计划在培养学生如何发现、如何重新认知、如何创新方面提供了很好的学习机会,也给建筑美术基础教学带来了新的启发。最终,联合教学的成果以学生们用不同的图式来回答和定义他们对同一个课题的理解而结束。这一过程他们所经历的、所获得的,对于整个大学生涯甚至是日后的设计工作都将受益匪浅。

关键词: 图式 心智 视知觉 体验 反向思维

Abstract: Design is often regarded as a process that involves the sudden appearance of inspiration. However, every design patterns usually comes from result of designer's thinking. A designer with a mature psyche must have very rich experiences or things associated with his/her profession that he/she can directly or indirectly obtain from other sources. A more extensive degree of freedom in innovation can only be attained by combining them together. 2010's joint teaching with Philippe Guerin was a great opportunity for our rising juniors to study how to observe and think. Just like what was revealed in this joint instruction, students completed and defined their different understandings of the same project with different schemas. What they experienced,and obtained in this process will greatly benefit their entire career at college and even their future design work.

Key words: schema, psyche, visual consciousness, experience, reverse thinking

设计往往被看成是一个灵感突现的过程,然而事实上,这种看似偶然的"灵光一闪"往往来自于设计师日常经验的积累。任何设计思想其实都是他们脑海中已经存在的原始材料的另一种表达形式,这样便形成了对事物的全新认识。通常,积累越多,认识越广,可能出现灵感的机会就越多。积累起来的经验影响到人们的思维,最终形成个人具体的心理特点与心理规律,我们将之称为心智。一个心智成熟的设计师必然拥有极为丰富的经验或者那些他们可以直接或间接地从其他地方获得的与其专业相关联的东西,将之联合碰撞才能获得创新上更广泛的自由度,所以任何在平淡的生活中的所见所闻,以及从别人处获得的好的想法对于设计师而言都是相当重要的,他必须注意并且思考从而发现意义,将这种思考的结果以图形和具体的设计样式表现出来并传达给他人。故,任何设计的形式从某种角度上来讲都是对于设计者精神世界的一种图解。

2010年8月,以绘画、空间、设计为主题的中法联合教学工作营给东大建筑学院的学生们提供了一次视觉设计体验的新契机。具有异域文化背景和办学历程的法国巴黎玛拉盖国立高等建筑学校的 Philippe Guerin 带来了系列课题,从艺术史的角度开始,以空间及设计为延续对学生进行设计思维的专门训练。对于即将升入大三的学生而言,此次教学在引导怎样观看如何思考方面提供了很好的学习机会,是一次极为有意义的精神之旅。

整个工作营日程安排极为紧凑。在大约一周的时间里,学生必须消化掉五个讲座、完成三个练习、并只能利用一天的时间来准备成果展示。讲座分为五天进行,围绕三个主题:"空间中的一个点"、"没有什么比一个表面更有深度"、"所有建筑都是对运动的一个框景";引导学生学会如何深入地"观察"和"重新体验"生活,以此作为思考的出发点,试图引导学生从一个起初与实体空间并非具有直接关联的想法完成向作品的转化,并鼓励学生将实践成果与未来的专业设计课题相结合。学生也由此有机会从惯常的观察方式中抽离出来,从各自不同的角度深入思考,找出与课题的契合点,并培养起对作品的独立思考的能力和批判性精神。在此,需要强调的是,如何"观看"、如何"发现"、如何"体验"、如何"认识"正是拓展心智的重要途径。

艺术家和设计师总能比常人发现更多有趣的图式,这并不是说他们的眼睛有异于常人,而是他们的工作长期与视觉图像打交道,这使他们对图形的敏感度高于常人,对于一般人而言的普通形式在设计师眼中可以重新转化为另一种意义的图式,它取决于在某种特殊情况下通过由形式引起进而与形式产生联系表达的意义;捕捉这种联系,重建新的意义,并启发他人或引导他人认同这个意义。第一个作业——"没有什么比一个表面更有深度"。课题的关键在于如何看待"表面"如何"链接意义"。在平面(表面)与深度这对看似矛盾的概念中,平面(表面)是可以被深度干涉,进而影响深度的。

——"平面可以表现时间的深度"

在"时光的表面"这一作业中,学生在偶然的情况下发现了长期受热及摩擦形成的餐桌表面有趣的痕迹。这有可能是他们在无数次观察到这一肌理中的极为平常的一次,但在课题引导下,观察者的态度发生了改变,图形从它们原有意义链中被释放出来,从而失去了本来的意义,同时在一个新的背景下被观察,唤起了其他意念,并形成了别的什么东西,可以说形式自由了,它从更早的含意体系中被分离,自由地担任了新的角色。(图1)

——"表面即表皮吗?"

——"表面是真实的吗?"

当你从一个截然相反的角度来看待表面,将表面理解成为事物的发展过程的某一个片段时,就会发现隐藏于表面之下的东西更可以反映事物的深度和过程性。季欣和张翔的作品中就表现出设计者强烈的反思。第一个作品(图2)将剖面作为表面来理解,用此来反映事物的内部结构和肌理,这样的肌理和被剖的物体有着密切的联系,通过剖面的表达可以反映事物的本质。而第二个作品(图3)"具有欺骗性的表面"进一步揭示了表面的迷惑性,有时表面可以被理解成装饰,无法反映事物本质,而内部的结构是有待揭示的。作品希望展现揭示过程的震撼力,因此设计思路便产生了,通过一种"野蛮"的方式表达的手法强调了表面与本质的对比。这里,作品所展示的并非一个简单的结果,而是透过图式表达作者对这一问题的与众不同的视角与思考的过程。知识总是使人们趋向于寻找可认知的部分,因为这部分是可以被人们尽快地解读和理解的,但若只停留在这一步,心智便不会得到进一步的机会。你越是对固有意义表示怀疑,就越容易对此进行分析,这样思维便活跃而开放,甚至产生新的意义。不断积累的丰富思想财富使我们的心智更趋成熟,当你解决问题时从中选取的潜在指示就越多,简而言之,你可以通过一个根本不同的方式来创造新的机制。然而作到这一点

图1

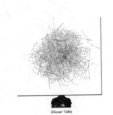
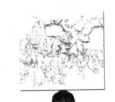

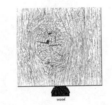

Face of the Time

并不容易，因为我们处理一项任务时，旧的观点和思想会作为一种经验自然地涌现出来，你必须时时提醒自己摆脱它们并不断尝试反问。自于对旧价值观的批判，必须尽可能地开放思维，惯于怀疑旧的概念或"真理"，我想这便是他们在这个课题中获得的宝贵经验。

——"平面实际是三维空间的无限压缩，所以我们看到的平面是空间的一端。当我们取被压缩空间中的若干个截面，并将其拉开一段距离时，再看到的也许会是一个不一样的由平面构成的三维效果。所以最终作品在不同角度看会有不同的感觉。"（图4）

——若在空间中设立一个切面，以表明二维世界的广度，又以不具方向的时间为第三维，即获得这样一种经验：过去，现在和未来全部叠合在薄薄的平面上，二者构成新的三维结构，并获得宏大叙事的全景。以"Etienne Jules Marey 的运动影像分析"和杜尚的"下楼梯的女人"作为先例，对第二种时空观进行尝试。（图5）

第二个作业——根据"所有建筑都是对运动的一个框景"或"线条的图像、图像的线条"这两句引言发展成为设计作品。同学们被要求理解引言，结合前面习作的成果，不限材料及手法，对之前研究作进一步深入研究或跨越式的发展。课题的要点在于理解和把握人的行为与建筑空间之间的关联，或进一步细化为，将人的行为轨迹线形化后对于空间的重新认识。题目直接由法文翻译生成，两种语言体系本身在理解和翻译之间可能存在的差异和相较于第一个课题具有更大的抽象空间，这让每个同学从多种角度来解释飘忽不定思维成为可能。从学生作业的结果来看，图解朝向更为哲学、更围绕个人的世界观的方向发展了。每个作品的形式与思想之间的关联更为隐蔽、更抽象了。

"无论孔洞或窗口，墙都相对之构成边框。墙为实，孔为虚。一方面将观察者与观察的对象隔离：为看提供隐蔽；另一方面又要求观察者为安全感付出代价：片段，看不到的剩余。"

"看和被看的经验与看和被看的两个空间。"

——张永和

在前者的基础上，尝试对"窥视关系"的进一步探讨。
偷窥者的困境（图6）
体验者进入三联厢的居中的一间内，左右两侧厢壁上都

183

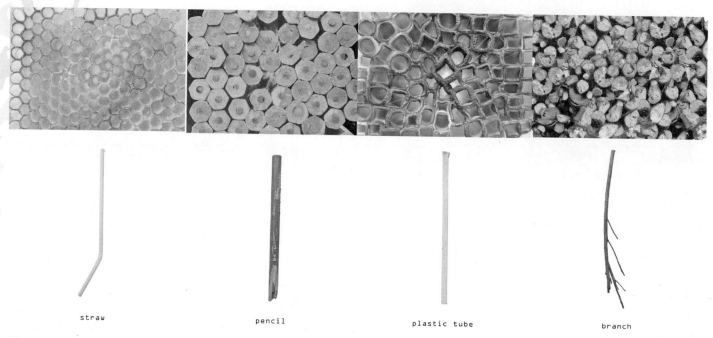

图2

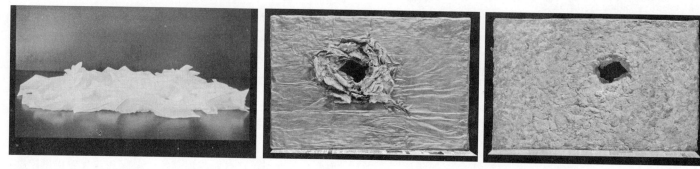

图3

有窥视孔,望进去希望一窥相邻厢房的内容。起初难以辨认看到的内容,当偷窥者意识到观看的只是自己经过一组镜面后呈现的虚像时,体验结束。

看和被看两种经验同时体验,看和被看两个空间重叠。

偷窥者的协约(图7)

装置被放置于展室的中央,四面厢壁上都设有窥视孔。好奇的参观者从四面向内看——厢内没有内容物,窥视空房间的偷窥者们"以眼还眼",静默中履行彼此的协约。

通常,好的设计作品总是试图用最适当的图式来解释设计观点。但是,什么样的形式才是最恰当的形式呢?每个人的选择都有可能不同,但是往往只有那些看似简单,却恰如其分地表达出丰富含义的形式才最为打动人心。因为这符合

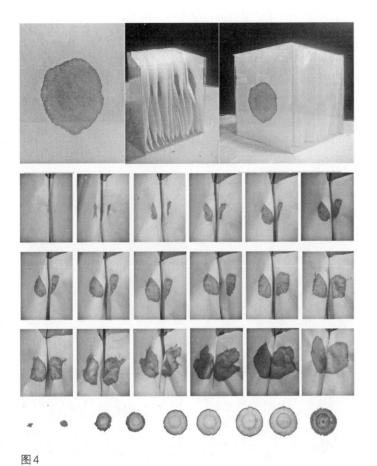

图4

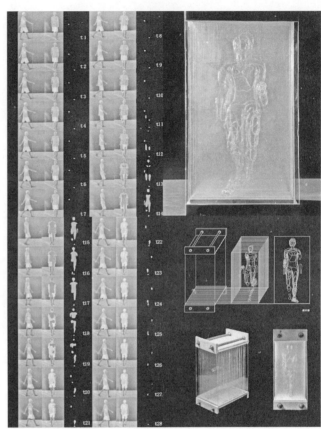

图5

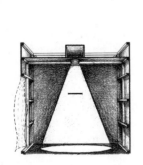   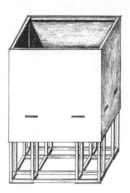

图6

了人们在知觉意义上把握事物特征的极简原则。最令人满意的简洁形式意味着最小的能耗而非奢侈与浮华，把一个观点讲得过于复杂与把它讲得过于简单一样是一件糟糕的事。在此次工作营的最终成果中，许多学生作品很好地把握了作品简洁性与复杂内涵之间的平衡。比如钱峥与马广超的视频作

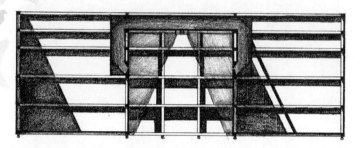

图7

品"生命开始于结束"（图8）诠释了一个具有深刻含义的主题：任何事物在经历了或长或短的生命周期后终将走向灭亡。从这个意义上来看，所有事物的表面就算如何的多姿多彩、与众不同，在开始的时候就注定走向同一个终点，这里"表面的深度"被理解成为一个生命过程。两个设计者采用了非常直观的具有诗意的形象仅在一分多钟的时间内便展示出这一作品的观点，所采用的中国画形式充分利用了该材料的物理机能，作品形式洗炼、主题深刻、富有诗意。可以说，这个作品的主题是复杂的，但在复杂之上显示出的简约风格显示了作者的心智在把握作品形式与主题关系上的成熟。

随着人们对世界的探索与体验的不断深入，事物也将不断地被知觉重新把握、重新确定；而心智的逐步完善与成熟将导致设计师们随时随地地准备用新的图式来重新定义他们对世界的理解。在这种前提下，设计教师的工作也将被重新定义。教师不应再是灌输教条或是将自己的经验强行灌输的人，他们应该扩大学生的兴趣范围，唤醒学生的热情、感受能力和好奇心。给予时间，提出问题，促使学生自己思考

和探索。对于建筑学学生，课题的设置不应只局限于围绕建筑的方面展开，而应扩大与此相关联的圈子，比如文学、音乐、数学、生物、舞蹈、绘画等等，使他们更早的打开精神空间，将新的事物引入他们的领域。正像此次联合教学所展现的那样，一百多个学生以一百多种不同的图式来回答和定义他们对同一个课题的不同理解。这一过程他们所经历的、

图8

所痛苦的、所获得的，对于他们的整个大学生涯甚至是日后的设计工作都将受益匪浅。

参考文献

[1] 赫曼·赫兹伯格. 空间与建筑师[M]. 天津：天津大学出版社，2008：5.
[2] 郑时龄. 建筑批评学[M]. 北京：中国建筑工业出版社，2009：9.

图形分析与图示新概念
——表现素描教学心得

杨晓

北京建筑工程学院建筑与城市规划学院

摘 要：图形是构成图示形象的基本环节，图形分析思维与构成形式是图示建构的基础，造型艺术的物化形态以此为基点，逐步发展而趋向于审美价值的成熟。美术三表现素描针对学生表现方法，构图技能和图形创造分析能力的培养，是一项系统化的综合造型训练课程。本文通过分析教学中图形分析能力，构成思维的特征，旨在促进学生的综合创作能力拓展，从思维向度，图形思维方法，风格化图式的创立等几个方面进行分析，以此引导学生的知觉创造力，完成从基础造型技能向专业创作思维的转变。

关键词：素描 创作 图形 图示

Abstract: Figures are the fundamental elements that comprise graphic signs; thereoofore, figure analysis and integral format are bases for graphic sign construction. The materialized structures of modeling found upon the realtionship between figures analysis and graphic signs, gradually developing towards a professionalism of aesthetic appreciation. The expressive sketching aims at training the ability of constructing graphs, creating and analysing figures. It is a synthesized but systematized modeling training course. By emphasizing the figure analytical ablility in the training processes and components of thinking, this article intends to promote students' overall creating ability. It stressed on figure constrction ideas, creating stylized graphs and some other aspects. Throughout this process, it enlightens students' perceptive creativity, reaching the goal of transforming the fundation modeling ability into professional and creative thinking ability.

Key words: sketch, construction, figure, graphic

图形分析的思维方式辩证地反映了意识对存在积极的能动作用。宏观上，它是任何一种视觉艺术创作从抽象思维转化成为具体形象并具有独特形象身份特征所必经的思想道路。这种思维形式，不会因绘画造型或设计造型这等狭隘的分工而割裂开来，它具有十分普遍的意义，图形分析的思维方式拥有两大共性。其一：在形式上，它始终保持着相对完整、朴素的、由点到线的特征。这贯穿于形象创造的始终。艺术创作的过程犹如下棋，把实施计划比作棋盘，棋子仿佛是创作过程中迸发的灵感，他们跳跃着充满生机。但处于相对不系统混乱的状态，图形分析的思维方式是使这些观念、想象系统化的方法。在创作主体的积极控制下，将这些要素置于一个清晰的思想轨迹中，及时地把偏离轨道的想法纳入系统中，进行归纳、分类，剔除不相关的思想，尽量在相对完整、单纯的思想轨道中实现创作目的。由此可见，艺术创作过程千变万化。主体的创作能力便体现在是否能充分正确合理的思维方式，在游戏规则允许下，在尽可能单纯直接的线性轨迹上实现艺术的形象创造。

图形分析的思维方式所具备的共性特征之二是一个由模

糊——清晰——模糊的渡过形式，在创作之初，在创作主体的思维中，针对最终的创作结果会斟酌出许多的形、概念、想法。这些思想体现了一种抽象的模糊（除以上所提及的不系），在前意识中，当这一点状思维达到饱和后，创作主体会实施图形分析思维方式由抽象转化为具象的第一步，针对性的对形象、想法、概念进行具体的分析，抽象归纳产生形而上的创作理念，然后演绎出形而下的、具体的、清晰的艺术形象。这个由抽象模糊到具体清晰的渡过是任何艺术形象创造所共有的经历。但我个人认为，一件优秀艺术品或设计作品的诞生，其清晰具体的形象并不是创作思维的终点，它必须还要经历一个升华的过程，在这个过程中，具体的形象将对作品的消费者或观众产生视觉冲击和心理暗示，从而形成富有个性的、鲜明的视觉经验，这个过程的发生难以用形而上的概念加以机械的概括，所以具备了抽象、模糊的特征，它超脱了起始阶段的抽象模糊性而更进一步。虽然这个过程并非单纯的主体思维方式，但作为创作主体与艺术客体一种积极的互动方式，这个过程所具有的典型性也就成为图形分析思维方式的有机组成部分。

图形分析的思维方式在微观上，是空间艺术创作有力的助推器，任何关于图形分析的思维都将涉及空间的创造，无论虚拟的还是真实的空间。因此图形分析的思维方式将决定空间创造的合理性以及整体性。空间创造的过程由点开始，不同的点连成线，线形的滑动构成面，面的纵横将拓展成空间。一个系统空间的建立绝非易事，母系统的合理性，子系统与子系统之间的联系，以及形成子系统各个要素的优劣。思维过程的每一个要素都将决定空间建立的合理性。创作主体为建立具有独特艺术感染力的视觉空间，必将经历一个非常痛苦的视觉分析的过程。分以下四个步骤：第一步：广泛积累图形资料，这其中包括与创作有关的背景文献、优秀的视觉经验、作者的创作草图以及虚拟的视觉体验。第二步：详细的对比，对所积累图形的资料、草图、视觉经验进行详细的对比、分析，从中判断出这些图形资料是否与艺术创作具有契合形。第三步：大胆的选择，根据第二步对比分析出的结果，保留与创作系统具有契合形的资料，剔除无关的部分。第四步：积极的实施。这一步将是对我们图形分析最有力的佐证，也是一个从抽象计划向具体艺术空间转化的重要过程。主体的思维对物质存在积极的能动作用在这个过程中发挥到极致。而针对创作主体的思维活动，作者认为，这是一个眼——象——脑——手——像循环往复的活动过程。敏锐的观察对视觉形象创造的重要性不言而喻，通过主体的观察，对现实生活的具体存在形式形成一种模糊的印象，这就为以后艺术创作埋下伏笔。这些象的因素经过一系列思想过程的加工、对比、分析，形成形象，并通过手表现出来。在创作中，形象往复徘徊于眼手之间，找寻与创作理想最佳的契合点。

图形分析的思维方式作为艺术创作系统中一个有机的组成部分，日益成为艺术创作主体思维中符号化的创作理念，发挥着越发显著的作用。随着艺术创作广度的拓展，深度的延伸，它的内涵也逐渐丰富。它是一种创作理念，不断地启迪我们给我们以启示。他更是一种心灵的暗示，告诫我们不可轻视任何一种可能，帮助我们把握潜在的可能，以创造美的现实。

拓展环境艺术设计专业学生设计思维的思考

郭晶 徐钊

云南昆明西南林业大学艺术学院　云南昆明西南林业大学艺术学院

摘　要： 拓展环境艺术设计专业学生设计思维是艺术设计教育一直在探索的主题。本文以创新人才培养为主线，着重研究设计思维在艺术教学中的训练方式，对拓展环境艺术设计专业学生的设计思维能力，在素描技法、形的构造、艺术理论、创新基地等方面提出了新的见解，以此引发对我国环境艺术设计专业教学的思考。

关键词： 设计思维　环境艺术设计　艺术设计教育　思考

Abstract: For the student of the environment art design specialty, it is the subject been exploring to develop their design thinking. Based on the cultivation of the innovative talents, the paper focuses on the design thinking of training mode in art teaching, and puts forward some new ideas such as sketch technique, shape structure, artistic theory, innovation base and so on. The paper could benefit the environmental art design teaching in China.

Key words: design thinking, environmental art design, art and design education, consideration

环境艺术（Environment Art）是现代文明的产物，但在经典美学著作中，难以找到"环境艺术"这一概念。在遥远的古代，生产力水平低下，人们对环境的要求只能局限于实用、坚固，只有少量的建筑物需要考虑舒适、美观。随着近代工业革命和现代科学技术的迅猛发展，人们物质文化生活水平不断提高，艺术参与环境改造活动越来越多，与环境的关系越来越密切，环境的美学问题自然地提到议事日程，环境艺术这一概念才应运而生。

环境艺术设计是一门涵盖了社会、文化、科学、艺术等方面的综合性很强的新兴学科，根据学科特点确定培养计划、把握动态规律至关重要。从不同角度探索环境艺术设计专业未来的发展思路，培养合格人才，需要既具备艺术素养，又有理性的思维方式，特别是审美能力、个性表现和创新设计水平。改革开放以来，国内高校培养了很多从事环境艺术设计的人才，各式各样的环境艺术作品也充满了城市各个角落，但没有多少是能真正带来愉悦的优秀作品。从事环境艺术设计的设计师，相当一部分沉迷于物欲和竞争，创作意识淡薄，盲目抄袭大师作品，忽视景观、建筑、室内的艺术质量，缺乏对作品更高层次的创作追求。因此，作为环境艺术设计的教育者不得不反思自己，如何培养具有良好素质的创新人才，如何拓展环境艺术设计专业学生的设计思维是必须思考的重要议题。

拓展环境艺术设计专业学生的设计思维应从艺术设计教育的基础教学入手。现行的基础教学的基本内容，从我国设立美术学院开始至今，主要开设素描、色彩、速写等课程，作为学生对环境艺术表现的培养方法和提高艺术素养的培育手段[1]。这些课程过去、现在、未来都曾经、正在和仍将发挥着提高学生的审美和表达能力、培养创造能力、提高社会意识等作用。但是时代、环境、受教育者不断改变，环境艺术设计专业也应适时地调整教学课程的角度和内容，与时俱进，图谋发展，才是环境艺术设计专业保持活力的根本所在。

1. 通过素描技法的训练，提高学生的表达能力

当今艺术设计教育的基础教学是以现代素描教学为依托，要求学生多注意观察、理解和表现，注重对形象记忆和想象力的培养，而传统艺术设计教育在培养学生写实能力方面确实有良好的效果，但对于当今环境艺术设计的要求明显不够。国内开设环境艺术设计专业的高校，由于对基础教育的认识存在差异，素描大多沿袭传统的教学方法。对设计师而言，造型的表现力和艺术的领悟力尤为重要，因此，有必要通过现代素描训练使学生的审美和表达能力发生根本性的转变。

适应环境艺术设计专业特点的素描教学方法应该是用现代设计学科体系和知识结构为基点，以培养环境设计方面人才的创造力和艺术素质为目的，借鉴当今先进的教学方法与观念并结合自身实际所产生的教学方法。旨在使学生得到技法训练的同时，逐步向探索、发现和创造方向发展[2]。在现代素描教学过程中，教师应向学生传达美的感受，以及如何运用正确手段去创造美，通过吸收国内外高校的教学实践经验，可以将整个教学过程分为四个阶段：①兴趣的调动阶段，在基础素描教学过程中，注重培养学生的观察能力；②技法训练和审美感知阶段，在写生教学过程中，使学生通过记录可视化的形象，逐渐掌握透视规律、素材取舍和组织画面的能力，强调对物象的感受力和记忆力；③培养审美能力和创作能力阶段，在结构素描教学过程中，使学生对空间的关注由感性的色调、光影表象转为理性的内部结构形态和空间连接关系，力求透过物体变相探寻其形象本质，可以运用夸张变形的手法创造性地将其刻画出来，旨在培养学生对形态的归纳、整理、概括和想象能力；④培养创造想象力阶段，由于表现素描与现代设计有着广泛的联系，是一种带有创作性或设计性的素描练习，应将表现素描作为现代素描教学的重要环节，将素描从单纯的技能训练深化到对学生的观察力、想象力、创造力的培养，最大限度地发挥其想象力，使其适应现代艺术素质教育的要求。

总的说来，环境艺术设计专业的现代素描教学应针对其专业特点，通过了解点、线、面来掌握对空间、体量、明暗的认识，以及组织画面的基本造型语言；通过分解物体多样性的表现特征，抓住物象的存在方式，以及形式美的规律，进一步认识形式构成的原理和形式语言的表达方法，从中寻找适合自己的绘画方法和手段。另外，通过学习现代素描，可以提高学生对现代艺术的审视力、鉴赏力，满足现代环境艺术对人才能力的需求。

2. 通过形的构造的学习，提升学生的造型能力

"环境艺术"中的"艺术"，是以美术为骨架的。造型、光色、尺度、比例、体重、质地等形式美，是环境艺术的基本语汇。形的构造对环境艺术是一个非常重要的综合性创造，但是目前环境艺术设计专业在培养学生造型能力的基础课程中，除了素描、色彩、图案外，还有就是从70年代末引入的"三大构成"。由于一直沿袭着数十年不变的造型模式，使得如今的造型基础课没有办法跟上设计主干课的发展脚步。形的构造的教学最终的目的是培养创造性思维。三大构成中，尤其是立体构成的训练重点在于"造型"，它不是单一技术的训练，也不是模仿性的学习，而是指导学生通过有效的学习方法，在造型设计过程中，探索形态各元素之间的构成法则，提高与形态相关的敏锐观察力和欣赏素养，综合各要素创造出完美的独特造型设计[3]。在立体构成教学中，应以培养学生的创造力和提升学生的造型能力作为首要

任务，也应以经验、感知和实践为原则，充分强调个人的直觉体验和个性发挥。课堂形式可以丰富多样，生动活泼，但在教学中应设置明确、清晰的主题概念，并全方位地从各个角度集中探索对主题的体验，鼓励多种艺术表现的方式、语言和素材，使学生的思维方式呈现出活泼、开放、具有创造力的姿态[4]。

对形的构造的观察和感受能力（通过手、眼睛、大脑配合来完成图形思维）是进行设计思维必须具备的基本素质。这种素质的培养有赖于图形思维能力的建立，由于学生在性情上的差异与思维方式不同，会使得学生有意识地寻找适合自己个性的技术活动，从而产生具有创造性气氛的新颖作品。

3. 通过艺术理论的掌握，提高学生的修养水平

艺术理论是艺术家在精神探索过程中的心得体会和经验总结，也是历史上杰出的思想家、哲学家对艺术的真知灼见。他们在艺术方面的深刻见解能帮助学生正确地认识和理解艺术，使学生在拓展设计思维能力过程中减少摸索的时间，因此，了解艺术史和艺术理论是环境艺术设计专业教育的重要课程之一。各种艺术理论都是从某一个角度对艺术创作的认识，应在充分了解艺术理论的前提下进行整合，借鉴和吸收百家之长，如表现主义可以在艺术设计教育中引导学生通过捕捉艺术作品中的情感来理解作品，而后现代主义则有助于学生从接受者的角度来考虑问题。面对不同时期的艺术作品，可以有意识地引导学生将该作品与其所蕴含的艺术理论联系起来，这将有助于学生对艺术形式的进一步认识，并形成一定的历史感，养成多角度把握事物的习惯。

4. 通过创新基地的建设，提供学生的实践平台

教学工作的主要目标之一就是尽可能激发学生设计思维的创造性潜能，使其成为富于想象力和创新精神的设计人才。近年来，各大高校在创新能力培养方面做了大量的工作，逐步建立起面向社会、面向实践的教学创新基地，让学生有更广泛的途径接触社会，如同济大学的建筑专业开设了设计基础形态训练基地、美术教学实习创新基地、城镇历史文化遗产保护与利用实践教学创新基地、中国传统家具教学创新基地、艺术教学创新基地、社会实践创新基地等，内容涵盖各专业创新实践能力培养的各个环节，并可向其他专业学生开放。其中，艺术教学创新基地的设置以"形态创造"为主线，在实践基础上充分了解现代艺术的形式及理论，使学生在艺术想象力、艺术审美力、形态创造方法、艺术创造中对材料的驾驭能力等诸多方面进行研究、训练和提高。另外，还设置了一些与造型密切相关的课程，如陶艺设计、装饰艺术、雕塑艺术、版画艺术、铜版画艺术、扎染艺术、创意性绘画表现等，这些课程的设置，实现了艺术设计教育多样开放的培养模式，增强了学生的鉴赏力和创造力。

小结

设计师设计思维能力的高低，不是只依靠专业知识本身就能够建立的，必须掌握拓展设计思维的渠道。在当今环境艺术设计专业教育中的基础教育，应提倡尊重艺术设计教育的特点和规律，注重教学体系的多元化，重视学生的审美能力、个性表现、思维方式、实践技能和创新设计水平的培养，要善于借鉴其他艺术形式和手段丰富学生的体验，适当打破传统的教学模式，构建艺术设计教育的开放思维模式。

由于设计与人们的社会生活息息相关，广泛的社会经验、生活经验及较深的艺术素养对设计思维能力的提高具有不可估量的作用。只有认真观察生活，热爱艺术创作，在大量的感性积累中汲取养分，才能建立起自己完整的设计思维体系。

参考文献

[1] 周至禹. 设计基础教学[M]. 北京：北京大学出版社，2007：24~40.

[2] 靳超，朱军. 现代建筑素描教学研究与探索[D]. 中国建筑教育学术研讨会论文集，2002：69.

[3] 郭涛. 论立体构成对创意思维与创造力的培养[J]. 美术教育研究，2011（4）：54.

[4] Johannes Itten，Design and Form,the Basic Course at the Bauhaus and Later,first published in1963, revised edition 1975, Van Nostrand and Reinhold Company,page7 to page8.

新时期建筑美术教学的探索与研究

陈方达

福州大学建筑学院

摘 要: 艺术造型技能的培养、审美能力的提高、创造性思维的培养是建筑美术教育的核心内容。调整、完善课程结构,更新教学内容和方法,转变教学观念是建筑美术教学改革紧迫而重要的课题。

关键词: 建筑美术 审美能力 艺术修养

Abstract: Training of the artistic form design skills, improving of the aesthetic ability and developing of the creative thinking are the core of the architectural art education. Adjusting and perfecting the structure of course, updating the teaching content and method and changing the teaching ideas are urgent and important topics of the teaching reform of architectural art.

Key words: architectural art, aesthetic ability, art accomplishment

建筑美术作为建筑学专业(包括城市规划、风景园林、环境艺术设计等专业)的一门专业基础课具有其自身的特殊性,它既不同于美术学院的专业教学,又区别于普通的美术通识教育。在新一轮的教学改革浪潮中建筑美术在建筑学专业基础教育中应该怎样发挥自身的特点,做出更加适应新形势的改革,发挥更重要的作用,这是我们从事建筑美术教学的教师需要研究的重要课题。

1. 对建筑美术教育的再认识

关于建筑美术教学的改革方向一直都存在不同的意见,有人认为建筑学专业开设的美术课,约定俗成的名称也叫做建筑美术,理应就是完全为建筑教育服务,建筑学专业的需要就是建筑美术教育发展的方向。"美术教学虽有对自身系统完整性的要求,但站在建筑教学的整体需要上考虑,美术教学的价值高低,主要取决于与建筑教学有机配合及应对建筑教学需求的程度,而并非自身系统完美的程度。"[1]从表面上看这样定位建筑美术教育是有道理的,但从更深一个层面来看就会发现问题,这种观点具有强烈的功利主义色彩,如果建筑教学需求什么美术教学就教什么,片面追求美术教育的单一功能,把美术教育完全沦落为一种工具,最终美术不仅在建筑教育中不能发挥更有效的作用,反而将更进一步地"贬值"。

我们认为建筑学专业开设美术课程概括起来至少有以下四个目的:第一,培养学生掌握一定的绘画表现技能和图形表达能力;第二,转变学生的思维方式,加强形象思维能力;第三,提高学生的艺术修养和审美能力;第四,拓宽学生的知识面,培养创造能力。这与尹少淳提出的"美术教育综合目的论"的理论观点基本相似。"就美术教育而言,必须有赖于美术教育整体价值的实现,而不能仅仅寄希望于美术教育某种单一价值的实现。"[2]特别是针对以理科招收入学的建筑学专业学生来说,前面提到的美术教育的任何一种目的都是非常重要的,是亟待提高的能力。

在强调美术教育综合目的的同时,我们仍然要重视美术教育技艺性的基本特征。"艺术活动从产生的那一刻起，就以技艺性为基本特征。技艺的训练、传承与改进，是人类文明演进的基石与动力。音乐活动培养了能欣赏音乐的敏感的耳朵，美术作品培养了能欣赏形式美的精致的眼睛，同时更训练出了最灵巧的手和最有悟性的大脑。"[3] 美术教育离不开"操作"技术的训练，没有"操作"的美术教育，只能算是"玄想"式的人文教育。而仅有"操作"，培养不出具有健全审美心理结构、具有完整人格、并能以有异于他人的方式表达其独特的思想情感的美术素养。艺术家首先是一个文化人，并且是一个"以能传达的形式来表现感觉、表现心理经验的样式，以规定的形式来表现思想"[4] 的文化人。

优化课程结构，增强美术学知识和相关人文知识教育，将技术训练与审美文化教育有机结合起来，特别是在"操作"性课程中，"注重引导学生利用某种视觉媒介有效地传达艺术感觉和思想，从而提高他们艺术修养的知觉能力。"[5] 这是美术教育课程结构改革和教学方式改革的一个重要课题。没有合理的课程结构和自觉以教学心理科学为指导的教学，是缺乏现代性的教学，只有操作技术而缺乏文化内涵的教学仅仅是"工匠"的劳作。这两种倾向都应该避免。

2. 计算机给建筑美术带来了怎样的影响

计算机绘图在设计中的广泛应用确实给美术教学带来了新的挑战，计算机绘图在设计应用中对传统手绘表现的冲击在10年前表现得特别的突出，大有计算机绘图要彻底取代手绘表现的架势，业内有许多人对这种"可能"的趋势也深信不疑。计算机绘图具有标准化的特点，精确性高、特别适合于做大量重复性的工作。这些方面计算机确实比手绘具有更大的优势。但是在建筑设计过程中，心、眼、手的配合是设计创造中不可分割的整体。心随手动，在设计中用形象来辅助思考。这里所说的不仅仅是停留在头脑中的形象，而是用

手实实在在画出来的形象。也就是说，通过勾画图形把大脑内部的设计思维活动延伸到外部来，使其具体化、形象化。形象的思维和设计的构思用手绘图像快速准确地表现出来是最直接最有效的一种方法，在设计创造过程中那种在脑海中一闪而过的，转瞬即逝的思维形象往往需要有高超的、快速的手绘表现能力才能够捕捉到。手绘表达既是形象表现的过程同时也是形象思考、推敲、构思和创造的过程，无论人类技术多么的先进，人们的思维过程是不可能被技术所替代的。我们在贝聿铭、弗兰克·盖里、彭一刚等许多建筑设计大师的设计草图中都能够清晰地看到他们所具备的这种高超的形象创造和表现能力。

随着时间的推移我们发现在设计过程中计算机不是取代了手绘，与手绘实际上是产生了分工，正因为有很多机械性的工作交给了计算机，手绘训练的内容和意义也发生了变化，我们可以更加关注建筑美术的教学中手绘在形象思维方面，创造性的表现方面的作用。在设计中手绘表现不仅没有完全被计算机绘图所取代，反而在很多环节人们对手绘表现比过去更加重视了。"手艺性的艺术创作过程可能给艺术家带来内心深处的欣慰和愉悦，甚至心灵的震撼，也可以给观众带来惊喜、欢愉、遐思、感悟。造型艺术的这一深层次的精神超越功能，在可预见的将来，还未必有合适的其他艺术形式可以完全替代，这也就是造型艺术仍将具有潜在的生命力，仍可以在未来演进发展的理由所在。"[3] 在笔者任教的学校，每年毕业生就业时都有很多用人单位要求应聘学生提交他们的绘画作品，这成了用人单位录用和衡量毕业生综合水平的一个重要依据。

3. 调整课程内容加强建筑美术的设计性表现基础

3.1 关于钢笔速写

在我院的建筑美术教学改革中，大大削弱了长期素描作

业的练习内容。提倡线面结合的短期作业，我们知道在设计的过程中形象的思维和传达都可以通过手绘的草图快速的表达出来，这一点在前面已经详细讨论过了，在建筑美术素描课程的教学改革中，钢笔速写的训练在我们的教学中得到了大力的加强。速写主要运用线条快速的表现，特点是简洁明快，下笔肯定对徒手绘画是很好的练习。它主要培养整体的观察力、概括力和快速果断的表现力，有助于提高主观的形象创造与表现。速写练习与建筑设计中的徒手草图联系最为紧密。在设计的基础训练中速写的训练是必不可少的，而且是非常重要的。也是其他表现形式不可替代的。学生在练就快速造型能力的同时，也提高了艺术审美能力，培养了学生在自然中发现美和创造美的能力。

3.2 关于钢笔淡彩

钢笔淡彩的色彩训练方式与写生色彩有很大的区别。首先，钢笔淡彩概括简练，强调整体性，强调主观色彩表现，同样也具有快速表现的性质，适合设计的表现需要，其次，钢笔淡彩是在钢笔画的基础上施与透明色彩，应用色彩因素造型的特征大大降低，钢笔淡彩主要是表现各物象之间的色彩变化和区别，与写生色彩相比掌握起来技法相对较为简单；再次，增强了学生学习的自信心，有利于学生在较短的时间内掌握和提高色彩的表现技能。

4. 构建多层次全方位的建筑美术课程体系

当前建筑学教育的方法正在趋于多元化，提高学生的艺术修养也具有多种途径，与现、当代艺术密切相关课程的设置，给学生提供了更多观摩实践的机会，促进了学科之间的交流与渗透。改变传统方式以适应时代发展，在教学中我们可以通过对肌理与色彩感的表现来培养学生对材料质感的敏锐感觉；对形体和空间的理解和徒手表达的训练来掌握表现技巧；用综合的方式来表达视觉形式演绎的复杂性等等。这些都是当前建筑美术课程设置和艺术素质的培养方面需要我们做深入的实践和探讨的重要课题。

4.1 引进抽象的现代审美机制加强形态构成教学实践

对现代艺术观念的认识与理解，进行现代艺术形式的探索与实践是建筑美术教学有待进一步拓展的新天地。20世纪初在西方兴起的抽象艺术对现代主义建筑产生了深刻的影响。可以说抽象艺术的观念和视觉语言已经深入到了现代建筑的内核，与建筑融为一体了。对抽象艺术的理解将会拓宽学生建筑设计创作的思路，适应当今建筑发展多元化的趋势。

形态构成注重点、线、面等抽象形态的组合与重构，强调理性的因素，注重内在的数理秩序。以培养学生的抽象审美能力为训练目的，开拓了学生在视觉语言、造型方法等方面的创造力和想象力。对于学生超越固有经验的束缚、寻求多种造型语言表达的可能性、培养对于视觉艺术形象的创造性思维有着十分重要的意义。形态构成学所涉及的形态美学和构成原理，不仅包含现代设计在视觉传达上所表现出来的基本艺术规律，而且具有现代设计的基础特性，这种特性对于受教育者在设计艺术形态的探索和美学规律的把握上起着重要作用。

4.2 教学的形式与内容设置的多样化

分析我国近代以来建筑教育艺术课程的构建与拓展，不难看出时代的发展使多种艺术元素的重新整合变成无限可能，它为我们展现出一个新的极具发展潜力的建筑美术教学空间，这也是建筑美术课程根据时代要求需要为之做长期而不懈努力的目标。所以，探索建筑美术教育课程的设置方向，创造性的发展和完善建筑美术课程体系，注重人文艺修养，着眼于培养学生具有创新的艺术品格，在新的教育体系中显得尤为重要。

传统的过于强调深度的单一的建筑美术教学内容显然已经不能适应当代建筑教育的新形势，在教学中强调多方面的艺术实践和体验，完善学生的艺术修养，拓宽学生的艺术视野，提高学生的审美能力是我们当前教学改革的重要突破口。

我院的建筑美术教学近来就新开设了"西方现代艺术鉴赏""雕塑""现代陶艺""版画"等选修课程。在使学生更多的了解西方现代文化和现代艺术思潮的同时我们也十分重视学习、继承和发扬中国传统文化，融汇中西，使之形成一个有机的整体，这样才能使学生的艺术素养和表现能力得到全面的提高。将来我们还要给学生增加更多的实践机会，拟开设的与传统建筑和艺术密切相关的实践性课程还有"石雕""木雕"等。福建民间传统工艺的资源极其丰富，以石雕为例：福建惠安石雕历来被称为"南派"石雕工艺，具有很高的艺术价值。我们拟为建筑学专业学生开设短期的实践课程，在工厂建立实习基地，把学生带到生产一线，参与和体验传统工艺制作的整个过程。相信这些课程的开设对于提高学生的艺术修养，传承传统文化，开拓艺术视野，提高创造意识都将起到积极的作用。

5. 建筑美术课堂教学新模式的探索与实践

在美术学院实行工作室制度的教学模式是大家都熟悉的一种艺术院校独特的教学方法，中央美术学院油画专业的四个具有鲜明艺术特色的工作室，经过长期的实践和积累取得了卓有成效的教学效果。艺术工作室教学制度最大的特点就是遵循艺术规律，既有共同的教学目标，又有各个工作室独具特色的个性化发展。避免了整齐划一的教学模式，促进了艺术教育的多样性和创造性。

福州大学建筑学院目前也实行了美术教学工作室制度的大胆改革，工作室由讲师以上级别的教师主持，工作室教师首先必须公开展示个人作品、介绍自己的专业方向以及教学理念。由学生自主选择进入工作室学习。

从教师方面来看，工作室教学制度的建立至少有两个方面的重要意义：其一，在一定程度上保留了具有个性化的教学特征，在教学大纲的框架下，鼓励各个工作室主持人发挥自己具有艺术个性的教学；其二，工作室教学制度引入和加强了教学的竞争机制，制约了平均主义，对教师的教学要求、教学积极性的培养、责任感的建立以及教学理念的贯彻实施等方面均不失为一种十分有效的手段。

学生实行了自由选课制度，也形成了内部健康的竞争机制，学生在选课的时候，客观上就是学生对各个工作室教学成果的投票，工作室的教学方式务必得到学生的认同，教学效果将得到检验。在学院的大力支持下，我院还在教学区域建设了大片的作品展示栏，应用了先进的展示手段，各种美术作品展示效果良好。要求学生的作业定期更换展出，各个工作室学习的学生相互之间都有机会进行密切的交流，互相取长补短，互相学习，共同进步。事实证明，工作室制度的建立，对于改变原有的教学模式和结构，促进教师教学的积极性，提高学生学习的自主性和主动性，增强竞争意识等诸多方面均有较大优势。我院美术工作室教学改革目前已经初步达到了预期的效果，这一改革的方向也有待于将来进一步地探索和完善。

结语

在新形势下，建筑美术教学根据现实情况进行教学内涵和教学方法上的调整和改革，以适应建筑教育的新需要，建筑美术就可以在新的教学过程中发挥更加积极和重要的作用。相信经过广大建筑美术教育工作者的共同努力，我们一定能够创建一套具有中国特色的建筑美术教学体系。使我们培养出来的学生，能够更好的适应社会发展的新需要，为祖国建设多作贡献。

参考文献

[1] 徐磊，宋昆. 建筑美术教学贬值所引起的思考. 国际建筑教育大会论文集，2007.
[2] 尹少淳. 美术及其教育. 长沙：湖南美术出版社，2000：176-177.
[3] 潘公凯. 造型艺术的意义. 美术研究，2011（1）.
[4] 赫伯特·里德. 通过艺术的教育. 吕廷和译. 长沙：湖南美术出版社，1996：14.
[5] 宗贤. 中国高等美术教育现状透视. 美术观察，1998（2）.

新语境　新教学

艾妮莎

内蒙古工业大学建筑学院

摘　要：建筑作为实用与审美的结合体，其发展与整个社会的时代语境有着密切的联系。当下对现代化的反思潮流中，建筑设计对"人"与"生活"的关注成为了主要的方向。在这一大背景之下，建筑美术的教学方式必然要顺应这种发展趋势，以推动新的建筑设计与美学形态的发展。

关键词：建筑设计　美术教育　美学　当代

Abstract: As a combination of practicability and aesthetics, the development of architecture has been of consanguineous affiliation to the context of the times. In the current thoughts of contemplation to modernity, the attention towards 'people' and 'their lives' has become the main trend of architectural design. Thus teaching techniques of architectural art cannot but to adapt this trend and push new architectural designs and aesthetic configurations forward under this overall background.

Key words: architectural design, art education, aesthetics, contemporary

　　建筑，这一具有实用特性的艺术形式，作为艺术的一个重要门类，同其他艺术门类一样，也与整个社会的历史语境及哲学思想有着密切的关系。

　　远溯至原始时代的洞穴，都经过人类的主观选择。虽然出自大自然的天然雕琢，但主观意识的取舍才使某个特定的空间得以进入人类的组织社会。建筑从主观的选择逐渐转变为主观的创造，这种创造都围绕着人类在不同时代下的不同需求。在西方文明发端时期的古希腊，信仰以宙斯为中心的希腊神话，倡导以理性、逻辑和认识为基础的哲学体系，建筑就因其不同的社会需求主要分为了为神而建的祭祀性建筑以及为人而建的公共性建筑。古希腊神庙的内部空间十分狭小，没有任何窗子，只依靠门口射入的光线照明。所以光线十分昏暗，也仅有祭司及领袖才能进入，整个神庙对于普通民众来说是神秘而崇高的空间。而神庙前空阔的广场才是为人所提供的公共空间，供集会及祭祀等公共仪式的进行。广场开放空间的特性，在古希腊为人们提供了交流哲学思想及进行辩论的场所，这也是古希腊男性主要的生活空间，便成为古希腊建筑的另一个取向。另一种有代表性的公共建筑即为古希腊的剧场。它承载了教化民众和发表个人言论的使命。公共性建筑的出现满足了古希腊人的生活方式，反过来公共性建筑的便利也为这种生活方式的延续及强化提供了条件。由此可以看出，建筑一方面受社会的历史语境支配，另一方面又反过来强化某种社会的意识形态。

　　由于建筑完全展现在人的视线之中，在完成其功用性的同时，其外部所要展现出的形态也是建筑的主要元素。建筑的内部与外部之间的拉力，在各时期的建筑设计中都有着充分的体现。如何使内部空间的功用性与审美性相协调，是建筑领域里讨论的重要问题之一。中世纪哥特式教堂的高耸飞升感，明显地比罗马式教堂的坚实感更能体现出宗教的崇高性。但在建筑内部空间功用性方面，哥特式教堂在高耸的空间之内却无法发挥其更多的实用性价值，只具有单纯的审美价值。哥特式建筑代表性地体现了对外部空间的主观强化。这种主观的强化仅代表着某一强制观念的取向，而不是普遍的需求。

建筑设计在处理内部空间功能性与外部空间审美性调和的道路上一直没有停止探索。社会现代性统治下的现代主义建筑，冰冷坚硬的外观，与外部空间的其他成分相互割离；内部空间的限定性及统一规划的特性，排斥了个体生活所需要的特殊性。这种排斥个性及人性的现代性特征在上世纪下半叶引起了反思性的后现代主义潮流。这种反思可以说是从建筑这一与人的生活最密切的领域开始的。建筑开始从对现代性的理性的追求，逐渐变为对人性及情感的关注。正如海德格尔所言，生存就是居住，即所谓诗意地栖居。建筑开始对更加人性化的设计方式进行探索，从为了设计而设计，转变为为生活而设计。

艾未未自2007年进行的"鄂尔多斯100"项目，出发点是带动当地生活的整体发展，使其成为如迪拜一般的新的都市。100位来自世界各地的建筑师，为这个项目提交了各类带有鲜明个性的设计方案，呈现出了完全区别于中国当下方盒子式建筑的另一种体现"人"的因素的风格。将更多的艺术个性融入了建筑设计之中，表达的是构建"诗意"居住环境的思想。但实施起来才发现众多反现实的乌托邦因素的存在。虽然出发点带有反思和进步的特征，但艺术家的某些方式过于理想化，没有做好设计中合理性及实用性的考量。不过，理想往往与现实进行磨合后便可成为提升和发展现实的最大动力。当下的建筑教育不能光停留在建筑设计本身，而要更加切合人性的真正需求，更加贴合当下的思维状态，用更加宽阔的眼光去整体的看待建筑的外部和内部、建筑与整体社会语境的关系。

当下的艺术和建筑风格呈现多元状态，没有哪种占绝对的主导地位，但都与社会本身、社会活动和社会现象有着密切的联系。如果说好的艺术作品是敢于揭露社会问题，可以唤起社会责任甚至可以改变不合理制度，那么好的建筑本身就应该是一件可以良好发挥社会功效的作品。除了为大型活动建造的纪念性建筑和城市的标志性、门面性的建筑之外，绝大多数建筑都不起眼地存在着，供人们居住和使用。这些每天都被出入无数次却不被记住外观和风格的建筑物在设计中更应该注重合理的发挥其功用，在使用中可以带来自然舒服的体验。巧妙利用自然资源，将建筑看成一个生态系统的"生态建筑"，通过在建筑内外空间中的各种物态因素，使能源在建筑生态系统内部有秩序地循环转换，从而获得一种高效、低耗生态平衡的建筑环境正逐渐成为一种新型概念，越来越多的被设计和实施。更多的建筑是作为"家"的概念呈现的，没有人喜欢待在不舒服的家里，这样就在建筑设计的合理性和满足使用需求方面提出了更高的要求。作为"家"的建筑设计不应该只存在于高档住宅小区，普通的住宅甚至供短暂居住的简易住宅同样需要好的设计和舒服节能的使用空间。当代艺术越来越趋向对社会问题的关注、呼喊和解决，当代的建筑师们的眼光不应只集中在大型雕塑性建筑上。在当前，在未来，人的本身和生活的本质才是最重要的。社会问题不该只是上层建筑社会学者和艺术家们关注的问题。艺术的表达可以使人直面问题，如何去解决，会在不断地学习中找到答案。当下的美术教学不能脱离当代艺术的大环境，也不能回避需要解决的问题。这也是建筑美术教学能赋予学生的除了艺术本身的知识之外的精神力量。

始自于包豪斯的现代设计基础课程已经深入人心，结构素描、创意素描等类似的设计素描体系已经在各设计院校和专业普遍存在着。这些教学方法在从传统到现代的转变过程中起到了积极作用，在当下的建筑美术教育体系中也依然发挥着作用。结构素描的重要性在于一种营造建立的感觉。即描绘一个体积的过程，在某种程度上，与该体积的构筑方式相一致。创意素描的重要性在于对创造力的激发，其内容在很大程度上是与现、当代艺术接轨的。笔者在近几年的基础教学实践中采用着上述方法，也取得了良好的成效。激发了建筑类学生对美术的兴趣，启蒙了他们对现代艺术的初步认识，培养出正确的视觉方式并能够运用于实践表达。建筑专业学生的美术基础薄弱是不争的事实，在未接触美术课程之前，他们所看到的和普通人没什么不同，更无法清晰地描绘形状、体积和空间。心理学家布隆玛在她的《视觉感知的原理》中曾这样描述："即使你观察到的图像是正确的，你的大脑也不会用开明的方式把眼睛受到的刺激翻译出来。相反，你只能看到那些与大脑中已经存在的类别有联系的事物。它做出的结论并不代表对接收到的信息的客观认识，而是对已有观念的确认。这就说明，在感知的层面上，我们的大脑已经在事实发生之前就得出了结论：我们在眼睛受到的刺激发生以前，就把结论编入了大脑，结果是，你在遭遇现实时，拥有的是巨大数量的陈腐观念。"结构素描和创意素描的整个训练体系不但可以良好的解决布隆玛的观点，还能更清晰地培养设计思维。

弗兰克·盖里曾经对于美术和建筑的差别这样回答道："很简单，建筑有窗户，美术没窗户。"看似随意的答案却精确地表达了建筑有其内部空间的含义。建筑设计并不像架上绘画那样去描述或单纯地表现某个对象及空间，而是要表达想象中正在设计的对象。对于建筑的美术教学，绘画侧重于表现对建筑实体和空间的感受和表达。笔者在教学实践中依据顾大庆[1]提出的一个空间场景装置的课程设计做了练习，这个练习对帮助学生理解和表现空间有很大的用处。由学生自己制作一个空间场景的模型，然后用绘画方式表现出空间关系。场景模型中的空间设定和光线走向完全由学生自己设计制作，在过程中产生了许多不同的想法和创意，也不乏意外的空间效果，整个制作过程和绘画作品都取得了不错的效果。以此例为基础，对建筑专业的学生进行的美术教育，在课程设计上应增加动手及互动的环节。在描绘过自己创造的空间场景之后，笔者又在课程中紧密衔接了进入现实空间进而表现其空间关系的新教学内容，这一课程设计可以给学生建立全面的空间感受，可以转换观察事物的方法。把司空见惯的场景在特定的光线下用绘画的方式表现，建立二维体验与三维体验的感受性联系，整个绘画过程就是对光线下的空间的研究及再建造过程。勒·柯布西耶在其多本论著中都提到过光线对建筑的重要性，"建筑是一些体块在阳光下精巧的、正确的和辉煌的表演。"[2]从古希腊、罗马时期至现代，光线对建筑的重要性从未改变过。与其在教室中对着聚光灯照射的静物感受光线，远不如把自己置身于建筑本身或实体建筑旁边进行感受和描绘。除去空间感和光感，自制小空间的体积与现实中实际比例的体积之间感受的转化也在这一描绘过程中得以实现。

在新的语境下，建筑设计的教学要围绕新的哲学思考进行转变，这样才能使建筑设计真正符合人的需要，成为整个艺术乃至整个社会发展的重要承载媒介，进一步成为意识形态发展的推动力。

参考文献

[1] 顾大庆. 设计与视知觉，第一版. 北京：中国建筑工业出版社，2002：156.
[2] 勒·柯布西耶. 走向新建筑. 陈志华译. 第一版. 西安：陕西师范大学出版社，2004：43.

艺术教育框架下建筑美术教学的探索

董智

南京工程学院

摘　要： 当今建筑学专业的美术教学，是建筑学基础教学的一部分，有着不可替代的作用。如果不给以足够的重视，势必会影响今后的建筑设计，也会影响建筑设计本身。艺术教育框架下，建筑美术教学直接影响着建筑学专业学生的发展，并受着这种因素的影响。认识问题，解决问题，将会提高学习效率，顺利完成学业。

关键词： 艺术教育　建筑美术　教学探索

Abstract: Nowadays, architecture art teaching is a part of the architecture basic teaching. It plays an irreplaceable role. If you do not give enough attention, it will influence the future architectural design certainly, and affect the architecture itself. Art Education, under the frame of architectural art teaching, affects the development of architecture students directly, by such factors. Recognizing the problem, solving the problem, will improve the efficiency of learning, making for successful completion of their studies.

Key words: art education, architecture art, teaching exploration

1. 艺术教育在建筑学基础教学中

1.1 艺术教育在教学中

美术教学是直接的传授和训练学生掌握美的创造规律，从而用美的手法和规律设计、创造建筑。总的说来，画面由点、线、面构成，而这些形式又通过重复排列、大小对比、形式变化来构成丰富变化的形态，给人以美感。古希腊数学家、哲学家毕达哥拉斯认为数是和谐和美好。毕达哥拉斯对数论做了许多研究，将自然数区分为奇数、偶数、素数、完全数、平方数、三角数和五角数等。自然界的一切现象和规律都是由数决定的，都必须服从"数的和谐"，即服从数的关系。毕达哥拉斯还研究了"黄金分割比"，在建筑设计和绘画构图中都有类似形式。

从中外建筑历史来看，一个时期风格的形成，并不是偶然的现象。每个时期的风格与历史时期的科学技术的发展、材料的发展、审美的认识和设计文化息息相关。欧洲古典主义建筑的立面构图，充满着黄金比例和和谐的数字排列。中国古典主义建筑的立面造型，总体上来说对称、平稳，同时也具备黄金分割的尺度。

具有创造美的才能，是决定建筑设计形成的主要要素之一。美术教学作为建筑学专业的基础课就显得非常重要。著名教育家蔡元培先生倡导"以美育代宗教"的美育思想，从社会的发展和对美的需求来论述，美育的培养感情和宗教的刺激感情的区别和带来的不同结果。"陶养感情"，就是用美和艺术去陶冶、净化人的感情，使之具有美的超脱性和普遍性，从而陶铸高尚的情操。所谓"激刺感情"，就是从某个教派的狭隘利益和政治目的出发，一味煽动、诱发人们的感情，使之紧紧束缚在某种功利目的上，不可能得到涵养和教育。从内心深处培养美的感情，使之物化到生活中去，这样人们就会生活在"大美"的世界中，同时也会创造"大美"

的世界。

1.2 美术基础教学在建筑学中的作用

所谓建筑学是研究建筑物及其环境的学科，其旨在总结人类建筑活动的经验，以指导建筑设计创作，构造某种体形环境等等。建筑学的内容通常包括技术和艺术两个方面。

建筑学专业中的基础课程设置中，有素描和色彩及构成等课程，并且有些院校的建筑学专业在招生中，明确声明要有美术功底。对于建筑学专业为什么学美术以及对今后建筑学有什么作用等这些问题，一直是建筑学专业新生入学后所要回答的问题。这个问题看似不需要解释，也无需解释，但是对于初学建筑学的学生来说，的确需要弄明白，以此来解开心中的困惑。

建筑是一个综合体，承载着历史文化信息，牵动着人们情感。也有人说建筑是凝固的音乐，是凝固的艺术品。这是从外在的感知方面来说明建筑，而建筑的另一面还包括建筑技术、建筑材料、建筑设计、建筑文化、建筑环境等要素，因此一个建筑作品不是一个工种和一门技术来完成，而是多种技术综合的结果。在众多的因素当中，是以建筑的功能和建筑的技术、材料为基础，而作为形而上的建筑美学和建筑造型美感的完成，是在解决功能前提下的形式问题。当下建筑体，不仅是建筑本身的建立，更是全方位的建筑精神的体现，建筑不仅是房子，更是具有功能、形式的建筑体，也可能是不具有居住功能的建筑体，比如桥梁、城墙、亭台等。建筑的造型设计，除了依托建筑基础知识外，还需要建筑设计师具有审美能力和传统的传承能力，以及摆脱束缚，极具开拓和创造力、想象力。

2. 建筑设计人才的素质

2.1 建筑学科面对的对象

建筑学以设计建筑为主，同时包含其他相关技术。一个建筑拔地而起，必须要有建筑学其他学科的支持，不然也会轰然倒塌。比如阿拉伯联合酋长国的阿拉伯塔酒店（伯瓷酒店），建立在海滨的一个人工岛上，是一个帆船形的塔状建筑，是世界上第一家七星级酒店，一共有56层，321米高。饭店由英国设计师 W.S. Atkins 设计，外观如同一张鼓满了风的帆，伯瓷酒店的工程花了5年的时间，2年半时间在阿拉伯海填出人造岛，2年半时间用在建筑本身，使用了9000吨钢铁，并把250根基建桩柱打在40米深海下。在设计建造时，除了要考虑外观造型外，还要考虑150公里/小时的强风对建筑的撞击，为了建筑的稳定，植入海底250根柱桩，为缓冲海浪对地基的撞击，人工设计了空心四外通透的护岸石，还要考虑冷暖温差、防尘、防沙、减震等，以及建筑动力的运行所需要的电缆、灯具，内部的装饰装修等等，各个门类都要高度协调，都非常重要，对于酒店来说，有一个环节缺失，都会使得建筑黯然逊色，而且会造成不可估量的损失。因此一幢成功的建筑作品，必须具备全方位的因素，才能具有不朽的魅力。E·沙里宁（小沙里宁）说过"城市是一本打开的书，从中可以看到它的抱负。……让我看看你的城市，我就能说出这个城市居民在文化上追求的是什么。"小沙里宁是一个将建筑的功能与艺术效果真正完美结合的建筑家。小沙里宁（1910—1961年）生于芬兰艺术家家庭，父亲是建筑师，母亲是雕塑家。小沙里宁是20世纪中叶美国最有创造性的建筑师之一。1929年赴巴黎学习雕刻，一年后返美。由他设计的纽约肯尼迪机场的美国环球航空公司候机楼，建筑外形像展翅的大鸟，动势很强；屋顶由四块浇钢筋混凝土壳体组合而成，几片壳体只在几个点相连，空隙处布置天窗，楼内的空间富于变化。这是一个凭借现代技术把建筑同雕塑结合起来的作品。从这两件建筑作品来看，一个建筑作品的成功，与技术和艺术这两个因素的完美结合缺一不可。

2.2 建筑学的艺术性

建筑学有很强的艺术性质，建筑学在艺术中产生。一种建筑风格的产生及变革，与社会的变革和发展相比，显得相对迟缓。之所以建筑被看作是艺术品，是凝固的音乐，是因为建筑还常常需要绘画、雕刻、工艺美术、园林艺术等姊妹艺术要素的参与。也有人比喻建筑材料是旋律、和声和节奏，以及音的高低、时间的长短和音量的大小等。西方的建筑风格，具有稳定的和谐以及对称美。莫扎特的音乐同样也拥有古希腊神庙建筑的对称美和稳定的和谐。古希腊建筑以端庄、典雅、匀称、秀美见长，既反映了城邦制小国寡民，也反映了当时兴旺的经济以及灿烂的文化艺术和哲学思想。罗马建筑的宏伟壮丽，反映了国力雄厚、财富充足以及统治集团巨大的组织能力、雄心勃勃的气魄和奢华的生活。拜占庭教堂和西欧中世纪教堂在建筑形式上的不同，原因之一是由于基督教东、西两派在教义解释和宗教仪式上有差异。西欧中世纪建筑的发展和哥特式建筑的形成是同封建生产关系有关的。

建筑学服务的对象不仅是自然的人，而且也是社会的人。不仅要满足人们物质上的要求，而且要满足他们精神上的要求。因此社会生产力和生产关系的变化，政治、文化、宗教、生活习惯等的变化，都密切影响着建筑技术和艺术。

2.3 深厚的专业知识、宽广的知识面

作为一名合格的建筑设计人才，应具有较扎实的自然科学基础，了解当代科学技术的主要内容和应用前景。这样有助于在建筑设计中，能得心应手的运用前沿的材料和科学技术手段，去设计、创新建筑的造型及空间、尺度等，为新建筑的出现提供可能和平台。另外建筑设计所需的工程力学、房屋建筑学、土力学等知识，对于建筑设计的顺利完成，提供坚实的基础。具备宽广、深厚的知识，是一名合格建筑设计人才的必备素质能力。

2.4 建筑师与其建筑设计思想

探寻世界建筑设计大师的成长历程，不难发现他们或多或少，都有艺术背景和艺术创造的冲动，以至于在设计领域里，能突破藩篱，重建建筑理论和创造新的建筑形式。

安藤忠雄的水教堂，以清水混凝土为基本素材，佐以透光的玻璃、钢骨、未涂漆的木料等建材，借由切割、复制、增生、交杂、堆栈、对称等独特的手法，将最简单的元素融入阳光、水、风、植物等自然环境，给建筑物带来生机和诗意。

勒·柯布西耶的朗香教堂，1955年落成。朗香教堂的设计对现代建筑的发展产生了重要影响，被誉为20世纪最为震撼、最具有表现力的建筑。把重点放在建筑造型上和建筑形体给人的感受上。柯布西耶摒弃了传统教堂的模式和现代建筑的一般手法，把它当作一件混凝土雕塑作品加以塑造。

黑川纪章重视日本民族文化与西方现代文化的结合，认为建筑的地方性多种多样，不同的地方性相互渗透，成为现代建筑不可缺少的内容。他提出了"灰空间"的建筑概念，一方面指色彩，另一方面指介乎于室内外的过渡空间。对于前者他提倡使用日本茶道创始人千利休阐述的"利休灰"思想，以红、蓝、黄、绿、白混合出不同倾向的灰色装饰建筑，对于后者他大量采用庭院、过廊等过渡空间，并放在重要位置上。

1972年黑川纪章设计的中银舱体楼再次引起轰动。这幢鸟巢式的建筑几乎成了他的商标。它的"新陈代谢"的解决方法可分为两个步骤：建造永久性的结构，然后插入居住舱体。舱体部分可以随时更换。黑川纪章用140个6面舱体悬挂在两个混凝土筒体上，组成不对称的、中分式楼。在仔细琢磨的小房间里，配有磁带收音机，高保真音响，计算机和浴厕，没有一寸多余的空间。这些可以搬动的舱体虽然以后并没有再挂到别处，但是黑川纪章对建筑的理解却产生了飞跃。

贝聿铭，美籍华人建筑师，1983年普利兹克奖得主，被誉为"现代建筑的最后大师"。贝聿铭作品以公共建筑、文教建筑为主，其风格被归类为现代主义建筑，善用钢材、混凝土、玻璃与石材，代表作品有美国华盛顿特区国家艺廊东厢、法国巴黎卢浮宫扩建工程、中国香港中国银行大厦、苏州博物馆等。贝聿铭说："建筑和艺术虽然有所不同，但实质上是一致的，我的目标是寻求二者的和谐统一。"

在众多的建筑大师中，其成就的获得，离不开扎实的专业知识的掌握，同时也离不开艺术的创造性思维和超强的想象力。

3. 建筑美术教学的探索

3.1 建筑学美术教学中的美感培养

画面构图的训练。每个画面都有不同的构图，构图的要素很多，点线面在画面中的交织，三角形的稳定和多样变化，构图中的对称和多样统一等等，都是画面的构图美感。在画面中学习构图形式的规律，使经典的构图的样式，通过绘画手段掌握。

在教学中，画面构图的形式组成多种多样，在规律中有无数的变化，这样使得今后的建筑设计的多样性成为可能。多实践多练习，反复学习，在美术学习中，直观地了解画面的美感，掌握画面的形式美原则，从而培养设计美感。

3.2 建筑学美术教学的造型能力培养

造型是空间的塑造，是形象的把握和再现。在美术教学中，以直观的图像训练，进行物体的造型训练，不仅有利于形象的把握，对形体的美感塑造和强化，也具有激发主观性和能动性的作用。在绘画中寻找可创造的形体造型，或是可设计的元素，以及点、线、面在画面中的造型形式，都为画面造型的培养，提供了广阔的空间和舞台。

结语

建筑美术教学在建筑学专业中越来越得到重视，不论教学方法和教学形式有多么不同，其根本目的是一致的，所达到的结果是一致的。纵观中外建筑史，大凡有建树的建筑设计师，除了具有较强的建筑设计本领和机遇外，还要有常人所不具备的超常艺术灵感、艺术创造力和想象力。也正因为如此，建筑才会争奇斗艳、百花竞放。反过来建筑设计的完成，也给艺术教学带来新的思考和理论研究的课题，为建筑美术教学提出了新问题，彼此向上，共同推动建筑设计的发展。

参考文献

[1]（英）罗杰·斯克鲁顿. 建筑美学. 刘先觉 译. 北京：中国建筑工业出版社，2003.
[2] 贾倍思、赵军. 大师建筑画. 南京：东南大学出版社，1999.
[3]（美）玛琳·加博·林德曼 李蒙丝 译. 长沙：湖南美术出版社，2009.
[4] 彭吉象. 艺术概论新编. 北京：中国广播电视大学出版社，2006.
[5] 刘先觉. 现代建筑理论. 北京：中国建筑工业出版社，2005.

由再现入手到形态想象与创造
——基础素描教学随想

周建华

山东工艺美院

摘 要：素描教学在具备了一定物象再现能力的基础上，启发、训练学生对形态的想象与创造，从另一个角度研讨基础素描教学所要解决的问题。

关键词：脱离再现　空间想象　形态创造

Abstract: Based on the certain image representation capability, sketch teaching guides and trains the students in imagination and creativity, and discusses the problem to be solved on the other field in teaching.

Key words: reproduction, imaginary space, shape creation

　　素描，这门古老的造型艺术的基础课，当今应该怎么上？是继承恪守还是一棍子打死，众说纷纭争论不休。时下有五花八门的素描教材与作品，有的令人眼前一亮，有的使人无所适从，有的已很边缘化，不免疑问这也是素描？是否可以这样去画、这样去教？作为造型艺术的基础课，不可否认的是素描有赖于它的形式要素的发挥，诸如线条、明暗、形状、体积与空间、质感、审美要素等等，但作为视觉艺术，再现和表现客观物象的形式与手段已经很宽泛了。

　　历经多年的延续发展，素描已经形成了一个相对完整的教学体系被广泛采用。从认识、观察到表现都形成了一套严格的教学模式，但这些课程基本上是以写生为主，课程所设置的内容多是以再现为主，如我们在画写生人物时，首先是抓好形态、动态、比例、结构和神态，当然还包括明暗、光影效果等。这种方式能训练学生敏锐的观察和捕捉对象的能力，同时也训练了我们表达和理解对象的能力。这些课程之所以能成为我们艺术教学的基础，其重要性是不容置疑的。

　　我想阐述的是形态想象与创造方面的训练：就是在素描训练时，在所掌握一定基础上来创造性的发挥空间想象。学生考入大学具备了一定的造型基础，经过一段写生训练以后，逐步脱离对象，用自己所理解的几何形态画一个空间形态，去表现一个虚无的思维状态，这就是最基本的训练方法之一。在开设想象素描这门课之前，学生已经有了素描基础训练这一过程，在这一过程中，学生都是根据物象展开的。是先有的形，在脑子里已经有了形的概念，再把形态表现出来。是从客观转变到主观，这种绘画练习很直觉，也易于掌握。而想象素描是脱离写生物象，通过大脑的感知与想象来创造一种形态，所以比较难。学生们在第一次离开具体物象去作画，有些不知所措、不知该从哪里下手。这是因为他们对这种画法以往没有接触过，也就是说脑子里没有这样的形象概念，不知该想些什么，怎样让自己想。这就需要老师的启发引导，通过一些具体的训练手段和方法，以及一些教学技巧来启迪学生，引导学生，让学生将自己灵活的大脑启动。首先要静下心来思考，在头脑里捕捉瞬间的念头，或一种影像，将这种瞬间的意识定格下来，就可以逐渐开始动手了。刚开始他们只是在纸片上乱涂，思维还很凌乱，慢慢地边画边思考，就可以逐渐调整过来，不断的发挥和扩大其感觉。去掉一些不必要的杂乱线条，强化一些主体形态，画面就会出现转机。整个过程是：意识——思考——判断——再强化意识，将绘画的过程转变为思考的过程、设计的过程。通过这一练习，学生学到了将头脑里的念头或一时的闪念，定格下来，像抓拍一样，记录下来，表现出来。学生对头脑里的意识有了一个比较清晰的表现、由此提高并增强了想象创作的能力和自信心。

1. 点线面的空间框架构造

点、线、面是构成画面的基本元素，通过分割、排列使其产生丰富的空间效果。世界是有形的、有限的，不论大地山川、河流湖泊，凡是人类能看得见的，都是有尽头的，起码到目前为止还是这样的。不管是什么样的形体，首先是一个个体，是一个封闭的空间。这些形体可以相互叠加重合，也可以相互穿透切割。正因为形体组合复杂多变，才组成了一个丰富多彩的世界，我们的眼前才不是一片虚无。既然是一个空间，就是由几个面围成，面的形状是可以多变的，可以是平面也可以是曲面，从明暗关系中就可以看出来，如此形也就变得很生动。然而面是由线组成，直线和曲线组成了复杂多变的面。线条又是由点组成，空间的点、平面的点就像纷纷扬扬飘落的雪花，变化无常，美丽优雅。从宏观的角度看世界，不论是坚硬的山峦、柔软的河流、天边漂浮的云彩，瞬间万变的闪电，世界所有的一切都可以用点、线、面来描绘、或千姿百态、或变幻莫测。

人的想象力是很丰富的，从儿童画就可以证明这一点。当你的思维没有受到现实的约束时，也就是成见比较少的时候，你的想法就会很多，甚至会有惊人的奇思妙

想，或者说是漫无边际的想象，而这种想象往往被现实扼杀或被忽略掉。其实我们不难发现很多人类的成就，就在于设计者坚持不懈的幻想和执着追求。其实想象素描也是为了培养开发学生这一方面的潜质，培养有想象力、创造力的人才。

2. 联想与形态的创造

童年的时候，常常躺在地上望着天上飘动的白云，有过无限的遐想。在云彩飘动的过程中，你发现了什么？留意到云的形状变化了吗？你描绘过心中的彩云吗？多少童年梦想，伴随着流云的变化而随风飘散了！有时候我们在旅游的过程中，导游常常说，这个山的形状像什么，那条河流又像什么，而你有时候会觉得像，有时候会加以否认。原因是每个人的想象是不一样的，你说它像什么，它就是什么。你在绘画的过程中也是这样的，你想画成什么就是什么，看你自己的理解。如何可以毫无目地用各种线条乱涂乱抹的组合在一起，你可以从某一个局部开始联想，有的可以想象成一匹马，有的地方像人的手，有的像树，有的像山石，有的像……，你可以尽情的想象，然后你就每个局部都画具体，再把它们组合连接起来。也可以借鉴一些自然的纹理，如在素描纸底下垫一些乱七八糟的东西，或者找一些随机的纹理，垫在纸的底下，看似杂乱无章，用铅笔的侧锋横扫，纸上会出现各种图形的纹路。就像刻纸之前，把现成的剪纸垫在蜡光纸的下面，用铅笔涂出图形，再用刀刻。当有了纹理后，你就可以根据图形的形态结合你的想象，可以画出许多有趣的意想不到的空间画面。

3. 形态的分解与重构

把自然中任何一个物体打碎，重新组合在一起，也可以

拓展自己的想象能力。当我们在绘画创作的时候，你可以尽情展开想象的翅膀。可以打破自然规律、改变生活常识、颠倒时空观念等各种想法。想象是一种超自然的能力。在这种想象中，许多现实中的物体可以被分解、被揉碎，重新组合。由自然变为非自然，由无形变为有形，展现在人的眼前，而被认可。有一些非自然的绘画，尤其是一些建筑绘画，明明是上楼梯却变成了下楼梯，有一些不可能存在的空间结构，用平面的画面展现了出来，还是很耐人寻味的。想象素描就是在进行这方面能力训练，使学生从一个新的角度去认识形态、去大胆发挥想象与创造、重新组织新的画面。

4. 音乐语言的形象化

音乐是人类创造出来的最赋灵性的情感语言，七个音符包容了世间万象。任何有形的、无形的都可以用音乐表现出来。如婴儿伴随着轻柔的摇篮曲会在母亲的怀抱里安然地睡去。我们每一个人都会有这样的体会，当你喜欢的音乐响起，会情不自禁地随声附合，哼到动情之处，你也会放开嗓子，而不在乎周围的环境。因为音乐与你产生了共鸣，你与音乐产生了交流。在音乐中感受，在音乐中思考，你的脑海里勾勒出你心目中的画面，如同在音乐中的梦游，也是让你自己有意识的，让自己用做梦般的方式去思考、去感觉。音乐的艺术形象是看不见的，而我们之所以在欣赏音乐的时候，又能感觉到一种形象的存在，音乐形象的联想也与每个人的生活阅历有关。同一首曲子，同一段旋律，每个人的感受和联想是不尽相同的，由此所表现的画面形象也就丰富多彩了。

5. 自然形态的启示

人是作为万物之灵存在的，大自然是万物的家，也是人类的家园。它有风云变幻，它有气象万千，它有山川河流，它有岛屿海洋，它有广阔的草原，它有千里冰川。我们生活在一个万物生长的社会，在这样一个生机勃勃具有灵性的社会里，我们应该怎样去感知大自然呢？大自然的千姿百态、奇异的变换，都能给我们以启迪，让我们去感受、去发现、去挖掘自然之美、自然的神奇。用我们的脑，我们的手来发挥和创建我们心目中的世界。

大自然的形态可以用纹理来表示，纹理的种类很多，体现在不同的物体上，如山石的纹路；动物的斑纹，如：猎豹、老虎、斑马、蛇等；植物的纹理，如：叶脉的纹路，树皮的纹理、花草的形状和纹理；布的纹理；金属锈蚀的纹理等等。各种纹理传达给我们不同的信息、情感、好恶，也激发我们的想象。纹理的多样性也为我们的创作带来了丰富的源泉，我们的艺术创造不是照相，不是自然的临摹，而是用我们观察到的，所理解的，所感受到的，再加上主观意识，即把自然中的丰富形象按照自己的意愿来加工、设计。将现实中的形体赋予灵性，思想和内涵，使得这些画面能让人思考。我们所进行的就是想象力的基础训练，是让学生在绘画训练的过程中，让思维插上翅膀自由地飞翔。

以上主要讲述了素描教学的出发点和一些基本的教学思维方法，当然还有很多的具体操作手段方法，在这里只能简单的介绍。想象素描就是要发挥自己的想象力，通过自己的大脑思维，来创造形态。依据自己的经历，自己对事物的感知和理解，自己对大自然的悟性以及自己对生存空间的了解和幻想，对具体与抽象、现实与虚幻，可能与不可能等方面的认识与延伸。这样的教学对与开发学生的智力，对于生活空间的一个再认识，以及再发挥是有很大帮助的，通过这样的实践与教学可以丰富完善素描教学的内涵，使传统的素描教学呈现新的活力。

扎实的基本功与教学方法的新与旧

王琳

哈尔滨工业大学建筑学院景观与设计系

摘　要：对于基础教学的研究，我们在考虑创新的同时必不能忘记基础课的特殊性，是要在基本的造型能力的培养和训练方面下功夫，合理地设置造型基础课的课时及内容，才能收到良好的教学效果。

关键词：基础教学　起点　教学模式　基本功

Abstract: For the study of basic teaching, we need new teaching method, but can't forget the specialties of basic course. We need hard work for basic training on modelling ability. Set up the period and content reasonably. So we can achieve good results.

Key words: basic teaching, starting point, teaching method, basic skills

教学研讨就是要针对当前教学的方式方法给出各自的见解以及成功与失败的经验教训。每次的讨论都会有相同的话题和不同的尝试性的新的教学法的出现。

但是，在建筑美术的造型基础教育里，二十几年的经验告诉我，不是所有的新的教学尝试都适用于建筑学和城市规划学的美术基础教育的。因为这个基础课的特殊性，注定它的模式是要有一定的适用性。课时少，学生的艺术教育的起点低，都是对教学设置合理性的考验。

二十年前的建筑学的学制还是四年，学生的招生数量少，涉及建筑专业的院校也是不多，那时候虽然看上去体制落后，教学模式古板，但最大的好处是人心稳定，没有浮躁的心理，教与学的状态都是稳定而积极向上的，我不是要说今不如昔，而是要说只有在那样的学习环境中才会有真正意义上的学术气氛和学习积极性，各地的建筑院校比如"老八所"，也确实培养了很多优秀的建筑师、建筑学教师，而且现在他们都是其专业领域的骨干力量。那时学制短，但是学生用功的程度很高，分神的事情也少，虽然没有当前这样发达和超大的信息量，却也扎实地打下了基本功。那时的美术教学强调写实基本功，因为建筑都是在理科院校，学生入校前多数人没有受到过绘画方面的教育，有的学生入学时连拿画笔都不会，但是经过两年的努力，很多学生能够有相当高的绘画造型的能力。为什么，因为教学法的循序渐进的正确性。有人会说我这是落伍的思想，现代都什么社会了，你还强调基本功，只要会用电脑不就全解决了！然而事实是，饭是要一口口吃才能吃饱，孩子是一点点的喂才能养大。你让一个根本就不会走路的孩子起来跑，是不可能的。尤其在我们国家，艺术教育在孩子的起步教育阶段就几乎是大空白，很多家长从小就把孩子送去学简笔画，以为可以陶冶情操，孩子长大了功课一忙就彻底放弃，以为在过十年八年还能"反刍"回来，其实就是白学，白白剥夺了孩子童年的快乐时光。我们看看西方人是怎样教育他们的孩子懂艺术，就知道我们的问题在哪里了，从幼儿园到大学，欧洲的美术课都是在艺术博物馆、美术馆里上的，对于小孩子的教育方法不是去训练他们的基本功，而是培养他们的爱好和兴趣，他们一直在一个良好的氛围中长大，就会在适当的时候表现出他们真正的兴趣爱好，而最终选择要不要去学建筑学，去学艺术，我们的孩子为什么起点低，也就不言而喻了。

那么针对这样的学生，我们的课程设置不需要保守的和基本的艺术修养的普及教育吗？几十年来，只要是在艺术方面起点高的学生都会在建筑设计中表现出优势来，为什么？因为他提前学了，但不是小时候的简笔画，一般这样的学生都有家庭氛围的熏陶，他比别人懂得的多，又在大家一齐努力的时候更进一步，所以他会一直领先，直到毕业。也有很多后来居上的没有基础的孩子，就是凭着努力和我们扎实的基础教学的方法使得绘画的基本功突飞猛进。当然这不意味着他们一定会有一个成功的未来，这还要看他的情商以及在社会中的应变能力。

学校阶段我们要培养什么呢？就是扎实的基本功。俄罗斯的科技不先进吗？可是他们的美术院校的教学设置上百年不变，有人不解地问过他们的教授，你们为什么不改革教学呢？他们的回答是，为什么要改呢？这个教学体制很好啊，我们不是培养了很多优秀的艺术家吗？所以不是时代进步了什么都要改的，人类的繁衍不管科技发展到什么程度，都是要妈妈来把孩子生出来的。从喂奶，到吃食物，一点点的把孩子养大，这是个不变的事实啊！学校是什么，是摇篮啊，摇篮时期培养的就只能是基本功，至于将来你成不成大师，成不成家，那要看学生自己的本事。但是孩子没有牙的时候，我们就必须给他喂奶，他才会成长。

对于建筑学专业所能涉及的美术教育来说，原本课时就不多，学的内容又很浅，所以就不应该搞什么五花八门的教学改革，老老实实地教给他们画好几何形体、画好静物、画好风景写生就足够了。实在话，真的能画好静物和风景画，也不像说说这样简单。在我们这样的研讨会上大家都是内行，这是个不需多说的问题。

基础教学就是要本本分分地教，本本分分地学。至于那些前卫的思想，艺术的形式多样化，我们可以作为教学的辅助部分引导学生去欣赏，给他们开讲座，带他们去观摩。真正带领他们进入艺术殿堂的起点时期就是打下扎实的基本功，从绘画的第一步学起。

建筑在西方的艺术史中一直就是在第一位，我们的教学体制已经是缺少艺术的起步教育了，那么在大学期间去补上这一课既需要时间又需要精力。所以合理地安排课时尽量让学生们在课上多画习作、多练习基本的造型能力才是最重要的原则，否则就是误人子弟。

我们的造型基础课都是要给学生布置课外作业，要求他们画建筑速写的临摹练习，建筑设计的基础课的老师也会布置这项作业，其实是重复。学生经常会大惑不解地问为什么都要求我们画速写，这不是重复劳动吗？殊不知没有这样的重复劳动，他们的绘画能力怎样得到提高啊？所以每次接到新生，我都会像个婆婆一样地唠叨为什么要重复劳动。只有在这样的重复劳动中他们的绘画基本功才能逐步提高。等到了大三、大四他们的设计课的作业真正多起来的时候，才发现大一、大二的美术功底要有多重要了。我教过很多学生，都是入学时对绘画一窍不通，可是他们能够勤学苦练，执着地每天练习绘画，两年过去就会在班级处于绘画和建筑设计领先的位置。所以，美术基本功好是直接关系到建筑设计的能力问题的。毕竟建筑学的美术造型基础的内容不是很深，只要努力都可以达到一个基本的程度的。

那么，鼓励学生勤学苦练，并配有合理紧凑的教学设置，学生在学校期间的扎实的基本功就是可以打下的，我们给予他们什么样的营养，他们就会有什么样的发育。起步时的基本功是最不容忽视的。

教学设置的合理与否，不在于它的教学形式是否新旧，而在于是适不适合基础教学的要求。

中法联合教学的启示

赵军

东南大学建筑学院环境艺术设计系

摘　要： 中法联合教学的目的，是通过联合教学，学习法国高等院校建筑学专业的美术教学经验，探索具有中国特色的建筑学专业美术教学改革模式。

关键词： 中国　法国　联合教学　教学改革

Abstract: The purpose of this joint studio are learning the experience of French Institutions on art education of architecture and exploring new teaching modes with Chinese characteristics.

Key words: China, France, joint studio, teaching reform

东南大学建筑学院在20世纪八十年代中期就提出了建筑学专业美术基础教学改革的构想，对教学计划进行了相应的调整，并在教学中进行了实践性的探索，曾经和香港中文大学顾大庆教授举办了短期的改革联合教学。从改革方案构想的提出，到不断的调整与完善，历时约25年的实践过程，其间效果如何，从已毕业学生反馈的信息来看，褒贬不一，改革后的教学方法到底对学生专业的学习与以后事业的发展产生多大影响，暂时还无法考量。

为什么要进行教学改革？教学改革的目的是什么？如何改革教学？如果不搞清楚这些问题，教学改革就可能成为一种形式，一个口号而已。

建筑是一个集历史、文化、艺术、功能、技术为一身的复杂的综合体。因此，建筑设计专业不同于其他专业，他有自己的专业特点，作为一名合格的建筑师不仅需要熟练掌握相关的专业知识，更需要具有广博的知识面。

我国高等院校建筑学专业在创办初期，基本吸收了以法国为代表的西方艺术美学思想和传统美术造型训练的教学模式，这种教学模式延续至20世纪九十年代。而我国高等院校建筑学专业的美术课教学，也基本采用了前苏联（俄罗斯）列宾美术学院和巴黎美术学院的教学方法，这种教学体系的形成是由当时美术任课教师的知识结构所决定的。他们接受过西方传统绘画造型艺术的教育，具有扎实的绘画基本功，在他们的教育理念中，建筑就是艺术；因此，他们在教学中，更专注比例、透视、空间、明暗、色彩、质感、光和影的教学表现，教学计划的安排是从最初的室内静物写生训练逐步过渡到室外的风景写生，此种以写实训练为主的教学方法完全结合了当时建筑学专业对学生培养的要求。传统的建筑设计教育方法与艺术训练模式对我国早期建筑设计人才的培养起到了重要的作用，并培养出像吴良镛院士、齐康院士、钟训正院士等众多建筑设计大师。因此，传统美术教学方法在今天仍然有积极的借鉴意义。

20世纪初期，现代艺术的变革促进了建筑设计的发展，现代建筑思潮的兴起，科学技术的进步推动了建筑设计的振兴。同时，工业化、国际化又给21世纪带来了诸多新的问题，面对这些新的问题如何解决？在这种形势下，建筑学专业的教学改革成为必然，而当代建筑发展趋势中建筑学专业的美术基础教学如何适应建筑设计专业教学改革的需要,成为我们美术教学改革需要思考的问题。

全国高等院校建筑学专业美术教师作为美术基础教学改革的探索者,首先应该认识到新艺术思想的出现,成为抽象艺术和现代建筑的美学基础。而包豪斯提出"艺术与技术,一个全新的结合"的观念对传统美学思想产生了巨大的冲击。当今科学与技术的发展趋势,信息技术的作用不仅产生了多种风格的现代建筑,而且还产生了无形建筑,其复杂性、抽象性、非线性,以及其他科学的参与,使现代建筑表现出区别于传统建筑的技术特征。近年来,有些建筑师和理论家认为应将新的科学发现,新的科学思想和世界观引入建筑形体设计中,主张以最新的科学发现为起点,积极开发建筑表现新形式,这些都对建筑设计教学提出了新的挑战。传统的建筑理论与教学方法已无法适应当今建筑设计的发展要求。因此,传统建筑设计教学模式的改革对建筑学专业美术基础教学改革提出了新的要求。

艺术对人类社会的作用是不言而喻的,艺术不仅给人类带来美,而且陶冶了人的情操,提高了人类整体的素养。艺术对于建筑师之所以重要,并不在于造一个什么样的建筑形体,而在于它给建筑一个什么样的灵魂。因此,作为建筑学专业的美术教学,我们不应该只停留在造型基础的教与学,而应该把它当成一种对美学思想与艺术美的认知与探索,使之成为一种激发学生建立创造精神的活动,这才是建筑学专业艺术教学的真正目的。

随着时代的发展,科学技术的进步,当今的建筑设计师与其他专业的设计师们更加关注纯粹美学和抽象形体构成原理及技巧。如果我们按部就班地延续传统的教学经验与方法,就不能适合时代发展的需要,培养出具有创造精神的未来建筑师。

东南大学建筑学院的美术基础教学改革,是建筑学专业建筑设计教学改革的重要组成部分,因此,得到学院历届领导的重视。美术教学改革初期,我们在保留一部分传统教学方法的基础上,借鉴了包豪斯伊顿教授的《基础课程》教学模式,引入了平面构成、立体构成、色彩构成训练课程,强化了"结构素描"的训练。同时,结合建筑设计基础课程增加了快速表现等相关教学内容。与此同时,全国其他高等院校建筑学科和美术院校的艺术设计学科在造型基础教学上也进行了各具特色的改革,开设了"意象素描"、"精微素描"、"设计素描"、"形态构成"、"形态研究"等教学改革课程。从全国高等建筑院校与美术院校教学改革的整体情况来看,相关设计类美术基础教学的改革一直在不断的探索中。以我个人观点认为,现阶段的教学改革还存在许多不足之处,例如:不管是写实的和抽象的造型训练,表现技法训练还是占了重要的部分,如何启发学生的创造性思维还没有明确的教学方法与手段,目的性不强,形式大于结果,造型基础训练课程还不能和建筑设计基础教学有机的结合问题。我们的美术任课教师对当今建筑设计理论及建筑思潮变化方面的知识了解不够,基于当今美学思想的转变和科学技术对建筑设计的影响如何在美术教学改革中得以体现的探索,还跟不上发展的需要。

此次,我系和法国巴黎玛拉盖国立高等建筑学校的葛汉教授举办主题为"绘画、空间、设计中法联合教学"的联合教学课程。联合教学的目的,就是为了了解和学习西方(法国)建筑学专业造型基础课程的教学内容与方法,为深化我国建筑设计专业造型艺术基础的教学改革汲取可借鉴的经验。葛汉教授作为这次中法联合教学的主持教授,他从自我艺术观的培养、设计思维的训练、独立思考与批判精神的树立、传统文化的深入思考四个方面作为此次联合教学的主要讲授内容。

他的教学内容和方法有许多值得我们借鉴之处。例如:他在讲解透视与构图时,首先对西方古典油画名作进行了详细的解读,他不仅从画面的主题、人物的造型、色彩与空间的表现、图底关系、光与影的表达、场景布置等方面进行了分析，而且还从画内与画外（观赏者）的呼应关系做了场景与形态上的分析。他对西方名画并非单纯从赏析的角度进行解读，而是通过理性的、科学的研究阐述绘画的内在规律和艺术精神。现代抽象艺术也是葛汉教授讲授的重点内容，他在介绍抽象艺术的美学形式与构成原理的同时，还着重阐述了当代艺术视野下的建筑设计与创作的发展趋势。

葛汉教授的教学方式和我们以往的教学有很多的不同。我们的美术教师大多毕业于美术院校，教的过程中不自觉地也就延续了美术院校的教学方法，强调基本功训练，绘画训练的作业较多。而葛汉教授在教学中，设计的成分更多，他鼓励学生用各种各样的材料进行各种创意设计；另外，艺术理论与建筑设计理论的讲课也是他教学的重要组成部分，在讲课的过程中，有些美学思想、艺术观念和创作方法不知不觉地就影响到学生的作业中。

课程结束后，经随机调查，绝大多数的教师和学生都觉得他教得非常有新意，和我们的教师平时做的不一样，他带来了更多的思索和想象空间。因此，此次联合教学的魅力，不仅促进了不同文化的交流、碰撞，给我们的教学带来新的内容，而且不同的教学方式给我们的教师以新的启发。

通过中法联合教学，以及葛汉教授教学经验的介绍，法国高等学校艺术基础教学特点表现为：从传统文化中引入思考，通过艺术作品的欣赏与分析提高学生的修养，拓展学生的思维，以及艺术观的自我培养与批判精神的建立；树立科学的思想，启发学生的创造性活动；强化设计思维的训练。因此，他们的教学内容和方法是跨时空、多维度、开放式、多学科融合、重启发、鼓励创新，这些对我国建筑学专业与艺术设计专业的美术基础教学都有着重要的启发与积极的借鉴意义。

重构在设计色彩教学中的应用

王岩松

烟台大学建筑学院

摘 要： 色彩在艺术设计教学和应用过程中，自身存在着一定的客观规律。本文试图从这些规律中进一步寻找色彩的功能和价值，并在实践过程中去验证这些客观规律的普遍性与实用性，以期使艺术设计色彩教学和应用进入更加灵活自如的境界。

关键词： 色彩的归纳　色彩重构

Abstract: We may find that in the application of color to the teaching of artistic design, it is possible to follow certain objective laws. This article tries to help get the value and function of color application from these laws and take a further step, test the universality and practicality of these laws in the process of practice, with the purpose of making it more effective when applying them to the teaching of architectural design.

Key words: conclusion of color, reconstruction of color

近几年，高校艺术设计专业的色彩教学一直在围绕着如何适应日新月异的现代设计教育展开讨论与研究。如何迅速地将色彩知识传递给学生；如何顺利地完成从写生色彩到设计色彩的自然过渡；如何有效地使色彩知识在学生的设计过程中产生作用，不重复教学，不人为地制造教学资源的浪费，帮助学生顺利地完成色理论、色彩练习、色彩应用三个环节的学习，迅速与设计课程相结合，一直是我近几年在色彩教学中思考的问题。

众所周知，色彩教学着重在于提高学生全面的色彩审美修养。从高考前的静物写生训练一直到进入大学的色彩基础课，旨在通过写生的方式去掌握一些客观色彩的基本规律，从而培养学生观察色彩、表现色彩的能力。那么，是不是这就是色彩教学的全部？色彩构成、基础图案、表现技法等基础课程能否取代色彩课？我认为设计专业色彩课的学习应着重训练学生运用色彩去表现、想象、创造形象的能力，与此同时培养学生广泛的色彩造型意识和审美趣味。使他们能够将理性的色彩知识融于感性的色彩实践中，最终进入到能够灵活自如地运用色彩的境界。

因此，几年来我试探着做了一些色彩教学新的尝试，具体实践过程如下：

1. 静物色彩重构

对于许多刚考入大学的艺术设计专业的学生来说，对客观色彩进行写实性描述的能力基本具备，从教育部门所规定的大纲内容看，类似高考前的色彩静物写生课程一般不会安排太多。同时，多数学生对这种色彩训练兴趣不大。如果能充分利用大一学生对大学课程充满新鲜感的初期，迅速调整色彩教学方法，非常有利于下一阶段的设计色彩的学习，对缩短绘画性思维向设计思维转变的过程非常有利。具体方法是这样的：首先，仍旧让学生写生，先静物后风景。当写生完成之后，将写生稿带回画室，重新进行分析、联想、创作。先分析画面的形式及构图，看能否进一步概括、整理，形成有一定形式感的画面。比如，将不规范的，写生形式很强的形象进行分析整理，甚至抽象化、平面化处理，追求有较强形式感或色域较大的形象。同时，将色彩抽象出来，适当考虑肌理及笔触的特殊效果。重要的是，学会从写生稿中提炼出有一定代表性的、和谐的以及色彩倾向明显的颜色，然后，将这些颜色重新调和、排队，并赋予色彩归纳整理的形式之上。这种整理归纳往往做在另外一张作业纸上，用笔不仅限于水粉笔、毛笔、直尺等都可用。因此，这种以写生色彩为基础的色彩重构，通过对物象色彩进行概括、提炼，可以使写生过程中所描绘的物象本身的自然色，通过有规律、有秩序的用色方法，变为简练、统一、和谐而又不失生动的设计色彩。反过来，亦可提高学生对写生过程中色彩应用的认识和理解。与此同时，色彩归纳与重构的效果亦取决于扎实的写生基础以及良好的色彩修养，二者互为因果关系。

2. 色彩重构过程中的平面化处理

平面化处理可以使写生色彩在重构的过程更概括更注重整体关系。平面化色彩的空间表达方式主要是通过改变色彩的明度、纯度、冷暖层次推移与虚实、疏密对比关系等，变为色块间纯粹对比构成关系。具体表达方法是这样的：首先，色彩写生的过程中要排除光影效果所显示的体积感、质

图2（作者：王俊达）

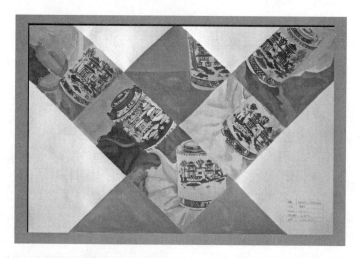

图1（作者：商俊平）

感，选择以单纯的色块为主要表达符号，通过对比使色彩的符号化倾向更为明显。由于色彩的平面化表达在空间的体量、色彩的调配、构图的调度、意境的表达方面都有着宽阔的天地，同时它又不受客观物象实感的牵制，从而在主观意愿及想象、象征方面能使学生获得了极大的创作自由。将写实性色彩训练方式转化为装饰性的平面化色彩离不开对色彩的归纳与限色，同时，平面化写生色彩的过程中，排除了条件色的干扰，更着重强调夸张与变化的表现形式，使纯色显得纯正，灰色倾向明显，亮色更亮。由于这种写生过程本身不受"真实性"的限制，极力强调形式美与主观制造，因而色彩的夸张和变化实际上不应是被动地处理，而应是具有创意目的地主动创造。因此这更有利于培养学生设计意识的提高。

图3（作者：王美红）

3. 色彩重构的练习方式

色彩重构是专业色彩课训练的重要形式。其目的旨在通过主动地将直观色彩或自然色彩转换成创作色彩，分析色彩的微差，追求色调的统一及色彩的和谐，在色彩间细微的对比中得到启示，从而提高、挖掘色彩表现的极大可能性。具体方法如下：

3.1 限色练习

选择除黑白之外的一至三种不同色相的色彩来描绘有复杂色彩的对象。描绘的过程中不追求等值的颜色，在可行的范围内可描绘环境色，这种训练的目的就是使学生在有限的因素中尽可能地挖掘出色彩的可能性。

3.2 色彩变体

A. 将原有的主体形象的色彩进行冷暖的转换，形成同一背景下的不同的色调。

图4（作者：曲伟瑜）

B. 将一张黑白照片转换成彩色的形式。目的在于靠过

215

去色彩写生的积累去表现视觉的明暗,在习作与创作之间架起桥梁。

C. 冷暖、明暗转换。即将原有的客观色彩的冷暖、明暗转换过来,形成有特殊视觉特点的形象。

D. 明暗不转换,冷暖进行转换。便于从不同明度的形象中比较冷暖差别造成的视觉差异。

通过以上这一系列的训练,大量的课题作业完成之后,面对调色盒或设计软件中的调色板,学生们变得不在茫然,设计用色时自信而又从容,可以说顺利地完成了从写生色彩到设计色彩的过渡。学生不但掌握了色彩的基础知识,最重要的是提高了他们学习色彩、运用色彩的兴趣与能力,由被动学变成有创造性地学习,由感性地用色变成理性地把握色彩。

参考文献

[1] 王宏建,袁宝林. 美术概论[M]. 北京:高等教育出版社,1994.
[2]（美）鲁道夫. 阿恩海姆. 艺术与视知觉[M]. 四川:四川人民出版社,1998.
[3] 安宁. 色彩原理与色彩构成[M]. 北京:中国美术学院出版社,1999.
[4]（日）朝仓直巳. 色彩教育与配色研究[M]. 岭南美术出版社,1993.

走向复兴

张奇　周伟忠

同济大学建筑城规学院

摘　要：走向复兴：之所以提出建筑美术文艺复兴，是目前借改革、创新之名，轻基础、不负责任的现象十分严重，建筑美术发展到如今其权威性、科学性已被扭曲，无视其教学规律和专业特点，还美其名曰创新、教改、课题研究，实则避重就轻、不负责任，放在以前就是教学事故。

关键词：建筑美术　复兴

Abstract: Going to renaissance: Architectural fine arts renaissance,its background named by Reform and Innovating,performing in thinking little of basic and no resqonsibilie's phenomenas are serious. At present, architectural finearts's development,including its anthoritarianism and scientificity is distorted. Neglecting the teaching patterns and the characteristics of major, in addition to considering it as innovation, reformation on education and research project. In fact, it is beating around the bush and irresponsible. In the past, this is the teaching accident.

Key words: architectural fine arts, renaissance

走向复兴

之所以提建筑美术文艺复兴，是目前借改革、创新之名，轻基础、不负责任的现象十分严重，建筑美术发展到如今其权威性、科学性已被扭曲，美术课成为一些人的"私器"，想让谁上就谁上，想怎么上就怎么上，无视其教学规律和专业特点。比如，素描课上了一学期色彩风景临摹，也不管之前色彩有无基础，学生临摹作业不是画得一团糟就是全部出自教师之手，展览出来却受好评，还得了奖，这种有违教学规律的做法没有停歇的迹象，学生色彩没长进且不说，还助长了谎言；又比如色彩课改上马克笔、油画棒，也不做水粉写生，甚至色彩实习也用马克笔替代，还美其名曰创新、教改、课题研究，实则避重就轻、不负责任，放在以前就是教学事故。作为全国建筑美术权威机构不能无视这种现象存在，提出来引起警觉。那么，美术课程如何复兴呢？我们认为抓三个意识：

1. 写生意识

陈丹青先生年初撰文《回到写生》时说：（由于言辞中肯，摘录几段，供讨论）写生实践的长期匮乏，是当前传统类型绘画了无生气，僵滞不前的深层原因。然而久不写生，写生犹难——唯画布上的实践者才清楚，传统绘画真正的堂奥与挑战，真正的境界与变化，端赖写生。

写生，不论在欧洲绘画的任一阶段，是必须履行的职业行为，是连接画家与物象间无穷无尽的感知与回应过程，在这一过程中，绘画被写实决定，同时如何看待写生，如何实践写生，是引向各类型与风格的可能。

我们就是一群极度暧昧的画家：身为教授、名家、权威，可是不敢写生，其实，不会写生了——在绘画观极度混乱的今天，在影像主宰观看的时代，绘画本身就是暧昧的，错位的，有待认领，不断调整自己的边界，不再守护绘画作为自身的主体。

事情到这一步，写生已难成为严肃而有效的正题。它并不仅仅是指重建与生活的联系，不是指磨炼技巧，更不是要大家再去画风景。它是一种立场，一种本分，是对传统的清晰确认，有如信仰。它的迫切感不在实践与否，而是对我们来说，面临一场近乎道德的决定，——事实是，重拾写生未必挽救写实绘画，却可能将我们拖回几乎不会画画的境地，那时我们才会惊醒：图式、影像、伪风格，已将我们远远带离绘画，而渴望写生的同行谅必觉知，激发写生的氛围，尤其是，一个可资竞技的场域，早已荡然无存。

写生是写实的圣经，但不是观念，不是灵药，不像当代艺术或古典风格等的圈套，提供诱惑，给予方向，预先对艺术家承诺正确与光荣。在集体性机会主义的时代，写生是愚蠢而残酷的选择，无望回报。它只负责检验两件无法敷衍、无法伪装的事，绝对无法伪装：你是否热爱绘画，你是否具有真的才能。（就艺术而言，接受边缘，是对自己的诚实）。

2. 基础意识

夯实基础，不容置疑，一切借教改、创新而无视打坚实基础的行为应该警惕。一生要从事的职业首先应该打好基础，基础可以决定走多远。行内人明白，学习美术有什么作用呢？三个功能：审美、造型、创新。其程序不能颠倒，倒了，就是无视美术学科的科学性，讲严重点就是破坏。打好基础有什么用呢？就是为了建筑设计。建筑的造型，最基本的就是要有空间意识。此话怎讲？比如给你一张纸，从二维的平面表现三维的立体绘画，首先要把形立起来，有方位感，表现出空间结构。不管写实或者抽象，内容可以相同，手法不限，但空间是必须的。在这个空间里基础美术与建筑设计有同样的要求：节奏、虚实、主次、呼应。在平面纸上表达空间，这个表达过程，就是美术基本功的宣泄过程，无形之中对建筑思维起作用，像化学发酵，因为现场不可能让学生去修改图纸。就算画抽象，也有空间、主次、色彩比例大小、色度强弱进退等，这就是美术功能。大家知道，画一幅图用一节课或半天，它的周期短但解决的问题多，一个作业多次遇到整体与局部、变化与呼应、主次与虚实等，这种基础美术的创造过程能解决建筑中的很多问题。美术审美与建筑审美是吻合的，都涉及形象思维、想象力、节奏、空间等制约与突破，出一件好作品是思维、技巧、激情的高度统一，缺一不可，所以说建筑是艺术。

强调基础意识，首先是强调审美能力的培养，这是一个累积的过程，学习基础美术既开发想象力又加强基本功。为什么将审美放首位呢？因为美术基础好你可以做设计，像贝聿铭那样开事务所，接单；美术基础差呢做管理，比如做街道主任等，就算是街道主任，也要有美术基础又要懂审美，什么建筑保留什么建筑拆除就涉及审美，我们常常讲"眼高手低"指的就是审美要高，不能倒过来。这个审美能力怎么培养呢？就是让学生在一个充满艺术氛围里熏陶，日积月累。院领导、建筑教师历来重视基础美术，因为美术水平的高低制约着建筑艺术，是基础课中的重点。气功讲磁场，艺术讲氛围，耳濡目染，审美能力的培养是逐渐积累的，有人指导，慢慢体悟，上升很快。光靠专业知识忽视基础美术是木桶短板理论，这样的学生走不远，别指望见解独到，实践证明并将一直证明紧抓基础美术是纲举目张，是专业瓶颈的突破口。如今各校都重视，创新基地的建立、每年的艺术节、丰富的选修课、各种形式的讲座、专业图书馆等就是审美培养的厚实土壤。有时看学生基础很差，教师也不怎么讲解，几年下来做的作品像回事了，这种不瘟不火的炖汤原理，符合艺术的培养规律。

强调基础意识，其实是强调造型能力的培养，习惯上称动手能力。2008年出席全国美术北京会议，一路高楼林立，但主要建筑出自外国人手。我国钢结构、原材料都不差，独缺艺术性。看看常常得手的安德鲁，五年高等美院和三年建筑专科，人家内功怎么练？明眼人一看就懂：基础美术加创造力，说白了就是动手能力。作家的语言是文字，建筑师的语言是图画，建筑师表达设计思想就要讲内功，画草图画表现图，这种能力怎么来？美术课中来！所以说基础美术对建筑师而言就像火箭与发动机，我们总将眼睛盯住火箭高度，却忽略发动机的作用。扎实的基础美术对于任何变化都是强大推进器，由于它有用之不竭的燃料，所以不会成为多余的油箱。以为没有美术照样盖房子、计算机出图，这股思潮虽然前卫，却会影响学生对基础美术刻苦追求，当以警醒。前苏联教育家契斯恰科夫曾讲"素描是一切艺术的根基"，这种重视素描艺术的思潮开了十九世纪苏联艺术风气之先河，尽管如今俄罗斯经济欠佳，但雄厚的建筑艺术随处可见，无国能及，它的基础美术教育思想影响了几代人，受到青年学子的追捧。作为建筑师，没有好的素描无法立足，容易产生"世界建筑一大抄"现象的出现。

画画人都知道，基础很难，尤其是写实基础，它无法隐瞒，无法作假。常有所谓的基础打实了就不会创新，被框死了的论调，简直无稽之谈。听听陈丹青的话就知道基础的重要：写生很烦，临场的写生，非常非常难。不必说巴洛克时代的鸿篇巨制，一幅印象派小风景的难度，说句行内的实话，尤甚于一件挪移照片效果的中国式主旋律大创作。难度，并非艺术的尺度，却是无以回避而令人厌烦的问题。但凡二十年以上只画照片的画家应该承认，重拾写生，比初学写生还要难——这难度，无情而难堪。以今天的眼界，我们有理由说：前辈的写生也未被跨越，犹未及于欧洲绘画司空见惯的写生水准线，写生之难，只因是欧洲油画世世代代的根基。

3. 创新意识

创新意识的培养，是美术教育的基本功。现在创新上升到国家战略，其实美术一直在谈创新，创新谈何容易。我要提的是有人借创新之名行私利之实，将美术糟蹋得不成样子。美术是直接的、模仿的艺术，从"有"开始。而建筑恰恰从"无"到有，无中生有，这个"有"是讲艺术的、标新立异的，似曾相识的严格讲都不是艺术。我们必须从这方面努力，重视对美术的正确引导，力主创新。如今美术教育强调表现，强调结构，改变原来无休止的涂影，因为理解了结构就能概括，美术从单纯模仿、单纯再现中解放出来，变被动描写为主动表现，这是积极的一面；另外招聘单位初次见面就要你来"短平快"，你有一手过硬的建筑美术功底吗？如果有，才可能有强大的创造力。强调美术创新让同学在建筑创新上有所启示，关键是解放思想，突破常规，不走寻常路。这涉及基础知识和创新思想，将不可能变为可能，在夯实基础的同时在形式上做些让步，比如：不画投影，后印象画家就是一例；增强对比，野兽派画家绿树红枝；同一个内容用线条表现的，如凡·高；用块面表现的，如塞尚；这种例子不胜枚举，建筑创造同样如此，只要留心，生活中不缺乏鲜明例子，俗话说，创新源自生活，法国雕塑家罗丹说：生活中不缺乏美而缺少发现。创新就像"功夫在诗外"，要增加多种知识，培养多种兴趣，留意生活提供给我们的创新火花，这种创新知识的培养是断不能忽略的。而且基础美术与专业设计应是相辅相成的。

建筑讲形式美，而创新离不开形式美。一栋建筑美不美，形式感强不强，都是建筑师的基本功。美术教学如果考核教师培养创造力，怎么考？因为悬乎，你可以说构思、色彩、组织，但仍悬乎。那么学生通过什么形式的美术教学而获得创造力的开发呢？现在的学生普遍缺乏美术基础，但上进心强。正确的做法将美术教学中的核心知识用学生听得懂的方式解读，让学生理解并操练，锲而不舍，以此加强造型能力，慢慢展开创造力。其次前面提到的氛围：艺术节、选修课、讲座、创新基地、展览、专业图书馆等，让学生在这种场合接受熏陶，三、五年下来，他的想象力、专业知识慢慢就上去了，创造力也可以得到锻炼。再次是师资：师资突出的是优秀教师及专业资料。教师的思想、阅历、态度、作风对学生的成长是渗透性的。如果有条件请优秀教师给没有专业底子的低年级开课，用全面、准确而不是片面的知识解读本专业，深入浅出，加上一手过硬的写生基本功，使学生一看就明白这个专业的最终归宿，对学生的人格塑造极为重要，我们常说学有榜样赶有方向嘛。但如今做不到低年级请优秀教师授课，全国不少建筑美术仅教技术，客观上技术教学也需要，学生美术无基础。但上升到思维方式、观察方式、理解方式等带有的学术内涵几乎不能涉及。我们平时看学生作业，教师创作，觉得复兴美术等问题太重要了，因为轻视基础、偷工减料而影响后续的发力教训太深刻。有教师反映，现在的大学教学像股票一样处于历史新低，美术教学也不除外，虽然偏颇，但却中肯。

走向复兴——最终是为了创新，回到创新经验，回到创新的自由自在翱翔天地，而不是永远跟在别人后面漂泊、流浪、克隆。如果创新、改革最终不能使学生自由地构建理想的生活经验，重建文艺复兴记忆中的天堂，那么一切都得重新来过，别无他法。

艺术与设计篇

壁画艺术与城市建设的研究

赵海波

山东建筑大学艺术学院

摘 要：通过对目前当代中国的壁画发展状况的分析，结合壁画的民族性，壁画的特点，壁画与建筑的关系，提出了城市雕塑和城市壁画是城市文明的一个窗口，它向人们传达的是这个城市的文化品位、精神状态、发展历程、风土人情等等。传播的是中华文明，传播的是我们的理想抱负，起到激励大众，陶冶情操的作用。随着现代化的不断加快，城市建设也在飞速发展，物质文明和精神文明的矛盾也在不断出现，在城市建设的过程中如何保护传统文化是一个刻不容缓的课题．并对壁画的保护和发展提出的几点构想。

关键词：现代城市壁画的发展　壁画的民族性　壁画与建筑共存亡　壁画的保护

Abstract: This article is based on the analysis of the developing situations of contemporary Chinese wall painting, it combines with the nationality of wall painting, its characteristics as well as the relationships between the wall painting and the architecture, it proposes that the city sculptures and city wall paintings are the small windows of a city's civilization, it can express a city's cultural quality, spiritual statements, developing process and local customs. Then it can diffuse the Chinese civilization, transmit our mental aspirations, stimulate the public and cultivate the sentiment. With the rapid modernization, the city construction is also accelerating, and the paradox between the material civilization and the spiritual civilization is emerging. How to protect our traditional culture during the process of city developing becomes a pressing subject. It also provides some new ideas in protecting and developing the wall paintings.

Key words: developing of wall painting in modern city, nationlity of wall painting, wall painting live or die with architect altogether, protection of wall painting

1. 现代城市建设中壁画的发展状况

随着现代化的不断加快，城市建设也在飞速发展，物质文明和精神文明的矛盾也在不断出现，在城市建设的过程中如何保护传统文化是一个刻不容缓的课题，曾经有一段时间许多城市在发展的过程中为了追求经济利益，不惜以破坏古建筑为代价，对古人留下的丰富的宝贵遗产进行了毁灭性的破坏，直到今天人们才渐渐地认识到了保护文化遗产的重要性，开始了修复古建筑的工程，但是这种行为只能是亡羊补牢，为时已晚。岂不知失去的东西再复原，修得再好也失去了原貌。这种行为实在令人痛心。在推掉一座古建筑的同时也毁掉了许多的文化，其中包括建筑工艺、陶瓷工艺、历史考古、绘画工艺，其中就包括壁画工艺等等。

中国美术家协会壁画艺委会秘书长张世彦介绍，北京饭店东大厅重修，里面两幅著名壁画——刘秉江、周菱1980年创作的丙烯绘壁画《创造·收获·欢乐》及张国藩、秦龙、岳景融与他1974年创作的瓷嵌壁画《漓江之春》，在作者毫不知情的情况下，与整个东大厅一起，瞬间变成了不到两米高的一片瓦砾堆。而这两幅壁画，都曾随当时政治风云跌宕起落，都是旷日持久的大投入大制作，都载入了中国壁画经典。

20世纪80年代，经济复苏带动的城市建设热潮使中国壁画艺术家们有了施展天地，文艺思想的解放更使其有着充沛的创造激情，使这席卷全国的壁画热潮产生出一大批壁画精品。在作为中国壁画20年总纪录的《中国现代美术全集·壁画》一书中，80年代在时间量上只占一半，入选的作品量却占三分之二。但是，2001年中国当代壁画艺术座谈会曾在与会30多壁画艺术家中作了一个小统计，竟已有25幅大型壁画踪影全无！

广东省美术家协会秘书长王永认为，提倡保护壁画的前提，是建立评审机制，保护精品，对劣品则应坚决禁止其泛滥。政协北京文艺界代表姚珠珠、盛中国等19名委员在《成立公众艺术作品（包括壁画）鉴定委员会》建议案中指出，建筑业主更换、频繁改建与装修是壁画保护的最大隐患，应在国家建设规划部门下面设立公众艺术品（包括大型壁画、雕刻及标志性建筑）鉴定委员会，由他们对公众艺术品价值进行评估，一经确定，张榜公布，不得任意拆除或毁坏。

据介绍，在美国，洛杉矶政府早就有规定所有公共艺术品一经装置落成，立即享有市政府的法律保护，不准任意涂抹、遮挡、拆毁，期限为50年。有识之士指出，这一做法值得中国借鉴。

所以在城市发展的过程中应尽量保护好古代文化遗产，他带给我们后人的是无法估量的宝贵财富。同样在保护文化遗产的同时还应该发展文化产业，让我们生活的环境更加丰富多彩，更加有文化内涵，这样一个城市的整体风貌才会更加丰满，城市雕塑和城市壁画是城市文明的一个窗口，它向人们传达的是这个城市的文化品位、精神状态、发展历程、风土人情等等。传播的是中华文明，传播的是我们的理想抱负，起到激励大众，陶冶情操的作用。

首先，壁画作为一种大型公共艺术，是社会性的艺术，因而它必然是一种对群众进行思想影响和教育的有力手段。不论中、外历史上留下来的重要壁画作品无不证明着这一点。它可以长时期地影响着环境和人们的精神，在我们今天理应把它当作精神文明建设的重大工程，是百年大计。

近年来许多城市开始注重壁画的文化宣传作用，譬如说首都北京、青岛、上海、济南等城市，壁画的数量较其他城市要多得多，例如首都机场的《哪吒闹海》。位于中央工艺美院的《森林之歌》。北京长城饭店的《万里长城》、《创造、收获、欢乐》等。青岛市北区台东三路步行街两侧6万平方米的室外壁画展示在公众面前。壁画专家称，这是国内目前最大的一个壁画工程，也是国内目前最大的一个城市公共艺术景观。上海外滩的《老虎滩的传说》。济南舜耕山庄的《舜耕历山》。都是有名的壁画巨作。在城市建设的过程中增加了一道靓丽的风景。

2. 壁画的民族性

中国的传统壁画有着它自己完整的体系，它早已形成了从材料技术和艺术的表现；包括构图、造型、色彩上一系列的互相联系的整体特征与规范。中国壁画的制作材料和技术对于中国传统壁画特有的艺术面貌的形成具有重要的作用；例如传统中国壁画的"画壁"制作工艺，是中国胶粉重彩画驰骋的舞台，而胶粉重彩的材质美感，又与中国矿物颜料为主的色彩体系不可分离。其他如"影塑"（浮雕）及沥粉贴金工艺在壁画中的运用，也形成了我国传统壁画的独具特色，这种综合性材质的运用是与现代世界壁画的新观念，具有相通的性质。对这些民族壁画的基础研究和掌握，需作相当努力，而且也还有很多东西需做深入的发掘、抢救，否则许多宝贵的经验会随着岁月而湮没；可惜至今并未引起足够重视，也缺少相应的研究机构。在现代的建筑技术已取代了传统技术的今天，壁画传统材料技术的变革也是必然的趋势，如何适应这一变革而仍保持传统特色，这是另一项必须认真研究探索的课题。

继承中国壁画传统上核心的问题，是对中国传统壁画，在艺术表现特征上的认识与掌握。从壁画上多种多样的用线造型的方法和色彩的平涂和渲染，造成装饰性、理想性和现实性有机统一的画面效果，和中国传统壁画的平面装饰风与绘画性相结合的风格，这是在欣赏中国古代壁画时明显地感受得到的。传统壁画在构图上那种注重从内容到形式的整体性把握的特色，这是尤为使人瞩目的一面，它往往不拘泥于表现特定时间、空间，多视点，多角度，多方位地自由而合于理地处理题材和安排画面构成，它在世界上处于非常突出的地位，它可谓是构图的一种"写意"式处理。试看敦煌画中著名的《伍百强盗成佛》的故事，在从右到左的横长画带中将复杂的情节串通为一幅画面；《舍身饲虎》则在方方画面中将故事序列以回旋之势有头有尾的展开；而《鹿王本生》则将情节发展的两条并行的线从横长的画幅左右，同时向画面中心发展，并在画面中央形成高潮。

元、明之后更注意壁画在建筑中的整体气势，如永光宫三清殿壁画《朝元图》，以三米多高的众神仙缓缓行进的场面布满整个墙面，形成感人的效果；北京法海寺和山东岱庙壁画都有这一特色。（很少像外国那种把墙体分成一小块一小块，以连环画和组画式地去表现故事发展的构图方式）这应是我国壁画遗产中十分值得珍视的传统特色，它与现代环境艺术和壁画的观念有共通性。对这许多优秀传统的研究是极为重要的，要付出自己的热情和心血，这不仅是为了保存传统特点的精华，而是通向现代与未来的必然途径。

继承民族传统绝不只限于运用中国传统材料工艺这一条途径。每人都可以根据自己对传统壁画特点的体会，用各种方式进行探索。像秦岭、高宗英为华都饭店西餐厅所作的壁画《花果山》，它的题材，造型和色彩构图民族气息是较浓的，却使用了马赛克这样的一种外来技术；经过对这一技术的改造，使之适于表现民族传统的特色，这并未减弱其民族气魄，而创造出一种新的民族风格特征，就是一个有力的证明。对民族壁画的认识也是在深入发展中，对待民族传统的继承，应是多方面的，而且也应像西盖罗斯所说的"不能盲目"学习，我们不能盲目学苏联，学西方，也不能盲目地对待自己固有的传统，吸收和掌握其精华和精神。传统是在一定历史条件下的产物，必须按照今天的环境、不同的内容表现需要而有所损益。不能拒绝吸收外来的广泛经验，以充实和发展我们自己。

3. 壁画特点

从广义上讲，绘制在建筑物的墙壁上或岩石上，以及其他如洞穴壁上的壁画、图案，都可以称为壁画，而绘于岩壁上的绘画亦称"岩画"。在建筑物上的壁画，大致可以分为绘制壁画、浮雕壁画、马赛克镶嵌壁画以及其他工艺材料壁画等等。中国古代壁画一般以绘制场所的不同而区分，有店堂壁画、寺观壁画、石窟壁画、墓室壁画、民居住宅壁画等。现代壁画主要目的是建筑装饰，与建筑物及周边环境的协调、融合是最重要的，材料更加多样化，具有更持久的耐久性。

4. 壁画与建筑关系

壁画是建筑整体的一个单元，建筑与壁画的艺术语言应当是和谐统一的。壁画的内容和形式要服从于建筑的功能和格调，就是说要考虑不同的建筑有不同的要求，因此壁画从创作一开始，就受到来自各方面的限制，不能为所欲为。一座建筑物拟定需要壁画作装饰，画家在动笔之前要对其建筑类型、建筑风格、建筑结构、建筑空间与壁画的尺度、观赏距离、角度和方式、自然采光或人工照明内界面或外界面的质地肌理硬度以及特定环境中人的形态等诸方面进行全面研究和充分理解，才能进入设计。壁画是建筑实体的表层，它实际上是被建筑限制了的自由创作。高明的艺术家就是要在这种限制中进行宏观的审视，将个人的情感融进更广阔更复杂的环境要求中去，力求创作出最佳的壁画作品。

壁画是建筑与艺术的结合，壁画的优劣并不仅在于画面本身的艺术效果，更重要的是它在建筑环境中所起的作用如何。壁画的艺术价值应位于壁画的整个建筑环境中所具有的创造环境艺术的价值之后，建筑师在进行建筑设计时就应事先考虑到壁画在建筑中的构图作用，建筑环境及建筑结构对壁画的影响，壁画创作的成败是美术家和建筑师的审美观一致的基础上能否灵犀相同地默契合作有直接关系的。这种合作不是在工程的后期，而是在建筑设计最初方案的开始就应积极参与建筑的设计。力求做到建筑师与美术家共同研究，确定壁画的方位、构造、体量、形态和制作工艺等，力求达到壁画与建筑缺一不可的建筑整体设计方案，不要等建筑完工之后再请来壁画家为建筑作装饰，这样会造成壁与画的生硬结合。壁画的制作工艺材料应当比较坚固耐久，这样才能与建筑物共存亡。

5. 对壁画的保护和发展提出的几点构想

（1）对壁画的保护国家立法机关应该制定相关法律法规加大对壁画尤其是有影响的名家的壁画作品的保护，让保护文化遗产包括壁画的保护有法可依。严厉打击肆意破坏有价值的古建筑、古文物、古文化、和壁画的不法行为。

（2）全面提高全民的文化素质，普及文化教育，普及艺术教育，加大宣传力度，让更多的人们了解保护文化遗产的重要性。

（3）建立相关的文化保护机构，与建设机关达成协议，共同保护文化遗产。

（4）建立更多的专业壁画设计和制作机构，让壁画的设计和制作更加规范化，提高壁画的层次和品位。制作出更加有历史价值可以流芳百世的作品。

（5）在壁画的制作过程中应本着节约能源、节约材料、保护环境的原则，力求制作出既美观又实用成本低效果又好的作品，本人主张室内壁画尽量采用丙烯材料，室外尽量采用陶瓷材料，因为这些材料有经济实惠、操作简单、加工周期短的特点，对资源不会造成破坏，对环境不会造成污染，应该大力推广。

参考文献

于美成，田卫平，张大祥. 壁画与壁画创作. 黑龙江美术出版社.

哈尔滨城市雕塑规划研究

杨维

哈尔滨工业大学建筑学院

摘　要：城市雕塑是城市建设重要的组成部分，是一个城市文化的标志，文明的符号，也是一个城市立体的档案，展示一个城市发展的历程和展望城市发展和精神的体现。城市雕塑同建筑一样，是相对永久性的，所以，对城市雕塑的要求，在设计、制作、材质上都有一定的规范，它同一个城市的整体规划、景观规划密不可分，如巴黎的"凯旋门"、纽约的"自由女神像"、华沙的"美人鱼"、我国青岛的"五月的风"、大连的"百年足迹"、哈尔滨的"防洪纪念塔"等都是这样的城市雕塑作品。

近年来，随着哈尔滨城市建设步伐加快，城市雕塑已成为城市建设的重要组成部分。本文对哈尔滨城市雕塑现状进行了阐述，系统分析了哈尔滨城市雕塑规划的目的、规划原则、规划结构、发展主题及定位、空间布局、现有城市雕塑的保护等问题，对哈尔滨城市雕塑的设置、题材、表现手法等进行有序的系统化的规划设计提供了可操作的建议。

关键词：雕塑规划　空间布局　主题

Abstract: Urban sculpture, a symbol of city culture and civilization, a three-dimensional city archive that is an important component of urban construction, it can lay out the development course of a city and prospect its development and spirit. Urban sculpture is the same as architecture that is relatively permanent, so this requires urban sculpture that has some degree of criteria in design, manufacture and material. Urban sculpture has many. relative connections with overall program and landscape planning, such as "Arc de Triomphe" in Paris, "the Statue of Liberty" in New York, "Mermaid" in Warsaw, "May Wind" in Qingdao, "100-year footprints" in Dalian, "Flood Control Monument" in IIarbin.

In recent years, with the fast building step of urban construction in Harbin, urban sculpture has been an important component of urban construction. This paper introduces the present state of Harbin urban sculpture. It analyses many problems in urban sculpture planning systematically, such as purpose, planning principle, structural planning, development topic, orientation, spatial arrangement, existing urban sculpture protection. It also offers some operational suggestion about setting, subject matter, expression in systemic and orderly planning and design of Harbin urban sculpture.

Key words: sculpture planning, spatial arrangement, theme

1. 现状概述

改革开放以来，城市雕塑作为城市建设重要组成部分，在全国发展的很快，哈尔滨也是如此。城市建筑林立，近年来开发了很多绿地、广场对城市雕塑需求量越来越多，人们对城市雕塑的数量和质量及文化品位要求越来越高。但近年来，哈尔滨的城市雕塑，由于多种原因，和全国城市雕塑总体发展形势看，处于滞后状态。数量和质量亟待提高，尤其需要一个总体规划来制约城市雕塑的各自为政、见缝插针的无序状态。在主题要求、形式上也需要全市一盘棋，通过规划和整合，使城市雕塑系统化、合理化、正规化，改变哈尔滨城市雕塑的落后局面，使城市雕塑真正成为城市文明的标志、文化的名片。

1.1 哈尔滨城市雕塑的分布及特点

哈尔滨城市的文化特点、建筑风格、规划特点、文脉发展、人文特色形成哈尔滨城市雕塑的特点和风格。女真文化、金源文化、欧陆文化、中原文化的综合，具有移民文化的博大精深，北疆文化的粗犷、直率，民族文化的多彩，欧陆文化的洋气，对现代世界文化的包容，形成自己城市独特的风格。由于哈尔滨文脉发展的特点，所以各种雕塑形式易于被哈尔滨人所接受。

1.2 哈尔滨城市雕塑存在的问题

（1）哈尔滨城市雕塑缺乏总体规划

哈尔滨城市雕塑缺乏整体规划，不能对城市雕塑作总体把握，各区各单位各自为政，见缝插针，对雕塑的主题和环境关系，雕塑尺度、色彩、材料等考虑的很少。

（2）雕塑质量参差不齐

哈尔滨城市雕塑缺乏对雕塑主题和艺术质量的审查，经常是搞突击工程、政绩工程，只考虑有无，不重视质量，使很多垃圾雕塑出现。

（3）城市雕塑的随意性、盲目性、重复建设问题

如抗联题材，到处可见，对抗联英雄事迹与选址之间缺乏联系。

（4）形式单调，个性贫乏，形式缺乏现代意识

哈尔滨城市雕塑说明性雕塑多，缺乏内涵，对雕塑主题表现的不深刻。

（5）城市雕塑的管理滞后

多头管理，形成市政、规划、文化、城建部门都管都不管的情况。对城雕的设计者，创作人员缺乏管理规定，无证上岗，使城市雕塑艺术水平无法保障。

（6）资金投入少

城市雕塑是市政工程的一部分，应有专项投资。（如上海、深圳）要执行百分比计划，政府在市政建设投资中，按比例投资城市雕塑，才能保证城市雕塑的发展。

2. 哈尔滨城市雕塑规划

2.1 规划目的

提高哈尔滨市城市雕塑整体艺术水平，美化城市景观，丰富市民精神文化生活，统筹规划城市雕塑建设，合理利用城市公共开放空间，建立合理有效的城市雕塑实施管理机制。哈尔滨城市规划是指导哈尔滨市城市雕塑发展和建设的法定性文件，也是实施城市雕塑建设，城市雕塑管理的基本依据，用以指导哈尔滨市城市雕塑建设的组织策划、建设及管理。

2.2 规划原则

（1）统一协调原则

为保证哈尔滨城市雕塑的艺术与工程质量，避免城市雕塑的主题、形式雷同或重复建设，哈尔滨城市雕塑的建设应打破行政区各自为政的局面，各行政区的城市雕塑规划应由市规划局统一组织协调，做出全市的统一城市雕塑总体规划。各行政区应按总体规划实施建设。

（2）职能部门管理审批原则

各景区、景点单位的建筑雕塑、建筑装饰雕塑、园林雕塑、标志雕塑，应实行设计申报制度。经市、区有关职能部门审批后，方能进行施工建设，对不经审批的私建滥建的城市雕塑，市、区职能部门有权责令其拆除。哈尔滨城市雕塑规划的制定和实施、监督和执行必须有相应的职能机构，市规划局需成立"哈尔滨城市雕塑管理委员会"这样全国统一的组织，负责城市雕塑的设计、审批事宜，以保证总体规划的顺利实施。

（3）全市一盘棋，点、轴线、面相结合原则

哈尔滨城市雕塑总体规划，本着全市一盘棋的理念，均衡发展，重点突出，点、轴线、面相结合，打破行政区界线，规划出全市重点的雕塑节点。

节点如：红博广场、防洪纪念塔广场、国际会展中心广场、原市政府广场、市政府广场、省政府广场、七三一纪念广场。形成以纪念性雕塑、标志性雕塑相配合形成以雕塑为中心的哈尔滨重点的雕塑节点。

轴线如：松花江南岸道外——道里——顾乡群力乡一线带状公园的雕塑长廊，马家沟河和何家沟河一线的雕塑带，中央大街、果戈里大街一线的景观雕塑等。面如：龙塔前面绿地、文化公园、香坊公园、太阳岛公园、杨靖宇将军纪念园、冰雪艺术纪念园、抗联纪念园等。通过点、轴线、面使哈尔滨城市雕塑相对的系统化。景区中也可做近远期规划，分期分批的完成。

在对新的景区做雕塑规划外，对原有的城市雕塑也应作保护性规划，进行修旧、改材、养护工作。如斯大林公园一线的城市雕塑、赵一曼纪念碑雕塑园、防洪纪念塔等。

2.3 发展定位及主题

发展定位：

（1）**体现哈尔滨城市文化特色，体现哈尔滨人民的精神面貌**

让城市雕塑更好地体现出哈尔滨城市文化的特色，成为表现城市文明进步的窗口世界，文化交流的桥梁，体现哈尔滨人民的精神面貌，国际旅游都市的标志。

（2）**城市雕塑与城市建设协调发展**

城市雕塑是城市建设的重要组成部分，让城市雕塑的发展、更科学地协调于城市艺术空间；

（3）**注重人文环境**

以人为本，让城市雕塑成为人们生活的一部分，教化精神，成为哈尔滨人喜闻乐见的一种艺术形式；

（4）**城市雕塑的独立意识**

不再是城市空间的填空工具，建立城市雕塑的独立品位。

（5）**促成城市雕塑语言的多重性**

哲学语言的建立，象征语言的建立。不再是说明性或广告性和说教性。

（6）**促进城市雕塑的高科技含量**

探索采用现代材料的可能性；雕塑形式语言的科技含量；制作方法的科技含量。

（7）**加强管理，健康有序地发展**

加强城市雕塑的规划和管理，使哈尔滨城市雕塑健康有序地发展。加强科学的经营理念，做好近、中、远期规划，让哈尔滨城市尽快地赶上或超过城市雕塑发展好的城市。

主题：

（1）**从历史文化角度确定主题**

哈尔滨的历史文化有其独立的个性，它具有多元城市文化特征，女真文化、辽金文化、欧陆文化、中原文化、少数民族文化都对城市风貌有深刻的影响，所以雕塑主题的文化层面也应该是多元的。

（2）**从建筑风格角度确定主题**

哈尔滨城市规划风格、建筑风格基调为以欧陆风情为主，在老城区的城市雕塑应参考建筑环境特点予以考虑。

（3）**从规划特点角度确定主题**

根据哈尔滨城市规划，哈尔滨是新兴的工业城市，以冰雪文化为主题的旅游文化城市，建设国际一流的寒地生

态城市为基点，建设形成具有国际化、现代化的城市雕塑语言。

（4）从人文特色角度确定主题

城市雕塑不只是人们敬仰的参观品，而且是同人的感情相融合的艺术品，应具有欣赏、参与、共同创造的特质。

（5）从城市发展角度确定主题

哈尔滨城市的发展，东南方向与平房接壤，松北区同呼兰相连接，形成大的都市圈，城市雕塑从长远规划应考虑城市的发展。

（6）从冰雪文化角度确定主题

哈尔滨是冰雪文化的发祥地，冰雪雕塑是城市雕塑的重要组成部分，冰雪雕塑以及反映以冰雪文化为主题的雕塑，应在哈尔滨有充分的体现。

（7）从自然生态角度确定主题

哈尔滨的城市生态系统、绿化系统与城市雕塑有密切的关系，公园、园林、生活小区园林、街道两侧绿化带、延江河绿化带都是安放雕塑最好的环境，使雕塑展示了人文精神。

（8）从城市标志角度确定主题

城标雕塑是城市雕塑表现城市精神，展望城市发展重要的符号，具有"凝固的音乐"、"城市立体档案"的美称。所以，标志性雕塑应在城市或区域的主要节点广场上树立，即能起到主题空间作用，也能起到从高度到体量组织空间的作用。

2.4 空间布局

（1）总体布局设想

本次规划空间布局依托于哈尔滨市总体规划，重点对城市空间景观系统中起主导作用的城市雕塑进行规划。总体空间布局分别为：沿江景观带、城市的主要出入口及对外交通枢纽、重要历史事件发生地点或特定环境、城市的绿化系统布局和旅游资源开发及重要公共活动中心五个方面，形成哈尔滨市城市雕塑的骨架系统，创造艺术性、趣味性、知识性与观赏性俱佳的文化内涵较深厚的精美之作，坐落在不同环境背景下，使之成为城市的眼睛。

（2）总体空间布局

沿江景观带——即松花江两岸的城市雕塑规划建设。哈尔滨市最具影响力和艺术水准的城市雕塑作品大部分都在松花江南岸，这些城市雕塑不仅丰富了沿江景观，而且在几代哈尔滨人心中留下了美好的回忆。为了使松花江两岸景观系统化、整体化，应加强两岸雕塑景观的建设，形成沿江雕塑带，塑造一批风格统一协调，充满浓郁生活气息，具有浓烈地域色彩的城市雕塑作品，美化长期滋润哺育我们的松花江，为哈尔滨这座城市增添亮点。

城市的主要出入口及对外交通枢纽——城市出入口中有条件设置城市雕塑的有：京哈公路和规划四环的交汇处、绥满高速和哈尚公路交会处、机场快速路和迎宾路交汇处、绥满高速和哈大公路交会处、哈同公路和规划四环交汇处；对外交通枢纽：香坊火车站前广场、哈东站站前广场、太平国际机场。城市主要出入口和对外交通枢纽是人们对城市产生最初印象的第一地点，也是建设城市雕塑的重要背景。在这些地点设置的城市雕塑应使人鲜明的感受到哈尔滨的城市风貌、独特的文化历史、时代精神和社会主旋律。

重大历史事件发生地点或特定环境——哈尔滨市防洪纪念塔广场、北方大厦广场等地点均有优秀的城市雕塑作品。随着时间的推移，社会的进步，总会出现和发生一些重要的、值得纪念的人物和事件，如果以城市雕塑的形式把它们写进城市发展历史，使之成为城市文化底蕴积淀的一部分，将具有重要意义。

城市的绿化系统布局和旅游资源开发——根据《哈尔滨市城市总体规划—城市绿地系统规划》，"哈尔滨市规划至2020年市级公园10个"，并"提出建设三种类型风景区的构想"。公园绿地是建设城市雕塑的理想背景。其中世界冰雪游乐园是展现哈尔滨冰雪文化的主要地点，一年一度的冰雪节，已经成为哈尔滨的一个名牌，是把哈尔滨推向世界的重要手段之一。如果利用城市雕塑艺术，把每年国际冰雕、雪雕邀请赛中的优秀作品，变冰与雪的限时艺术为石头和金属的永恒艺术，将推动哈尔滨世界冰雪文化名城的建设。其他规划的奥林匹克公园、历史文化名园、城市规划公园及风景名胜区等都可结合自然生态环境和主题公园的内容，布置相适应的城市雕塑作品。中央大街步行街是哈尔滨市闻名于世的旅游资源，随着其步行系统的进一步完善及环境综合整治，为城市雕塑提供了空间。在这条老街上已经有"铜马车"、"都市旋律"等反映城市历史风貌和时代精神的佳作，可以考虑在其辅街上根据实际公共环境设置风格协调的城市雕塑作品。

重要公共活动中心——根据哈尔滨市中心城总体规划中主要公共活动的分布，如红博广场、省政府前广场、市政府前广场、道里中心广场、国际会展中心、电视塔前广场等可结合环境主题布置城市雕塑。哈尔滨独特的历史文化、地域特点为城市雕塑佳作的产生提供先决条件，等不一而足。需要强调的是城市雕塑应该宁可付之阙如，不可泛滥成灾，如果城市雕塑的质量不高，不仅不能成为亮点，反而会成为城市的污点，不是给城市留下财富，而是留下负担和垃圾。

（3）空间布局要求

城市雕塑的形体语言与其周围环境直接发生关系，因此雕塑的选题与设计必须结合选址的空间环境特点来完成，应根据不同的空间布局要求。

城市广场

城市广场是城市最具公共性、最富有魅力的开放空间，在广场中布置雕塑应遵循以下要求：

空间形态整体性的要求：雕塑布局主要考虑广场环境的整体性与连续性以及与周边建筑的协调和构图关系，以取得统一的整体环境效果，达到整体艺术的升华；尺度适配的要求：根据广场的规模、功能和主题要求来确定雕塑的尺度和体量，并应充分考虑广场与周围建筑的尺度关系，已达到不同角度的最佳视觉效果；标志性要求：增强该广场的标识性和区位特征；主题与特色协调的要求：广场是城市空间艺术的精华，在雕塑的选题上必须与广场的环境历史文化内涵协调统一，大型广场雕塑应以纪念性和主题性雕塑为主。

城市出入口及对外交通枢纽

标识性要求：使外来人员有明确的进入城市的意识，并对城市形成良好的第一印象；尺度适配要求：城市入口的雕塑应结合周围环境及占地大小；视觉可达性要求：城市入口的雕塑应布置在视野开阔地带。

公园绿地

公园绿地是游人休憩和娱乐的场所，也是雕塑布置的理想空间，在公园布置雕塑应遵循以下要求：

功能性要求：在公园中布置雕塑必须结合公园的性质（如主题公园、各类专项公园等）来设计，同时结合公园的功能分区来布局；布局自由性要求：雕塑布局应自由、自然、减少人工痕迹，与大自然融为一体；多样化、情趣性、个性表现的要求；视觉可达性要求：便于游人观赏、拍照。

街路空间

在街路空间布置的雕塑主要在街路两侧、绿化分隔带及交通岛上，以装饰性雕塑为主，应遵循以下要求：以人为本、便于观赏的要求；多样化、大众化的要求；以绿化为主、少而精的要求；不影响交通的要求。

建筑与雕塑

王青春

清华大学建筑学院美术研究所

摘　要：建筑与雕塑都是世界文明的成果，是人类智慧的结晶，都是立体的空间的艺术，都是揭示人类情感的重要表现形式；建筑与雕塑在造型语言上相互借鉴，雕塑也是建筑在主题表达上的补充，建筑与雕塑的结合是很有意义的事情。对学建筑专业的学生也相应有开设雕塑造型课程的必要性。

关键词：建筑　雕塑　空间　情感　结合

Abstract: Architecture and sculpture are both the achievement of world civilization and the crystallization of human wisdom. They are the kind of art in the tridimensionality and an important way to express one's emotion. They can use the way of modeling for reference from each other and sculpture is a good complement in the expression methods for the architecture. It is very meaningful for the combination of these two subject, which means it is a necessity to let the students of architecture take sculpture courses.

Key words: architecture, sculpture, space, emotions, combination.

1. 建筑与雕塑都是世界文明的成果，是人类智慧的结晶

文字、绘画、雕塑、建筑、音乐、舞蹈、戏剧、电影等任何可以表达美的行为或事物，皆属艺术。

伟大建筑凝聚着前人的血汗和智慧，是整个民族的象征和骄傲，如中国故宫、埃及金字塔、阿布辛拜勒神庙、希腊巴特农神殿、柬埔寨的吴哥窟等。而雕塑则伴随或依附这些伟大建筑存在。

宫殿雕梁画栋，浮雕圆雕的石狮石龙，铜禽铜兽莫不经典精湛。寺院庙宇遗留下的泥塑石像莫不典雅肃穆微妙传神。

故宫（图1），东方最伟大的建筑群，在1406年—1420年建成的，建造耗时14年。故宫的占地面积72万平方米。在施工中共征集了全国著名的工匠23万，民夫100万人。所用的建筑材料来自全国各地。比如汉白玉石料来自北京房山县，五色虎皮石来自河北蓟县的盘山，花岗石采自河北曲阳县。宫殿内墁地的方砖，烧制在苏州，砌墙用砖是山东临清烧的。宫殿墙壁上所用的红色，原料产自山东宣化（今高青县）的烟筒山。木料则主要来自湖广、江西、山西等省。集全国之人力物力之精华，由此也可以看出当时工程之浩大。

胡夫金字塔（图2），是埃及现存规模最大的金字塔，被喻为"世界古代七大奇观之一"。它建于埃及第四王朝第二位法老胡夫统治时期（约公元前2670年），原高146.59米，塔的4个斜面正对东南西北四个方向，塔基呈正方形，每边长约230多米，占地面积5.29万平方米。塔身由230万块巨石组成，它们大小不一，分别重达1.5吨至160吨，平均重约2.5吨。据考证，为建成大金字塔，一共动用了10万人花了30年时间。

雄伟的狮身人面像横卧在埃及基沙台地上，守卫着金字塔已达数千年之久。终年肆虐的风沙不断侵蚀这座庞大的石像，与流沙相伴，古埃及人常用狮子代表法老，象征其无边

图1

的权力和无穷的力量,这种法老王既是神又是人的观念,促使了狮身人面混合体的产生。巨像高66尺、长240尺,姿态十分雄浑而优雅。

建筑一般都要设计师设计,结构师做结构,工程人员来施工。雕塑则由艺术家创意小稿,工艺师翻制,材料师做成材料如金属、石或木料。当然如若做成十几米以上的大型环境雕塑,也要结构师做结构,艺术家与工匠共同来放大施工。建筑工程之浩大,雕塑的体量之巨大,都不是一个或几个人能完成的,凝结了数万人的劳动心血及智慧。

2. 建筑与雕塑都是立体的空间的艺术;建筑与雕塑皆属于造型艺术

空间是物体存在的一种客观形式,由长度、宽度和高度,也称三度空间。

建筑空间包括内部空间与外部空间的统称。它包括墙、地面、屋顶、门窗等围城建筑的内部空间,以及建筑物与周围环境中的树木、山峦、水面、街道、广场等形成建筑的外部空间。空间有虚实之分,建筑虚实结合的,围合部分是虚空间,建筑材料占有部分是实空间。

雕塑大部分以实空间存在,但是也强调虚空间的占领,所谓气场的存在。抽象雕塑强调方向面的延伸占有,及围合与半围合形成的虚空间,如摩尔雕塑(图3)。具象雕塑的颜面部分或眼神的方向,肢体的指向,会形成虚空间的占有。

3. 建筑与雕塑都是揭示人类情感的重要表现形式

通过对比与统一、对称、均衡、比例、视觉重心、节奏与韵律、联想与意境等形式美的规律及构图原则,来创造出空间形象。这种造型通过视觉触觉来传达崇高、神圣、稳定、压抑、轻松、愉快、激动、热情等精神情感。创造出反映不同意境或氛围的艺术。庙宇教堂宫殿的威严神圣,别墅园林的优雅轻松欢快。雕塑亦然,纪念雕塑一般庄严肃穆,情绪激昂,小品雕塑轻松欢快,装饰雕塑美观典雅衬托性强,雕塑与园林、建筑相互衬托,对周围环境起着装饰、美化作用。

图2

图3

例如哥特式建筑利用直升的线条,高耸的空间推移,体现奔放、灵巧、上升的力量。透过彩色镶嵌玻璃窗的光线和各式各样轻巧玲珑的雕刻的装饰,给人以神秘感。体现教会的神圣精神。雕刻和尖塔是哥特式建筑的特点之一,一个个的尖塔造成一种焰火式的向上冲力,把人们的意念带向"天国",成功地体现了宗教观念,人们的视觉和情绪随着向上升华,有一种接近上帝和天堂的感觉。

意大利的米兰大教堂可以说把这个特点发挥的淋漓尽致(图4),外部墙面都是垂直向上的纵向划分,内部尖尖的拱券相交于拱顶,形成很强的向上的动势,充满着向天空的升腾感,这些都是哥特式建筑的典型外部特征。形成对神的崇敬和对天国向往的暗示。教堂内外墙等处均点缀着圣像、圣女雕像,共有6000多座,仅教堂外就有3159尊之多。教堂顶耸立着135个尖塔,每个尖塔上都有精致的人物雕刻。米兰大教堂在装饰及建筑设计方面,独到细腻极尽华美,充满艺术色彩,整个教堂本身就是一件完美的艺术品。

纪念性雕塑是一种宣传教育手段,通过纪念性雕塑再现伟大历史事件,或塑造某一杰出的历史人物,来显示一个国家和民族的崇高理想。从中了解某段历史,接受潜移默化的教育,从中受到启迪和鼓舞,振奋精神。如前苏联为纪念反法西斯战争胜利和伏尔加格勒大血战而建立的《祖国——母亲》(图5),其中代表祖国形象的妇女,连基座在内像高101米。艺术家选用一位强壮健美的俄罗斯女性来象征祖国,她转身挺胸举剑,挥臂呼喊,呼吁英雄儿女一同与敌人作战,具有强烈的震撼力,传达一种史诗般的崇高感和悲壮感。

图4

19世纪、20世纪之交的西班牙建筑师安东尼·高迪从民族文化积淀中找到方向,将雕塑语言溶入建筑的杰出代表。具有良好的空间解构能力与雕塑感觉,极力地在自己的设计当中追求自然,在他的作品当中几乎找不到直线,大多采用充满生命力的曲线与有机形态的物件来构成一栋建筑。米拉公寓(图6)的屋顶高低错落,墙面凹凸不平,到处可见蜿蜒起伏的曲线,整座大楼宛如波涛汹涌的海面,富于动感。高迪还在米拉公寓房顶上造了一些奇形怪状的突出物,有的像披上全副盔甲的军士,有的像神话中的怪兽,有的像教堂的大钟。其实,这是特殊形式的烟囱和通风管道。后来它们与古埃尔公园和圣家族大教堂一样,也成了巴塞罗那的象征。高迪的重要继承人,西班牙的另一位建筑师卡拉德拉瓦的作品被称为是雕塑、建筑与结构技术完美结合的典型。毕尔巴鄂的古根汉姆博物馆(图7)的设计者是弗兰克·盖里,当代著名的解构主义建筑师,以设计具有奇特不规则曲线造型雕塑般外观的建筑而著名。他的作品亦受高迪影响。受自然仿生启发,欢舞、扭动、激动、颤抖将曲线形结构在建筑形态上表现得淋漓尽致,仿佛建筑有自己的生命一般。

4. 建筑与雕塑最大不同是功能实用性

建筑最主要的功能就是实用功能,让人直接来使用它。古罗马建筑家维特鲁耶的经典名作《建筑十书》提出了建筑的三个标准:坚固,实用,美观一直影响着后世建筑学的发展。而雕塑是观赏的,功能是间接的附加的。但是随着一些雕塑建设的体量巨大,有的雕塑也附加了一些实用功能。

如布鲁塞尔的原子球(图8),这座建筑物是由9个直径

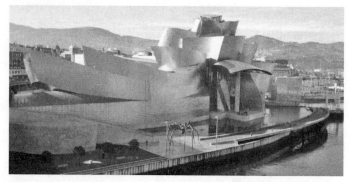

图7

18米的铝质大圆球组成,每个圆球代表一个原子,各球之间由空心钢管连接,钢管每根长26米、直径3米。圆球与连接圆球的钢管构成一个正方体图案。这个正方体相当于放大了1650亿倍的α铁的正方体晶体结构。8个圆球位于正方体的8个角,另一个圆球位于正方体中心。原子球成为比利时国内团结和西欧联合的象征。原子球不仅成为旅游中心,同时也是科普场所。从地面圆形接待大厅可乘升降式电梯直

图5

图6

图8

达最高的顶球。顶球专供游客观赏风景,四周为一圈固定的钢化有机玻璃窗,在顶球远眺,整个布鲁塞尔市历历在目,远近建筑一览无余。在顶球内还设有可供140人就餐的餐厅和小商亭。下面几个球体内分门别类地陈列着太阳能、原子能、航天技术、天文方面的展品,还有比利时气象事业发展史方面的图表,也是一个小型博物馆。

  美国闻名世界的自由女神像(图9),在1886年10月28日落成并揭幕,自由女神像总高为93米,重200多吨,是金属铸造。这不仅是一件闻名遐迩的雕塑,也具备一些实际的使用功能。观光的游人从铜像底部乘电梯直达基座顶端,然后沿着女神像内部的171级盘旋式阶梯登上顶部的冠冕处。为了方便游人,每隔三节旋梯就设置一些休息座,供不能一口气登顶的游客小憩。冠冕处可同时容纳40人观览,四周开

图10

图9

图11   图12

有25个小铁窗,每个窗口高约1米。通过窗口向外远眺,东边可见有"钢铁巴比伦"之称的曼哈顿岛上高楼大厦林立;南边的纽约湾一望无际,波光船影相映;北边的哈得逊河逶迤伸向远方。从冠冕处向右还可登上铜像右臂高处的火炬底部,这里可容纳12人凭窗远望。

  随着科学技术的发展,一些奇特及高难度的造型也能够实现,并可以大规模大体量地应用。建筑与雕塑之间也有些模糊。

235

5. 我认为当今城市的发展为雕塑提供了很多机会，同样也为建筑提供了很多机会，建筑与雕塑的结合是很有意义的事情

随着人民生活的提高与富足，中国城市化进展很快，大城市在扩展，小城市在变大，楼房、广场、道路、桥梁，涌现大量的建筑。这些建筑不光要具备实用功能，节能环保。更注重美观及艺术性，承载某个城市的文明及特色。建筑，景观园林，雕塑，似乎必不可少。城市雕塑以其得天独厚的优势，蕴含着某种精神的凝聚，成为某种精神的象征，补充建筑及景观不能说明的内涵。如果说建筑是一首凝固的音乐，雕塑就成就了它的华彩乐章。建筑，景观园林，雕塑形成了一部华丽的交响乐。雕塑也成了点睛之笔，衬托这些建筑与园林，进行着必不可少的装饰及内容上的补充。另一方面，同属于立体造型艺术的建筑正吸收借鉴雕塑的语言，一些现代建筑强调简洁纯粹，越来越重视美观及艺术性，外观上越来越像放大了的雕塑。新中央电视台大楼（图10），之于野口勇的雕塑（图11），广州新电视塔（图13）的小蛮腰造型之于布朗库西雕塑（图12）……这样还会有很多类似现代建筑。

图13

昆明市万辉星城居住区四期景观方案设计

王东焱　徐钊

云南昆明西南林业大学艺术学院　云南昆明西南林业大学艺术学院

摘　要：本文以昆明市万辉星城居住区四期景观设计为对象，通过对基地条件的分析，结合昆明的地域文化与环境特征，经过实地勘测、草图构思、方案设计、方案扩粗，进行了景观方案设计。在设计过程中采用了几何分析、轴线定位等设计手法，实现了观赏性和功能性的结合。通过分析和设计得出以下结论：该居住区景观定位为时尚、精致的规则式园林风格，按照因地制宜、适地适树的原则进行了植物配置，创建了一个符合昆明地域文化特征，以观赏、休闲、居住为功能的居住区景观。

关键词：景观设计　万辉星城居住区　四期景观　昆明市

Abstract: This article has studied landscape design for Wanhuixingcheng residential area quaternary in Kunming city, and provided the program after process such as field survey and sketches idea etc. In the process of design by geometric analysis, axis positioning, combination the appreciation and functional, through the analysis and design we came to the following conclusions: The style was fashionable and simple and delicate overall, with the characteristics of regional culture and environment of the Kunming city. By the use of suiting measures to local conditions, we created a residential area landscape through the character of function view and plant configuration.

Key words: landscape design, wanhuixingcheng residential area, resident quaternary landscape Kunming city

当前昆明住宅市场有"仿江南水乡"、"名古屋日式园林"、"巴厘岛风情"等风格各异的住区景观，让人目不暇接，但无论哪种风格、哪种主题，要想获得市场的认同，都必须突出人性化的设计思想，以人为本，最终目的是让人们在有限的时间和空间内更多地接触自然。万辉星城四期景观围绕住宅绿化，部分承担了道路绿化功能，使人性化景观真正鲜活起来。

美国当代画家Bambi Papais的水彩画作《魔幻自然》激发了我们的设计灵感。画中描绘的不仅是花草，色彩也是打动人的形式美的重要元素，还有光，温暖的阳光，就像冬日昆明的暖阳，共同表达了一个概念——自然之美。当我们感叹生命的艳丽，顿生把舒适留驻的欲望，由此不禁要问：如何实现"虽由人作，宛自天开"的自然韵味？

景观设计的目的绝非要模仿自然，而是要创造一个独特的、梦幻般的环境，把人的生命观与自然的审美观统一起来。因此，运用"因地制宜、适地适树"的创作原则，重点强调植物配置及硬地景观的适用，平整山坡的次生林地，山脊和山体顶部平整成为台地，通过均匀分布的硬地铺装和软质配景形成"天气常如二三月，花枝不断四时春"的美景，符合春城昆明的地域文化与环境特征，成为星城四期的生命力和焦点所在，构成典型的山景住宅小区。

1. 项目概况

万辉星城四期工程位于样板园B区东侧，西临安宁高新科技园区一期干道，属高层商住一体住宅类型。总用地面积14933m²，总建筑面积28470m²，规划绿地面积5230m²，规划绿化率35%。[1]

2. 设计构思

现代居住区景观设计的成果是供所有居民共同休闲、欣赏、使用，这首先决定了应以人的尺度和精致的细节来规划设计。整个小区绿化用地碎片化，在设计中必须从全方位着眼考虑设计空间与自然空间的融合，不仅关注于平面的构图及功能分区，还注重于全方位的立体层次分布，运用堆土成坡、铺地变化、植物配置等手段进行高差的创造和空间转换。

以"阳光棕榈园"为四期景观设计的主题，平面构成线条流畅，雍容大度，空间分布错落有致，变化丰富，再加上满园的植物随季节变换形成了景观变迁，使整个景观设计真正成为一个四维空间作品，无论春夏秋冬、平视鸟瞰，都能

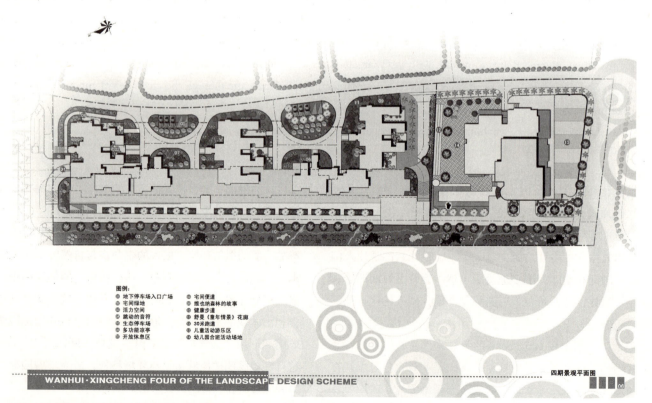

图1 万辉星城居住区四期景观设计平面图

令人获得愉悦的立体视觉效果。

为保持万辉星城现代欧式的总体风格，在前期项目的基础上，四期景观设计追求"西班牙地中海式的树阵直线风格"，考虑采用的设计元素为：白灰泥矮墙；商住楼一层连续的拱廊；植物造景拱门；地面土红色陶砖铺底，金线米黄拼花图案铺地；海蓝色的焦点造型勾勒。景观构思全面周到，植物配置人性科学，强烈地吸引着人们走出家门，来到户外，溶入绿色的环境，享受美好的环境。

3. 功能分区

环境设计的总体轴线构图明确，围绕道路和建筑，将景观平面划分为住宅绿化、道路绿化、停车场绿化、商业街绿化、幼儿园绿化五个功能分区。生态、自然的理念一直贯穿始终，体现了尊重自然而不仅是改造自然的现代设计思想，追求人造环境与自然环境的密切结合，相互呼应，相得益彰。营造主要体现在两个方面：一是步移景异的景观效果；二是在小区的住户停留空间营造一些富有文化韵味的建筑小品和植物小品，无形中传达小区的气质和韵味，特色凿石花坛来点明全园西班牙地中海式风格。

4. 方案详述

4.1 住宅绿化景观带

单元入口前，有两个休闲小绿地，设置欧式凉亭各一座。置身于此，一切的视线均无可避免地被其牢牢吸引，使人不由自主的放慢脚步，细细品味。两旁的海枣呈八字分开，一种大度好客的迎宾气象令人倍感亲切。仿佛来自遥远地中海的清凉，加上周围风格协调的靓丽建筑印衬，典雅高贵的意大利风情跃然于大地之上。休闲小绿地尺度虽小，视觉效果收放自如，规整而不呆板，开放中兼有含蓄。在植物的选材上充分考虑了遮阴植物和四季季相更替的色彩搭配，以便在不同的季节形成不同的景致。整个小区绿化多采用充满亚热带风情的棕榈科植物为基调，营造充满南国特色的亚热带异域情调，突出了阳光棕榈园这一主题。

住宅之间大面积绿化区，通过孤植或组团式配置乔木、小乔木为主景，借鉴西方园林的模纹花坛，结合园林大色块、大线条的特点，采用植物色带作底，形成景观特色鲜明的绿化庭院。安静休闲区域则以常绿植物为基调，选择有香味的桂花，形成静谧闲适的空间。行道树则选用一些常绿乡土树种遮阴，体现植物在造园中的功能特性。常绿与落叶、乔木与灌木、花卉与草坪相互穿插，交相辉映，居民穿行其中，能够充分感受到赏心悦目，心情放松。

4.2 道路绿化景观带

道路绿化景观带贯穿整个小区的道路，主要考虑人在行走过程中观看小区的感受，蜿蜒曲折，可以看到不同的视域，体味不同的特色。每栋住宅入口的处理均不相同，注意了沿路立面的处理，通过布置不同的住宅，点线面结合，丰富了建筑景观。功能与景观紧密结合，商业街区的设计充分考虑使用需求，结合景观设置了购物休憩空间，将街区打造成集休闲娱乐为一体的商住场所。行道树选择滇润楠，常绿树种，抗逆性强，生长稳定，球状形态。行道树的定植株距应以其树种壮年期冠径为准，株行距控制在6m。行道树下有连续绿带，绿带宽度1.2m，采取乔木、灌木、地被植物相结合的植物配置方式。同一路段有统一的绿化形式；不同路段的绿化形式有所变化。小区道路转弯处半径15m内要保证视线通透，种植灌木时高度应小于60cm。

4.3 停车场绿化景观带

在植物选材上充分考虑了遮阴植物搭配，采用桂花、香樟，配以灌木和低矮地被植物及景石，形成立体感强、层次丰富的植物组景。根据该区景观要求，选用适宜的植物品种。主入口及主要行道树，选择冠大、生长良好、遮蔽性强的阴香，形成浓密、层次丰富、生态良好的植物景观；路口以棕榈为焦点植物，形成摇曳、飘洒的亚热带景观。再配以开与合、疏与密、掩与露等造景手法，做到植物种植点、线、面相结合，大、中、小相结合，集中与分散相结合，重点与一般相结合，使植物与建筑融合在一起，形成一个完整的环境系统，使绿意流动起来，一幅幅美丽的画面，宛如四季流动的风景。停车场周边隔离防护绿地和车位间隔绿带，宽度1.2m，停车场铺装采用草砖铺地。

4.4 商业街绿化景观带

商业街绿化景观带因商业店铺的集中而形成了室外购物、休闲、餐饮等功能空间，基于商业街的店铺特色，决定其设计的核心就是让空间有用而舒适。四期商业街是单侧式的，在商业建筑前约9.5m宽的范围内，可满足停车、行车、步行的功能。商业街前面的步行街尺度最

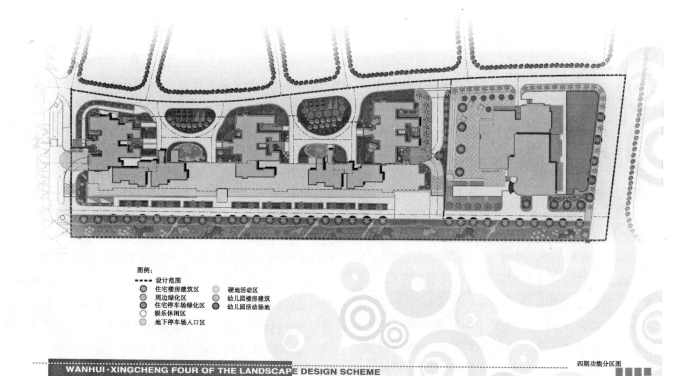

图2　万辉星城居住区四期景观设计功能分区图

图3 万辉星城居住区四期单元入户节点景观设计表现图

小为4.7m宽,考虑到车行对人流的影响,利用竖向高差的变化设置种植坛,形成景观序列,根据建筑的收放控制台阶的收放。

5. 道路交通

整个园区交通道路分为三级：主路、支路和辅助路。主路：宽6.5m快速通道,沥青路面,可沿路停车；支路：单向车行道,宽3.6m,沥青路面；辅助路：连接各居住单元和景观节点的人行道、自行车道,宽1.2~2.4m；铺路方式：汀步、石板路、卵石路、草砖路、大小石面镶嵌路面。

6. 植物配置

6.1 季相景观规划

春花：在林缘周边规划一些早春灌木及花卉,采用碧桃、云南樱花、迎春等春花植物。

夏绿：主要栽植浓荫植物，重点配置色叶微差树种，在宏观浓荫绿色的统一性基础上，力求丰富的绿色系列变化。

秋叶：规划枫香、三角枫、红枫等秋景树种，达到丰富植物生态艺术效果。

冬青：规划林间种植南洋杉、海枣等，以展现树木枝条及更好的表达冬景。

6.2 树种配置

（1）常绿乔木树种：香樟、石楠、女贞、滇润楠、滇青冈、垂枝榕。

（2）秋色叶乔木树种：三角枫、红枫、滇朴、黄连木。

（3）春花植物：云南冬樱花、垂丝海棠、石楠、紫玉兰。

（4）冬花植物：梅花、冬樱花、茶花、腊梅。

（5）秋花秋果植物：金桂、栾树、梅子、花红。

（6）夏花植物：紫薇、木芙蓉、广玉兰、黄槐。

（7）四季开花植物：四季杜鹃、四季桂。

（8）花灌丛有：茶梅、杜鹃、红花继木、叶子花、棕竹、南天竹。

（9）藤本植物有：油麻藤、紫藤、西番莲、亮毛杜鹃。

（10）草本植物有：大丽花、草坪、麦冬。

7. 公共设施

垃圾容器设置在道路两侧和居住单元出入口附近的位置，其外观色彩和标志应符合垃圾分类收集的要求。分为固定式和移动式两种，采用不锈钢垃圾容器。座椅（具）座面高38~40cm，座面宽40~45cm，标准长度：单人椅60cm，双人椅120cm，靠背座椅的靠背倾角为100~110°为宜。栏杆分为以下3种：矮栏杆，高度为40cm，不妨碍视线，多用于绿地边缘，也可用于场地空间领域的划分；高栏杆，高度在90cm，有较强的分隔与拦阻作用；防护栏杆，高度120cm，超过人的重心，起防护围挡作用。扶手设置在坡道、台阶两侧，高度为90cm，室外踏步级数超过3级设置扶手，以方便老人和残障人使用，供轮椅使用的坡道设置高度85cm两道扶手。

总的来说，万辉星城是昆明的优秀地产项目，除了居住功能外，还兼具有运动休闲、观光休憩等功能，居住区四期景观方案设计中，充分运用艺术设计的原理，较好处理了"自然—住宅—人"的关系，形成了自然的、可持续的宜居生活环境，具有提升昆明滇池西岸景观品位的实际意义。

参考文献

[1] 唐学山，李雄，曹礼昆. 园林设计[M]. 北京：中国林业出版社，2004：113~115.

浅谈低碳新理念如何切实地贯穿在家装设计应用当中

孟春荣　冬冬

内蒙古工业大学建筑学院

摘　要： 在低碳理念席卷全球的背景之下，"低碳家装"无疑已经成为当今家装界的最新潮流。究其本质，低碳理念就是一种在旧的环保观念基础上再注入新思想的绿色环保理念。本文探讨了如何将低碳新理念贯穿在目前家装设计中常规遵循的"方案设计"、"装饰材料的选择应用"及"施工工艺"的三个重要的实践环节中以实现真正的低碳。

关键词： 家装　设计　低碳

Abstract: As the new concept of low carbon has engulfed the globe, "decorating home with low carbon" has undoubtedly become the latest trend. Low carbon is essentially a new environment friendly concept with new idea based on the old one. This paper discusses how to implement the concept of low carbon in the three conventional practical steps in home decoration design, including project design, the selection of decoration material and construction technology.

Key words: home decoration, design, low carbon

由于人类过度享受以高能耗、高污染、高排放为代价的高科技生活，致使温室气体的过度排放以及各种资源的濒危与耗竭，导致我们赖以生存的环境极度恶化。为了挽救我们的家园，更新的环保理念即低碳经济、低碳技术、低碳发展、低碳生活方式、低碳社会、低碳城市、低碳世界等新思想、新潮流、新理念应运而生。"低碳"，英文为lowcarbon，意指较低或更低的温室气体（二氧化碳为主）排放。而在低碳理念席卷全球的背景之下的"低碳家装"则是强调家装过程中如何运用新科技、新材料、新能源来协调人工环境和自然环境之间的关系，从方案设计到装饰材料再到施工工艺等各个环节来减少室内气体排放、降低能耗、降低污染，已达到节能环保的目的。

下面让我们分析一下，家庭装修如何通过方案的科学设计、装饰材料的合理应用及科学环保的施工三个阶段的严格把关来实现"低碳家装"。

1. 在方案设计中融入科学的环保理念

在家居行业中，要真正实现低碳家装的标准，设计是个很重要的考虑因素。设计师在设计方案时，在正确引导客户装修观念的同时更要充分考虑到每一个设计环节的科学环保性，只有在家装设计时充分考虑到环保理念、用科学合理的设计统筹装修并把这种理念体现到设计之中，才可以在日后的施工中，避免施工时因为设计不合理造成资源的浪费，真正地做到环保家装。

首先在进行家庭装修时要尽量少改动家中的原有格局，要达到一定的装修效果，不一定都要改造基础结构。很多房子的结构虽然存在很多问题，大规模改动后也不一定会变得非常合理。对于原有的结构能不改就不改它，对于其不合理部分可能通过其他方法来解决或弥补，这对于降低装修成本也是大有帮助的。

其次，在家具设计时尽可能不要设计制作不可重复利用的固定家具，在装修过程中，大量制作不可重复利用的固定家具也是一种资源浪费。因此在装修过程中尽量购买可灵活挪动和反复使用的成品家具。同时在家具设计时尽量多地考虑应用智能节能型家具或目前最环保低碳的集成家具。如在厨房或卫生间，可安装节水龙头和流量控制阀门，采用节水型马桶，浴室可选择太阳能热水器等智能节能型家具。集成家具是将家具模块与电器模块，均制作成标准规格的可组合式模块，安装时集成在一起。如吸油烟机、灶具、消毒柜和储藏柜"四合一"，吊顶造型与灯具组合在一起等。这种集成的家具不但板面款式多、灵动组合，还可以节省空间，降低装修成本，更重要的是这种家具避免了耗力耗材，大大节省了各种资源及能源的消耗，实现了低碳家装设计的目的。

最后，低碳家装要达到节能首先要想到节电，很多家居室内照明设计都存在误区。有的设计师没有考虑室内空间的整体布局、采光、朝向等实际情况，室内的照明设计纯粹是为装饰而装饰，客厅、餐厅一律用大吊灯，在陈列柜、背景墙周围装满了小射灯、支架光管。一到晚上，吃一顿饭、看看电视就要把吊灯、背景灯打开，一开就是十几盏灯，造成极大的能源浪费。但如果在装修设计时，根据建筑的空间合理布局，在各个空间采光的设计上，要尽量多采用自然能源，多向采光，以减少过多照明设备和空调的使用，如室内主体色调设计尽量淡雅、明快来提高室内明度，或设法增加各个房间的透光性，客、餐、厨、卫之间可用工艺玻璃作为隔断，使房间互相"借光"等设计方法减少室内能耗，来达到节约能源的目的。

2. 装饰材料的环保及可再重复利用性

在低碳家装设计理念中还有一个更为重要的因素即家装材料的使用。

首先，在装饰选材中，消费者除了选购不含甲醛、铅、苯等有毒物质的黏合剂、涂料、地板等材料之外，尽量采用环保易再生、速生、可回收的装饰材料，这样不仅可以减少固态垃圾，还可以减少制造业里的能量消耗。如多使用绿色建材，尽量少用黏土实心砖、射灯等，尽可能多使用木、竹、藤等毫无污染的自然材料。再如，在门窗玻璃材料的选择上可以选择一种被称为"智能玻璃"的高科技型着色玻璃。这种玻璃是利用电致变色原理制成，其特点是能够自动调节室内的采光度，即当太阳在中午，朝南方向的窗户，随着阳光辐射量的增加，玻璃会自动变暗，处在阴影下的其他朝向窗户开始明亮。另外，装上"智能玻璃"的建筑物，还能使建筑物本身供热和制冷所需的能源消耗降到最低点。

此外，家装所用的材料还应尽量是因地制宜，就地取材。例如选用本地出产的材料，这是从能源消耗，污染产生和群落破坏的角度出发的，从外地甚至更遥远的地方运输材料到建设现场对整个地球生态环境来说是不利的。因此，尽量选用本地出产的原材料，这样不仅可以降低成本更可以达到低碳环保的目的。

其次，我们要大力提倡轻装修、重装饰的装修理念。日常生活中，我们经常看到一些现象：有限的空间里坠着层层叠叠的吊顶，吊顶中有许多暗藏灯、牛眼灯甚至是软管式霓虹灯，较小的房间里用大量的木板围合着墙面，打制的家具堆满了一屋子，到处可见名贵华丽的材料，一推门就是琳琅满目，好像进了某个宾馆。家居毕竟不同于商业空间，它主要是满足家庭成员日常生活的需要，不宜做得太夸张和太拥塞。家装效果重点应采用艺术品、陈列品来精心装饰，采用多变的艺术手法来代替固定的装修模式，可以更好得按主人的喜好来营造居室环境，使家庭装饰得以常变常新，避免了几年一贯制，最终令人生厌的遗憾装修。比如让自然的绿色植物、干花、鲜花、充氧鱼缸活跃在你的家中；使用精致的窗帘、布幔靠垫、桌布、床上用品增加舒适的感觉；采用绘画浮雕、器件摆设甚至是抽象艺术来装饰，还可以根据季节的变化来置换木、藤、皮革、金属、玻璃灯不同材料的家具，适时添置各种装饰用品，既新鲜又合时宜，不仅减少了能源、资源的消耗，又减少了视觉污染。但简约并不等于简单，提倡低碳也不是降低品味，只要设计考虑周全，越是简单越是贴近自然、回归自然，越是时尚，因为它更亲密更接近自然，使用的都是一些生态、环保的东西，自然的东西。这样才会让我们真正感觉到与自然的和谐相处。

最后，节约材料，关于节约装修材料，每个人都想用最节约材料的方法来完成家庭装修。但是，想要节约材料是一个系统工程，不但要从材料的产品安全、内在质量、对环境的影响等诸多方面进行权衡，还要注意提高每种材料的利用率，尽量使每种材料的应用广泛度得以提升，用尽量少、尽量单一的材料来完成尽可能多的装修项目，做到用最小的成本、最简单的材料来完成家庭装修。这些看似与大家的关系并不大，而事实上从一点一滴中节约下来的材料却可以降低装修成本、为环保做出应有的贡献。这种既实惠又环保的做法可谓鱼与熊掌兼得，并且只要有心就可以做到，何乐而不为呢？

3. 便捷、环保、严谨的施工工艺

达到低碳家装设计理念标准除了要有科学统筹的设计方案、环保再生装饰材料的合理应用还要有便捷、环保、严谨的施工工艺。

首先，低碳家装设计强调环境质量的保障及施工的环保便捷，所以家装施工尽可能的减少现场作业，噪音、垃圾、灰尘等不良的环境污染，同时要施工方便便捷。无需在现场反复处理，减少了施工过程，即实现家装装饰工厂化，如上面提到的最流行的一站式集成家居，可以帮助业主解决设计、施工、建材、配饰、家具等装修的所有问题，真正享受一步到位的全程化服务，还可以大幅度地减少材料的浪费，缩短工期，节约劳动力。

其次，我们在进行家装时会有很多施工项目，我们要认真地对待每一个施工项目，特别是隐蔽工程，由于隐蔽工程在完工时基本上都被装饰材料所覆盖，因此户主一般不易对施工质量进行检查。

如在隐蔽工程中电线及PVC管线的安装，原则上新造的房子，电线的质量都是可以的，一般没有重新排线的必要，所以，电线部分其实只要根据需要增加和延长就可以了，避免资源上不必要的浪费，但在旧房屋改装时，在排线前一定要认真检查电线的质量和所需电线的长度。另外，起到保护电线和绝缘作用的PVC管，施工时一定要处理好，正规的操作规范是，先排PVC管，把管子都接好之后，再把电线穿入。可惜，现在大部分工人都是不规范操作，就是一边穿电线一边接管子。试想一下，当隐蔽工程都做好以后，才发现这样的做法，很难保证以后电线出现问题时能够顺利的更换，于是造成工程的返工和资源的巨大损失。所以为了避免由于施工环节的不严格把关，而造成这样或那样的损失，我们一定要提倡严谨的施工作风，于是，从施工的角度让我们再一次达到低碳家装设计的目的。

综上所述，"低碳家装"的新理念，贯穿于家装设计应用的各个环节中，不仅会带来一种新的设计潮流、一种新的设计理念、一种新的环保方式，更会让我们感受到"低碳家装"是一种思想观念的变化，是一种更细化、更切实贴近人们生活的一种实际行动、一种生活方式。

参考文献

[1] 靳俊喜，雷攀等. 低碳经济理论与实践研究综述，2010.
[2] 张坤民. 低碳世界中的中国：地位、挑战与战略[J]. 中国人口·资源与环境，2008.

浅析大学城绿地系统生态设计

汤恒亮　陈传荣

苏州大学金螳螂建筑与城市环境学院　　无锡工艺职业技术学院

摘　要：大学城绿地系统规划作为大学城生态设计重要的组成部分，是评价大学城生态好坏与否的重要标准。本文从原生生态系统的保护、次生生态系统的修复以及大学城绿地系统的生态设计所要遵循的原则等方面，对大学城绿地系统生态设计的一般方法进行阐述与分析。

关键词：大学城　绿地　生态

Abstract: The University City green space system planning as an important part of the eco-design of the University City, is an essential standard to evaluate whether the University City is ecological or not. Based on the native ecosystem protection, secondary ecosystem restoration and the principals of the University City green space system design, this paper described and analyzed the general methods to eco-design the University City green space system.

Key words: university city, green space, ecology

大学城既是现代高等教育发展的方向之一，也是一种先进的城市类型，它有社区管理政府化、教育资源共享化、基础设施市政化、师生生活社会化、运转机制市场化等特点。随着时代的演进，当今大学的发展已越来越多地具备了社会和城市的特征，目前我国更是以"大学城"的模式进行建设。新世纪之初，全国各地的"大学城"建设已成为中国城市规划建设和高等教育改革的主旋律。另外，我国大学城建设因为投资大、规划规模新、牵涉改革范围广成为令人瞩目的焦点。据初步统计，目前全国已有50多个"大学城"在使用、规划和建设之中，如苏州独墅湖高教区、南京仙林大学城、深圳大学城、珠海大学城等。

大学城作为一个高度城市化地区，其内部复杂的功能与大量人工构筑物的建设，使大学城内部原有环境中的自然生态系统遭受前所未有的破坏。景观生态学的出现，使人类得以一种更深层次的思维方式来思考，如何既以最佳的方式组织调配地域的有限资源，又保护该地域内的原有美景和生态自然成为目前大学城景观环境建设中首要解决的问题。

1. 原生生态系统的保护

"保护原生生态系统"是目前大学城绿地系统生态设计的中一种较切实可行的设计对策，它强调在空间格局设计中对地域生态环境进行分析与控制，并通过合理利用和改变原有格局及原有资源来维持景观功能的健康发展，从而在大学城中建构一个高效而和谐的，与人工环境相互协调、渗透、相互支持的动态的自然生态系统。生态—环境敏感地划分是保护原生生态系统得以实现的重要依据。生态敏感地指人类聚居区范围内对其生存运行和发展起关键作用的生态因子及其所在的区域；环境敏感地指人类聚居区内各种性质的用地，对各类环境要素状况的反应相对剧烈的地区。生态—环境敏感地的划分，不仅为大学城景观环境建设的前期布局提供了依据，也对其提出了要求，使得土地开发与资源保护相结合成为了可能。例如：日本宫城大学为了最大限度地减少对自然地形和绿地的破坏，将大学的功能部分高度复合化、集中化，并以单纯的建筑形体表现出来。

2. 次生生态系统的修复

大学城的生态系统中占较大比重的是次生生态系统，该系统由于受到大量人为因素和人工开发的影响，不能像原生生态系统那样对外界的侵蚀产生较强的抵御能力。虽然该系统有着和原生生态系统相似的自我修复能力，但其对每个具体变动的反馈都存在着很大的不确定性，更容易受到来自外部的难以预料的复杂影响，从而具有高度的不稳定性和易受干扰性。因此，必须通过必要的手段对该系统进行强化，以确保其生态效应得以正常发挥。

2.1 建立绿廊

在保护原生生态系统的基础上，加强绿廊的建设，利用绿廊修复大学城内部次生生态系统，缩短群落间的距离，将对大学城的景观生态建设起到十分重要的作用。根据大学城内可建设的绿廊的组成内容和作用，可将其分为：沿道路布置的生态类绿廊（图1）、休闲娱乐类绿廊、大学城外围绿廊（图2）以及起着传递大学城信息，促进人群交流，具有教育、美学价值的文化类绿廊。

生态类绿廊是借助道路绿化带以及外围防护林建立起来的一种具有生态完善和修复功能的特殊功能，生态类廊道承担着大学城的人流、物流、能流（如风能)的运输，则在景观生态学中可视为绿廊特有的屏障过滤、连通性能的反应。而这类绿廊交织所构成的网络具有更重要的生态意义，它为

修复大学城内部次生生态系统，为实现"生态大学城"提供了可能。

文化类绿廊的设计多选用优美的曲线或几何化的小路，

图1　依附于道路的绿廊

图2　大学城外围绿廊

避免尖锐的转角,在大学城中以较随意的形式将人流、能流输送到各个角落,是一条不受任何交通地质状况干扰的生态通道。各种不同形式的活动设施,自然或人工斑块在该廊道的连接下形成一张充满沟通交流机会（图3）,展示教育功能的生态景观和人文景观网。在这个方面,日本的筑波大学城为我国大学城今后的发展与建设做出了很好的示范[1]。

2.2 建立"群落"

大学城的景观环境建设,应利用群落自身所具有的自我循环能力和生态优势,尤其应以植物群落为大学城景观环境建设中的基本出发点,有助于建设更为系统化,更接近原生系统的大学城生态系统,并促进次生系统在抵御能力和自我恢复能力上的提高。从生态学角度看,当植物和动物的群落距离大于其重建群落的距离时,就会缺少必要的基因交换来保持其稳定性和发挥其功效性。因此,保护原生生态系统与修复大学城内部次生生态系统,缩短群落间的距离,将对大学城的景观生态建设起到十分重要的作用。

3. 植被多样性的保护

作为大学城绿地系统镶嵌体的绿色斑块数量的增加及种类的增多可以为多种生物的生存提供更多的生存空间,提高景观的平衡性。因此,大学城中承担斑块作用的各种绿地的建设上应注重多层次化,除一级的公园外,还应根据各功能区的特色建立一些下一层级的特色游园和开敞绿地(如观赏型绿地、保健型绿地,文化型绿地等),来增加斑块的多样性,并满足大学城内各种人群及各种活动的需求（图4）。

4. 遵循的基本原则

4.1 以人为本和生态优先原则

大学城绿地系统是一个对生态环境较为敏感的区域,同时大学城高教、科研的功能本身也要求良好的生态环境,因此,"生态优先"的设计原则,塑造具有一流水平和"生态学府"的景观形象成为大学城绿地系统规划设计的重要内容。在进行绿地系统规划设计过程中,遵循生态优先原则可以保持大学城的生态环境。草、花、树和江河一起形成了鸟类和动物的自然觅食和栖息之地,当保护生物时,原生植物应尽可能的连续保存下来,使野生生物可以不被干扰地从一地迁移到另一地。此外,还要重视培育大学城绿化和园林艺术风格,努力体现地方文化特色,绿地建设应坚持选用地带性植物为主,制定合理的乔、灌、花、草种植比例,以木本植物为主,发挥绿地潜移默化的陶冶情操、净化心灵、启迪

图3 文化类绿廊

图4 植物多样性的保护

思维、激发灵感的作用，营造读书授业的室外场所，为大学城师生构筑适宜学业发展和科研创新的人居环境，建设智能型大学校区。

4.2 整体协调原则

整体协调的原则应紧密结合其他相关规划，兼顾大学城整体全局效益，尽可能公平地满足不同校区和不同功能区的发展需求，综合考虑绿地系统建设与其他建设的关系，统一规划、全面安排、分步实施。一方面，要充分发挥绿地功能，展现绿化环境特色，构筑出高品质的大学城绿地体系，就必须引导各公园主题化、个性化的发展，使每一个公园拥有自己的主题，形成各自的风格，满足不同要求的休闲活动需要。在绿地系统的规划过程中，要特别注意与大学城总体规划和土地利用总体规划的有关内容相协调，使绿地系统规划能符合城市社会、经济、自然系统等各因素所形成的错综复杂的时空变化规律；另一方面，要通过规划手段加强与邻近地区的区域合作，共同建构区域性生态绿地系统。根据自然环境本底状况，合理引导大学城与自然系统的协调发展，统一规划，分步实施，在重点发展各类公园绿地的基础上，处理好整体与局部、现状与规划的关系。

4.3 因地制宜、特色营造原则

充分结合现有地形、地貌及植被，包括水体、溪流，自然滨水岸线、山林地和古树名木，利用环境景观优美地带进行绿化，给予自然生物若干自然生命方式，绿地布局与古树名木、名胜古迹等景观资源复合，植物配置恰当考虑其生命周期和群落演替进程。

5. 结语

大学城绿地系统规划设计的特点包括：一是保护自然特性，二是可以运用高科技与自然资源相结合，展示生态技术，取得生态教育的效果。另外，绿地系统的规划与设计应充分尊重和利用现有地形、地貌、水网、自然环境和生态条件，协调校园区与大学城及周边地区的空间关系，配置各类广场、公园和集中绿地，强调滨水沿岸、交通网络以及组团绿地的绿化建设相互渗透，形成点、线、面结合的开放式绿地生态系统。"城区林城市"和"文明城市"绿地率的要求。对原有地形有价值的景观保护树和古树名木要尽可能保留或移植，建成""园林置于城中、城置于园林中"，人与自然高度和谐，生态环境优美，树绿花繁，具有明显地域特色的现代化生态型校园城区。

参考文献

[1] 麦克哈格. 设计结合自然[M]. 中国建筑工业出版社.
[2] 高裕. 特定区域环境下的城市中心区—南京仙林大学城中心地块城.市设[J]. 现代城市研究, 2003, (6).
[3] 李冬生, 官远发, 陈秉钊. 知识经济与上海大学城规划构想[J]. 城市规划汇刊, 2000, (6).
[4] 章仁彪. 集聚与辐射: 大学城规划建设及功能[J]. 教育发展研究, 2004, (4).
[5] 陈小东. 大学城规划若干问题研究[D]. 浙江师范大学, 2002.

浅析广告如何塑造国家城市形象

费越

上海济光职业技术学院 广告设计与制作专业

摘　要：20世纪90年代末开始，一类展示国家或城市面貌特征、精神内涵的广告出现在电视和平面媒体上。近几年，越来越多的国家和城市注重采用这种宣传方式，使这类广告在数量与质量上明显增多提高，表现形式也愈加多样化，成功塑造出国家或城市的品牌形象。国家城市形象类广告是城市形象塑造中的一种传播方式，以国家或城市为传播主体。随着发展，采用多种媒介方式宣传，包括户外、平面、网络等，其目的在于展示城市独具魅力的自然、人文特征，与其他国家或地区形成差异化定位，突出城市理念、精神及文化内涵，构造出自身独有的城市品牌形象。当前国家城市形象类广告在创意和执行方面都有明显提升，准确传达信息的同时也给消费者美的享受，强化国家或城市印象。

本文探究了广告从国家的城市特征、城市定位、城市品牌进行推广和宣传的创作途径，总结了国家城市形象类广告的创作特点和规律。

关键词：国家城市形象　广告　城市定位　品牌化

Abstract: Since the late 1990s, one display state or characteristics of the urban landscape, the spiritual content of the ADS appear on television and print media. In recent years, more and more countries and cities focus on the use of this form of publicity, so that such advertising is apparent in the increased quantity and quality improved, performance has become even more diverse forms, successfully create a country or city's brand image. National City image is image building, the type of advertisements in a mode of transmission, country or city as the main transmission. With the development of ways using a variety of media publicity, include outdoor, print, online, etc. The aim is to demonstrate the unique charm of the city's natural and cultural characteristics with other countries or regions to form a differentiated positioning, highlighting the city concept, spirit and culture content, construct their own unique brand image of the city. The current national image of the city and the type of advertisements in the creative aspects of the implementation of improved significantly, accurately convey information to consumers but also to enjoy the beauty, strengthen the country or city impression.

This article explores the characteristics of advertising from the state of the city, city location, city branding and publicity to promote the creation of channels, summed up the national image of the city's creative class features and advertising law.

Key words: national city image, advertising, city location, brand

城市形象概念最早出现在凯文·林奇1960年出版的专著《城市形态》，他强调城市形象是通过人对包括路、边区、节点等城市硬件设施方面的综合"感受"而形成。而城市品牌理论肇始于科勒的"一座城市可以被品牌化"的思想，说明城市也可以如同商品一样具有品牌性，打造成品牌，受此影响，随后城市营销于20世纪80、90年代左右开始兴起，对城市的定位、作用、类型等各种因素进行挖掘和确立，同时也塑造出识别系统，建立城市一体化的视觉表达，进而选择合适的媒体及营销活动进行传播，使整座城市在一系列的包装下让消费者了解。如日本夕张市在2009年进行的城市营销活动就是运用各种媒介和营销活动重新塑造了夕张市是一座"爱的城市"的形象。国家城市形象类广告从传播的角度来展示国家或城市的形象，是国家、城市形象表现的一种提炼与凝练。其传播意义在于对内可以使市民产生城市自豪感，对外则可以宣传国家、城市的魅力，扩大其影响力。国家城市形象类广告的作用可以归纳为以下三点：一是塑造城市整体形象，体现城市精神内涵；二是传播本地文化、达到文化交流的目的；三是提升国家或城市的经济实力。因此国家城市形象类广告越来越受到重视。

在宣传诉求点方面，国家城市形象类广告有的以宣传当地文化底蕴、人文精神、市民面貌为主，如苏州的形象广告《艺》就是充分展示苏州的文艺特质，用艺术定位苏州；上海的《姚明篇》则表现上海市民风貌；成都形象广告则展示成都的全景，表现其传统与现代交融的特质。有的以当地旅游为诉求点，展现当地最富特色的旅游资源，吸引游客来这里休闲度假，比如我国的桂林市、大连市以及国外的澳大利亚、马来西亚、新加坡等地，都是通过旅游来提升当地的品牌形象。还有的则以当地良好的经济环境为诉求点，表现国家或城市的经济发展状况，吸引更多的企业或个人来这里投资、创业，带动当地经济发展，如我国的义乌和东莞的形象类广告就侧重于表现自身快速的经济发展态势。此外，早期国内的城市形象类广告着重于全面表现城市面貌，包括城市的历史发展、地理、交通情况、自然环境、投资、购物环境、旅游环境等方面，覆盖面广，但重点不够突出。

奥运会与世博会是让全人类欣喜快乐的两大盛会，通过奥运会和世博会的举办，不仅加强了人类在各个领域的沟通和交流，感受社会进步，同时，这两大盛会对举办城市的发展也起着不可替代的作用。在每一次活动的举办过程中，举办城市都肩负着双重任务，一方面承担推广及传播盛会的重任；另一方面它们也会借此机会进行自我宣传，塑造城市品牌形象，提升世人对本国和本城市的印象。盛会及举办城市的海报和宣传片成为传播活动中最重要的表现方式，特别是近几年两大盛会宣传片的表现力都非常强，成为优秀宣传片的代表。

由于国家城市形象类广告已被誉为是城市的一张名片，这些年发展速度较快。国家城市形象类广告制作水平的高低，影响着这个国家或这座城市品牌形象的塑造，决定着消费者是否能够了解这座城市的特质，能否对这座城市产生兴趣。因此总结优秀国家形象类广告的优势特点，对其他国家或城市形象类广告提供借鉴作用。

1. 定位准确

优秀国家城市形象类广告片表现出准确的定位，定位是广告片的灵魂，它决定了广告片中最核心的诉求点，即最吸引消费者注意的内容特征，形象类广告定位是否准确是评判它优劣与否的重要标准之一。形象片定位准确包括两方面要素，一是城市自身定位准确；二是城市形象类广告准确反应出城市的这一定位，即城市形象类广告自身定位准确。第一点是基础，它决定着城市特质，影响着城市发展方向；第二点是第一点的体现和反映，是用直观的方式传达城市定位，让消费者了解这座城市的风貌特质。优秀的国家城市形象类广告就是抓住了这两方面要点，在明确本城市独特气质的基础上，并准确表达出来，让消费者看后记住了这座城市。例如美国纽约的形象广告，一改往日的全球金融贸易中心的形象，而是突出了这座城市的活力与朝气，目的是吸引游客的来访。在其中，运用时尚、卡通等人物元素来表现纽约的这一特征，定位准确加表现到位使纽约都市乐园的形象深入人心。

2. 主题突出

优秀的国家城市形象类广告清楚自己的目标受众，他们会根据不同的目标受众来决定广告片的主题，也使得主题更加具有专一性和针对性，也更容易强化其某一方面的优势特点，比如受众群体是投资者或是创业者，会强调这里的经济环境好；如果是艺术追求者则会强调这里浓厚的艺术氛围和人文情怀。主题突出，就会避免"一窝蜂"式的城市特点展播，让目标受众更浓烈的感受这座城市的特质。比如乌镇形象广告片，以水乡为背景，着重突出乌镇恬淡静谧的特点，让在纷繁复杂的城市中生活的人们感受到一丝清净，这也正是乌镇的魅力。北京奥运会的《生命篇》，将生命与运动联系在一起，让人感受到体育运动来自于生命的本体，是生命的需求，是人与生俱来的，人应该始终去运动，去拼搏，去保持生命的本真。

3. 表现力强，艺术性高

国家城市毕竟不是商品，在进行广告宣传时，商业性趋于次位，国家城市的品牌内涵要跃然于纸上或屏幕上，这就要求其表现力要强，艺术性要高，包括选取的场景、拍摄的速度、画面的色彩及影片的风格、音乐的配合等各个方面都要有非常好的合作。优秀的国家城市形象类广告最突出的特点就是其艺术性较高，让消费者在欣赏广告片的同时被这个国家或城市的优秀特质所吸引。比如澳大利亚的旅游宣传片，从美景的"颜色"为诉求点，配合柔和的音乐，给人一种非常美好的联想和感受，让消费者产生立刻就去澳大利亚体验的想法。哈尔滨城市广告片的音乐为其增添了亮点，其配乐获得了"SHOOTING AWARD秀听赏2008"的最佳声效奖。艺术性高的形象广告片才可以吸引受众去看，去理解，去记忆，进而对这个城市产生好感，达到城市的宣传目的。在表现手法上也较有个性，有创意。勿将城市旅游广告片拍摄成为风光片，也不要拍摄成为城市政绩片，而是用艺术的手法表现城市定位和内涵，如上海形象广告的《世界篇》，采用一系列排比与对比的方式表现上海海纳百川的气质；当其他城市形象广告都用叙述的方式讲解城市特征时，成都用讲故事的方式，用非成都人的口吻讲述这座城市的美好，让消费者印象深刻。

国内城市形象类广告发展时间较短，在创作中会有一些不足。比如城市定位不清晰，形象片主题不突出，所用到的元素也竞相模仿。例如当表现城市和谐就会出现穿着唐装的老者打太极或是一群奔跑的孩子；当表现城市现代化特征就一定会出现商务楼、酒吧等元素；如果要对外宣传，则会出现外国人的脸庞和笑容。另外，目标消费者不清晰，针对不同受众表现方式却一样。如果只是一味的东施效颦，不能富有个性地体现城市特征，则这种城市形象广告便失去了它的意义。

我国从最早的1999年威海拍摄的第一支旅游广告片开始，到现在很多城市的各种类型的形象宣传片；从早上新闻中插播的10秒城市广告到长达10多分钟的城市形象片；从早期只有一两个城市拍摄形象片到现在开始举办城市形象片的比赛，这些都在证明城市形象片已经越来越被认可和看重，成为城市推广过程中不可或缺的一股力量。

参考文献

[1] 中国广告. 2009：25.
[2] 凯文·林奇. 城市形态. 林庆怡. 北京：华夏出版社. 2003：97.

浅析建筑空间中女性空间的营造

王欣　郑庆和

内蒙古工业大学建筑学院

摘　要： 本文探讨了在传统文化影响下，社会生活中女性空间的存在方式和意义，并介绍国外有关女性空间的研究情况，指出适度关注性别差异的必要性，提倡在建筑设计的教学和实践中体现人性化，特别是对女性关注的设计思维。

关键词： 建筑空间　女性空间　营造

Abstract: This paper discusses, under the influence of traditional culture, women in the social life of the space existing way and significance, and introduce foreign relevant female space research. Points out the necessity of gender differences moderate attention, advocating in the teaching and practice in the design of humanized design thinking.

Key words: building space, feminine spaces, construetion

1. 建筑性别空间形成的原因

关于建筑空间的定义，中国的老子早在2000多年前就在《道德经》里做出了精辟的阐述："三十辐共一毂，当其无，有车之用。埏埴以为器，当其无，有器之用。凿户牖以为室，当其无，有室之用。故有之以为利，无之以为用"。老子的空间论道出了空间与实体的真谛，即空间是目的、实体是手段。

性别空间则是指建筑空间中存在的建立于性别差异基础之上的差异性空间形式。这种差异性不仅包含两性基本的生理差异、基本的行为差异，同时也涵盖了社会所赋予的性别差异物化于空间的形式。这种空间形式不可避免地存在于我们的生活中。从古至今，它无处不在。只是在不同的社会条件下，人们对它存在的关注度不同。在传统建筑中，这种空间形式的差异性被过分强调；现在渐渐被人们忽视，变得模糊化，而今后人们会越来越关注这种差异性，并期待一种崭新的人性化空间。

建筑文化是社会文化的一部分，而建筑又是社会文化的缩影是社会制度的产物，是政治、经济与文化中占主导地位的阶级和社会精英集团价值观的反映。古往今来"建筑空间"自始至终都是权利的外化。建筑性别空间的形成是伴随着社会的发展而产生的。具体来说，是和社会政治、经济发展水平，人本主义思潮，女权运动的推动等原因相关联。人类学家发现性别的差异是生物同一物种之间最基本的差异，人类空间意识的最早分化是始于神圣空间和世俗空间的划分，而世俗空间的最早划分是以性别为依据的，这种划分是为了建立一种家庭和社会秩序。可见性别空间的形成是人类历史发展中的必然结果。建筑的性别空间形态是两性社会地位的缩影，同时也是两性自然选择的结果。在人类社会发展的不同历史时期，不同的历史文化背景下建筑性别空间也将呈现出不同的空间形态特征。

2. 性别空间在中西方传统建筑中的差异性

历史上，东西方妇女都曾是男性的奴役对象。在西方，传统女性观的形成渊源有二：其一是古希腊哲学家以男性为中心的妇女观。从《荷马史诗》中就能体味到古希腊的性别观念与妇女的从属地位（男子外出打仗、谋生，女子在家纺织、料理家务）。亚里士多德则说："女人之所以是女人，是因为她们的身体缺少某些品质，也因为这些天然的缺憾而遭受痛苦。"[1] 直至19世纪，尼采、卢梭和叔本华等都还有对女性贬抑甚至污辱性的言辞。基督教文化的经典之作《圣经》是西方传统女性观的另一个重要渊源。在《旧约·创世纪》中可以找到对女性的两个重大的负面评价：第一是将女性视为万恶之源，即认为人类最初的堕落是因为夏娃偷吃禁果所致，她是人类被逐出伊甸园的罪魁祸首；第二是把女人看成是男人的附庸，她存在的理由是给男人做伴。西方文化中强调两性之间的矛盾。正因为西方女性受压迫较深反抗也更为剧烈。故而西方女性性别意识敏感度较高[2]。与西方相比中国文化的性别理念较温和。讲究阴阳调和，在阴阳调和的状态下掩盖对女性的压迫与不平等。传统院落住宅中的"前堂后室"将男女活动和生活的范围做出严格清楚的区分，堂为男性空间，室为女性空间，前堂后室之间的门是男性空间和女性空间的分隔界限和联系通道。传统院落住宅中被明确的划分为三部分：前院、主院和后院，以此来限定男性和女性空间，限制当时女性的活动范围。女性空间多集中在后院或者侧院，未经允许不准擅自踏入男性空间范围。

3. 建筑设计中女性空间理念的发展

3.1 20世纪80年代以来建筑设计开始关注女性空间

19世纪工业革命之后西方社会的建筑发生了前所未有的变化。新的经济文化状况影响着人们生活，现代主义建筑在很短的时间内为社会的低收入人群解决了居住问题。但现代主义建筑师在设计中却忽视了使用者个人感受创造出千篇一律的国际式建筑形象。忽略了个人的要求和审美价值，忽略了传统的影响。在空间设计上企图建立平衡的中性的空间形式来解决一切建筑问题。这种方法掩盖了个体的差异以及空间的差异性。

20世纪80年代，在女权运动的影响下，一些理论家首先在性别与建筑空间的关系上作了探讨。从而促进了一大批设计师和理论家在此领域的广泛研究和深入探讨。在这些研究中，性别被视作一个对建筑空间有影响的要素或是被现实和政治的表现所制约的内容来考虑的，而不是被当作设计的隐喻形式。女权主义理论的发展促使建筑学开始重视建筑中的女性地位，在设计中考虑女性的特征，在理论评论及研讨上、在建筑职业上都给女性充分的考虑。后现代主义建筑已经开始关注边缘化、个性化，关注个人对于空间的特别需求。这无疑是一个历史的飞跃，令西方社会建筑空间设计开始走向更加人性化的道路。

3.2 当代建筑设计中女性空间理念的新发展

随着现代社会男女平等观念的形成和广泛认同，人们逐渐忽视了男女之间出于本质差异所带来的感受差异，将男女的行为特征置于同一衡量标准之内，希望创造一种人人平等的平衡的空间模式。但是当代建筑在追求这种平衡空间模式的同时在细节上忽视了男女对空间需求的差别，这些都在不同程度上给予女性许多心理压力和负面影响。

当代建筑中类似忽视女性感受的例子很多，这是因为在设计过程中没有认真对待这个问题，忽视了男性与女性生理上的差异性。此外，在社会上女性属于弱势群体，对安全感的需求比男性要高。作为设计者，更应该关注女性的安全性与建筑设计的关系，在设计过程中，应该将产生不安全的隐患降到最低。空间安全感的缺失。有关女性缺少安全感的研究报告显示，大多数女性在住所外的危机感大于住所内。在美国某些城市进行的调查显示，在299名女性受访者中，49%表示夜间单独在外时会感到非常不安全。在Hall所做的伦敦调查中，50%的受访妇女表示在日间会"时常或有时感到害怕"；而超过75%的受访妇女表示夜间外出会"时常或有时感到害怕"。因为空间设计不良而为社会暴力事件制造了许多机会，而空间所具有的特性更成为影响女性安全感的重要因素，照明不足、周围缺乏人群活动、有可供藏匿的角落、缺少逃生的路线等都使人们对公共空间缺少安全感。瓦伦丁曾对英国两个环境条件不同的郊区住宅区的妇女进行访谈，以研究妇女的危险感与公共空间设计之间的关系。进而提出十项改进空间设计的建议以提高妇女在公共空间中的安全感：

（1）停车场和入口的位置应可直接进入，无须经由另一通道；

（2）门廊应被看穿；

（3）白色照明优于黄色照明；

（4）将墙壁漆成白色看起来不封闭，也较容易辨识是否有旁人在场；

（5）天桥优于地下通道；

（6）地铁通道应以短宽为原则，出口的监视性要好；

（7）造园景观如假山、树叶等不可遮蔽通道，也不应阻碍视线，围墙要少；

（8）底层应以店家为主，店家能使街道更热闹；

（9）将荒废处用各种使用与活动填补起来；

（10）角落及转角的监视性要好，可加装镜子以改善。

这十项建议充分体现了以人为本以及对女性关注的设计理念，值得我们去借鉴。

3.3 中国建筑女性空间的缺失与改进

在中国，随着中国封建制度的瓦解，妇女参与到社会事务中去，公共空间成为了对女性开放的空间形态。从表象上实现了无差异的空间，但正是这种所谓的"无差异空间"反映了我们对建筑空间人性化设计的盲区。目前中国社会落后的经济与文化使我们的从业者一时间迷失了自我的方向，建筑创作过多地关注外来建筑的形式，而较少关注人的真正需求，以及人的差异性需求。

目前国内对于性别空间的研究处于起步阶段还局限于理论性的探讨。比如在现代的商业建筑设计中设计师往往只关注建筑的空间形态与建筑外观。而对于使用空间的人关注过少，没有考虑到两性的购物行为的差异。在空间认知能力上男性的视空能力、方向感优于女性；两性在消费行为心理上是：男性的购物行为特点是，目的单纯明确购买速度较快，而女性在购物中不仅仅考虑商品的材质和价格最主要的还是享受一种人际互动的过程；同时女性对商场内的装饰色彩、灯光照明、空气质量要求也较高。依据两性差异，商场在建筑设计中就应结合其不同特征组织空间，给男性顾客安排愉悦的等候空间和分散式的休息区域，给女性设计舒适的小尺度的购物环境。在日本大阪市著名商店"大丸百货"心斋桥店在其南馆的地下一楼开辟了女士专用楼层，四百多平方米的卖场里设有女服柜台、化妆品柜台、全身美容、指甲美容沙龙等女性必备的购物区域，成为第一家推出女士专用楼层的购物商店。这家百货店的宣传部门主管表示："我们的目的就是让这里成为一个女性可以悠闲地进来享受，打扮得漂漂亮亮走出去的空间。"商场的地面设计也应考虑到女性常穿高跟鞋的特点而采用防滑措施。在商场内的卫生间设计方面更应考虑到男女购物人数的比例是4:6而如厕时间的长短是1:2，根据网上调查显示有29.1%女性受访者反映如厕等待时间过长，而男性受访者中反映这个问题者比例只有16.7%。由于生理上的差异，女性的如厕方式比较特殊，女性如厕需要的时间更长（女性80 s，男性45 s），占用的面积更大，因此公厕的女厕部分应该要比男厕大一些，以使得男性和女性在公厕的使用上达到平衡，同时还应考虑到给女性提供化妆、母婴卫生间等多样化的如厕空间形式，结合女性安全感僻求较大的特点在卫生间私密性上也应做相应的设计[3]。

笔者认为，中国的建筑发展也不可能脱离世界建筑发展的主流方向。坚持"以人为本"的设计理念，提高"人性化设计"满足使用者的真正需求，把"性别空间"与"人性空间"等同起来是中国建筑设计将要努力的方向。

4. 结语

传统建筑空间受当时社会地位与礼教思想的影响，性别之间的尊卑差异很大，女性空间被限制在一个次要的位置。而如今女性和男性拥有平等的社会地位，空间不再受到严格地限定，渐渐向平衡的空间模式发展。但是无论从生理角度还是从社会角度考虑，男女之间依然存在巨大差异，空间设计过程中适当关注性别差异是必然的，我们应该正视性别空间存在性。在建筑设计中应充分结合两性的差异创造出人性化的空间形态，使我们未来的建筑设计真正地实现"以人为本"实现建筑设计的场合准则："人是万物的尺度。一切事物皆因人的需要而异"。作为设计类专业的教师，要从设计的基础开始培养学生"以人为本"的设计思想，关注设计的细节，关注人的心理和生活行为习惯。令设计作品不仅满足功能需要，更要满足人性化的需求，为实现人类更美好的生活而设计。

参考文献

[1] 亚里士多德. 政治学 [M]. 吴寿彭译. 北京：商务印书馆，1983：39.

[2] 姜红. 大众传媒与社会性别. http://www.academic.mediachina.net/xsqk

[3] （日）藤江澄夫著. 黎雪梅译. 北京. 中国建筑工业出版社，2002：77.

浅析建筑摄影中的透视失真

孟祎军

内蒙古工业大学建筑学院艺术设计系

摘 要：建筑摄影是以建筑为拍摄对象、用摄影语言来表现建筑的专题摄影，在拍摄选题、器材选用、构图用光、捕捉瞬间等方面都有一定的专业要求。建筑摄影中，透视失真是一个经常遇到的问题，本文详述了透视失真的原理及相应的控制方法。如何通过摄影来表现建筑师设计建筑时的初衷和想要表达的内容，需要同时了解建筑和摄影两方面的知识，并熟练掌握摄影的技巧。

关键词：透视失真 视觉要素 滤色镜

Abstract: Architecture photography is building for subjects, use photography language to performance of building projects in photography, shooting topic selection, equipment selection, light, capture moments composition, has certain professional requirements. Architecture photography, perspective distortion is a common problems, the paper reviews the principle and the distortion of the perspective of corresponding control method. How to through the photography to show the original intention of architecture design architects and want to express, need and understand the content of the building and photography two aspects of knowledge and master photography skills.

Key words: perspective distortion, visual elements, filter

1. 建筑摄影的主题

建筑摄影的拍摄主题范围很广，可以是一栋建筑，也可以是建筑的群体或一个地区、一座城市；可以是建筑的整体，也可以是建筑的局部；可以是室外，也可以是室内。摄影师应善于根据照片的用途去发现富有代表性的拍摄主题。建筑摄影是用二维空间的照片表现出三维空间的建筑物，建筑摄影是纪实性与艺术性的统一：建筑摄影是用摄影传播表现建筑文化与艺术，是用光的微妙变化来捕捉精彩瞬间，表现建筑质感，利用光的方向、品质、色彩讲述建筑的历史与传承。摄影作品中，表现建筑物是首要任务，建筑摄影的目的更多体现在它的纪录性、阐释性、历史性、真实性的特色。

资料性的建筑照片：在这里，摄影的忠实再现使人类建筑历史在文字和图纸的表述之外，更加增添了完整细致的影像资料。从建筑物的主体形象到它的各个细部都能够有详尽的拍摄照片入档，一旦这座建筑毁坏，我们还能依靠这些档案进行修复或重新建造起来。

建筑物摄影照片还有欣赏和宣传的作用：好的建筑摄影作品本身就承载了艺术欣赏的功能，同时在人们的社会生活中起到了宣传引导的实际效果。例如表现一个国家或地区的面貌和成就，往往用这个国家或地区具有代表性的建筑来表现。如一些名胜古迹的照片不仅能表现一个民族的悠久历史文化，还能在兴盛的旅游市场起到广告宣传，吸引游人观光的作用。

总之，即使是一张纪录性的建筑物照片，一个有经验的摄影师在拍摄过程中也必然会开动脑筋，尽量把照片拍好。他既要充分了解建筑物各组成部分的设计，又必须懂得如何运用摄影构图。我们所拍摄的景物是通过照相机和镜头以及自己选择的构图来完成，所以全面的掌握摄影原理和娴熟地运用照相机设备是很有必要的。

2. 建筑的透视失真和常用的控制方法

建筑师或画家一般采用一点、两点或三点的透视原理绘制建筑透视图，其中一点和两点的透视原理使用广泛，因为绘制者不但可以在画面上任意的高度设定视平线的高低，而且原本垂直地面的直线（如建筑的墙体和柱子）在画面中仍保持垂直。但在用三点透视原理绘图时，原本垂直地面的线却会向上汇聚（即向第三个消失点消失），构图时稍不留神就会使建筑产生一种倾斜、不稳定的感觉，特别是在表现群体透视时，因而一般很少被采用。

摄影是通过相机来表现三维空间的透视关系，有别于绘画的透视原理。当摄影师用普通相机取景时，只有当相机保持水平，建筑的垂直线才会在照片中保持垂直，这就限制了用普通相机拍摄建筑的灵活性，特别是在地面拍摄高层建筑时，画面下半部的地面往往会显得过多，而建筑的部分又无法被摄入画面，如果相机向上仰拍，虽然建筑的顶部被摄入了画面，但原来垂直地面的线条却会向上汇聚，摄影中把它称为透视失真，在接手以建筑为拍摄对象的照片时，除对于那类刻意用倾斜线来表达视觉的冲击或追求戏剧性构图的作品外，在大多数情况下人们还是习惯接受建筑在照片中保持垂直，因为这是常人看待建筑、看待世界最常用的视角。

控制建筑透视失真的常用方法有：保持相机水平。相机在保持水平时，画面中的建筑不会产生透视失真的现象。但随着城市高楼大厦越建越高，楼宇的相对间距也越来越窄，建筑的外部环境又不甚理想，仅仅使用普通相机保持水平在地面拍摄高层建筑，在技术上就会有相当大的难度。为此，对于一般摄影爱好者而言，只能把希望寄托一支视角更广的镜头上来；但拍出的照片，建筑前面的地面肯定显得过大，在印放时可把多余的地面裁剪掉，使建筑在画面中的位置得到重新安排。这种裁剪画面的代价是损失了底片的有效面积。与此同时，我们还要尽可能的提高拍摄点高度，在拍摄高层建筑时，把拍摄点选在附近的多层建筑的楼顶可避免被摄建筑在画面中产生透视失真。但拍摄点也不能选得太高，以免在平视取景时拍摄不到建筑的底部，或向下俯拍而使建筑中原来垂直地面的直线向下倾斜汇聚，产生反向的透视失真。

使用透视调整相机（大画幅相机）或透视调整镜头（移轴镜头），首先我们常见的中小画幅照相机，它们的镜头平面与胶片平面是完全平行的，也不能运动，而大画幅的这两个平面是可以相互运动的，这种相互运动包括了移轴、仰俯、摇摆等技术动作。

相对普通相机而言，透视调整相机的主要特点是其镜头与安装胶片的后背可进行位移或扭转，从而改变影像的透视效果和清晰度范围。有了这项透视调整功能，摄影师在取景构图时就可以调整摄影镜头光轴与胶片平面中心之间的相对位置关系，从而在镜头的焦距能拍到完整建筑的前提下，把建筑的顶部（地面拍摄）或底部（高处拍摄）按构图需要移到画面中合适的位置，而建筑的垂直线在照片中能始终保持垂直，从而避免了用普通相机仰视或俯视而形成垂直线倾斜的透视失真现象。

总之，建筑摄影的目的和功用，是传播建筑师的心灵和思想，把建筑师精心设计和建筑公司努力营建的三度空间的建筑物,用二度空间的照片完美的表现出来,而且不能失去原设计的精神和优点。所以建筑摄影家必须具备职业摄影的一切基本学养和技能,更须具备建筑艺术上一切学识和审美的眼力。

参考文献

[1] 何惟增. 建筑摄影（第二版）. 北京：中国建筑工业出版社. 2011.
[2] （美）科佩罗. 建筑摄影教程. 谢洁等译. 北京：水利水电出版社. 2006.
[3] （英）兰福德. 英国皇家艺术学院基础摄影教程（第8版）, 杨健, 张浩. 北京：人民邮电出版社. 2010.
[4] 数码建筑摄影. 北京：人民邮电出版社.

试谈中国古代美学本体"道"的现代阐释
——生、爱、乐的美学观念在建筑设计中的意义

白莉丽

内蒙古师范大学雕塑艺术研究院

摘　要： 本文依据中国现代美学对"道"的阐释，从生、爱、乐三个方面谈其美学思想对现代建筑设计的指导及中国古代美学本体在现代建筑中的继承。

关键词： 生　爱　乐　同质空间　内省空间

Abstract: Based on the explanation for "Dao" of modern Chinese aesthetics, this article discusses the guiding function of the aesthetic thought to modern architecture design and the heritage of noumenon of ancient Chinese esthetics in modern architecture from three aspects: life, love, "Yue".

Key words: life, love, "yue", homogeneous space, introspective space

1. "道"的现代阐释

中国古代的美学本体是道，是中国古代先民对自然宇宙观察所得的规律。道是中国古代的哲学本体，对艺术的影响至深。中国古代的艺术中，"道"、"艺"和心是彼此关联相生的。艺术是艺术家心灵对自然之道的物质显现。"道"是万物的本源，人的心灵通过观照体悟自然的规律，也就是真理的规律并通过艺术表现出来。中国古代的艺术不是以美丑作为评定标准的，"道"是来源于人们对自然规律的认识体悟，也是追求生命本质的结果。要想继承道这一精神原型，必须对其进行现代的阐释，"道"这一精神原型，影响着中国的整个文化，特别是对于绘画艺术，这一在古代社会可以相对自由进行创作的门类，记录着"道"的影响。但是，对于古代建筑来讲，在形式上留给后人的主要是辨别尊、卑、"礼"的痕迹。我们继承传统，不能被表象所困扰，应该寻找其精神原型。

人们对于中国古代建筑的精神原型"道"的认识还不是很清晰，很多人认为中国古代的建筑精神原型是儒家思想的礼制传统，其实不然，礼制，只是在封建统治的历史时期，生命的平等性不能够实现的前提下，"道"的精神只能表现为较低的层次——"礼"，礼制是用来辨别尊、卑，分等级的。"礼"只是为了在有限的社会阶段，对"道"的追求阶段性表现。因此，对于中国古代的建筑精神原型的继承，不应继承"礼"这一封建的、不平等的精神，应该究其根源，还原其深层次的目的意义。另一个误解在于对"道"的理性意义认识不完全。老子《道德经》是中国古代人对于"道"的认识的总结，因此考察老子《道德经》是探究其根本意义的方法。

中国古代建筑的精神原型——"道"所具有的理性精神主要表现在以下两个方面：第一，"道"的含义和至善合一，对待生命的态度是平等的态度。第二，人文精神的体现，"道"所涵盖的美的本质意义，以人的觉醒为前提。就是

心灵的洁净的重要性。

"生、爱、乐"的美学观念，是彭锋根据中国古代美学本体"道"，提出的现代的美学基本观念。在这个基本观念里，总结了"道"的三个基本特征，其一"生"指的是生命的本源，是宇宙的基本规律，是社会发展的根本。其二，"爱"指的是"道"对生命的平等之爱和"道"的为而不恃的谦逊态度。其三，"乐"指的是理性节制的美的追求。这三个方面是对"道"的现代阐释。对于"如何继承中国古代对'道'的追求"这一问题很有帮助。

2. 中国古代美学本体在现代建筑中的继承

作为现代中国建筑工作人员，必须面临的问题就是如何继承传统的问题。但是传统的继承不等于把古代的建筑外观符号直接拿来使用。笔者认为探讨精神原型，并运用这一原型作为准则，对继承和发扬传统建筑文化来说是必要的。但是，建筑是一个特殊的艺术门类，既不能抛开物质谈精神，也不能抛开精神谈物质。因此传统的继承也是如此，根据这个精神原型，我们可以找到两个基本的空间原型和一个建筑美学出发点。首先第一个空间原型是打破传统的异质空间的不平等因素，建立尊重个体生命平等的同质空间，这是针对空间所承载的精神意义来谈的。第二，以净化人的心灵为主要目的，以内省空间为主要形式，无论是在家庭中，还是工作环境中，还是公共空间中，内省空间的需求是现代人内心的需要。建筑美学的出发点就是，人文精神和追求美的目标合一性，建立在人的觉醒的基础之上，只有对人有益处的美，才是真美。

2.1 同质空间——对"生"和"爱"的反应

由于社会发展阶段的限制，中国古代的空间意义的特征是异质空间，这是在特定历史阶段的反应。在现代社会，生命平等的条件是可以实现的，随着社会的发展，专制的封建统治已经瓦解，对生命的尊重越来越被人们所重视。这就是对中国古代美学本体"道"的生命的平等性的体现。体现在建筑空间的意义上就是同质空间。同质是相对古代异质的不平等的空间的意义而言，因此，在现代中国，对同质空间的追求是对自然之道的体现。我国城市建设越来越注重城市中市民公共精神生活。例如全国各地普遍建立公共广场、博物馆、科技馆，以及剧场等，能够供所有人参与的公共空间。

我国现状中，空间的平等的同质性还没有完全实现，例如一些公共办公楼的设计仍然沿袭旧的封建专制的异质空间特征。众所周知公共办公楼是为人民服务的地方，但是很多办公楼的设计却不是开敞的，民主的。而是选择了旧的封建阶级专政时期，所特有的为了渲染统治者的王权而布置的仪式化空间，和中轴对称的强调"强制秩序"的建筑群体意义特征。

2.2 社区公共空间的同质性——对生命的平等性的关注

社区公共空间是随着社会发展进程，人们对公众生活的关心，从而为增进社会和谐，而建立的公共的，可随意进入的同质的公共空间。表现为城市广场、城市公园、小区公共绿化空间等形式。在我们国家，城市公共空间的塑造，随着人们对公共空间的"同质化"认识的提高，从以前彰显政权的权威特性，转化为为市民提供可随时进入的公共空间。这在全国各地，都有这种转变的例子。在广场的设计中，我们可以看到这一转变，以前的公共空间多倾向于设计纪念性雕塑，类似于古罗马的记功柱一样的性质，体现专制统治的王权至上。而现在的广场设计，主要考虑对人的服务性，比如对交流、休息、娱乐等，与普通人的需要有关的场所设计。但是，有的设计仍然没有认识到这一点，在设计的过程中，以继承中国古代建筑文化为由，设计出具有权利象征意义的场所空间，忽视主体的需要。这样的现象，在我们国家依然存在，这是设计者应该注意的问题。

"住者有其宅"这是新中国成立建筑系的时候，建筑师所持有的作为社会工作者的社会责任信念。我们国家的社会发展处于一个多元的，发展不平衡的阶段。"住者有其宅"的理想，还没有完全实现，众所周知，西方现代主义建筑运动时期，最值得我们效法的就是其对"善"的追求。因此，要实现建筑的"平等性"必须关注建筑的经济、效率、和普遍性。中国的建筑传统在古代，从主流文化上来讲，就是"儒家"文化，儒家的文化根基来源于对"道"的追求，但是由于社会发展的局限性，使其成为追求"道"的障碍。因此，在中国当代要继承中国古代美学本体"道"的特征，就必须以"道"来代替儒家的传统。而"道"的现代阐释，从根本上就是追求至善的理性。因此要以理性代替传统思想中的非理性的不平等的阶级分化的根源。建筑的经济性，建造的效率性，受益的普遍性，这几个特性，必须以理性为实现的前提。以追求至善为目标的理性，是当代中国缺乏的思想观念。

在建筑空间的形式上，同质空间不等于是同样的均匀空间的复制，而是以个体需要为主的多样化的空间。这是同质空间在人的需要上的体现。同质只是相对于不平等时期的空间的阶级划分来讲的。

2.3 内省空间——对"乐"的追求

内省空间的追求是中国古代人，对艺术的生活和生活的艺术化理想的反应。我们分析一下内省空间的特征，其首要条件是私密性，在中国古代，院落住宅上体现的特别明显，院落是中国古代建筑的一个显著特征，从四合院的布局中，我们可以明确感受到私密性的保障。现代的单元住宅，虽然有着落地的玻璃窗，开敞的空间设计，但是对于私密性，这一人们心理的要求却不能够满足。

内省的空间，就是可以为使用者提供静思天地精神的空间，在现代中国的城市中，到处泛滥着信息的干扰，无论在家庭生活中，还是工作环境中，信息和传媒，生产与消费成了人们生活的主流。因此反映在家庭的空间设计中，这种现象最明显的就是客厅中电视的设置——几乎所有的家庭，电视成为家庭生活的中心，人们来不及思考。生活的中心变成了生产和消费。在这样的空间中，没有办法内省。工作环境在城市中也是如此，开敞的空间设计，高速的流水作业，使生产便捷起来，使人们的生活也方便起来，但是，就如刘易斯·芒福德在城市发展史一书中所言"若没有建筑形式向人们提供独处、静思的机会，提供处于封闭空间不受别人窥探和搅扰的机会，那么即使是最外向的生命最后也会经受不住的。不具备这种小室的住宅无异于营房，不具备这类设施的城市无异于营地。"[1]建筑师安藤忠雄在其建筑"水的教堂"中，运用了自然的元素，使其人工化，也就是理性化，从而塑造出一个理性的、内省的场所精神。"住吉长屋"在城市中的设计属于内向的、封闭的。它的视线是关注人的内心以及心灵和自然的交流。这两个建筑作品，是现代人塑造内省空间的尝试，也是人们逐渐意识到人的心灵的洁净是建筑艺术的目的。

"乐"的特性，在建筑上的表现就是建立净化人的心灵的空间形式，在单体建筑中，应该为使用者设置，能够静思的内省空间，在社区的公共环境中，也应该设计为每一个人开放的又具备相对私密的静思的空间。这是一个值得继承和发扬的中国古代理性建筑原型。塑造理性的内省空间，历史建筑中为我们提供了实现这一目标的元素：第一，自然元素的人工化设计——来源于中国古代园林；第二，建筑手法的几何抽象化——来源于古希腊的毕达哥拉斯学派和现代建筑的成就；第三，相对私密的空间——来源于中世纪时期家庭中的祷告室和修道院在城市中的意义；第四，社区精神空间的塑造——对中世纪教堂和广场的继承。

结论

"道",是中国古代哲学与美学本体,"道"的特性概括如下:第一,"道"是宇宙万物的本体和生命;第二,爱的平等性。自然之道,为而不恃,对所有自然之物,包括人、动植物,都是平等的施与爱;第三,乐的特性。道为主体的美的追求,建立在人对自然对自身的觉醒之上,所具有的是理性、节制、适合的美。"道"的"乐"的特性表现了"道"在美学本质上的反映,是人文与美的高度合一。"道"所规定的美是节制,适合的美。是人文的表现,是理性精神的最高境界。

这种观念在建筑艺术观中的体现为,建筑作品是建筑师追求理性(至善)的反映,建筑的空间具有净化人的心灵这一理性特征。塑造内省的空间,是现代社会的需要,是人实现人生意义的需要。对于建筑师来讲,什么样的建筑都可以做,但是对人不都有益处。因此,还原对"道"的"生、爱、乐"的追求对于建筑师的要求就是,以人文精神为基础,以建立洁净人的心灵的建筑空间为目的。

对于我们国家现在的建筑师,在继承传统的建筑文化时,应该清楚,传统建筑的精神原型是什么,其在古代的局限性是什么,建筑设计是能够直接影响人的生活方式的一种艺术门类。因此,对于公共建筑,特别是服务人民的公共建筑,其功能在建筑的设计中,应该是首位,服务、便民应该是第一位,而不是建筑的表意性,或者说如果建筑的象征意义是首位,这反而没有继承中国古代建筑美学的本体"道"的追求。在建筑设计中,坚持"生、爱、乐"的美学观念是对中国古代美学本体的继续。

参考文献

[1] 王镇华. 华夏意象——中国建筑具体手法与内涵,中国文化新论,艺术篇,美感与造型[M]. 台北市联经出版事业公司.
[2] 彭锋. 美学的感染力[M]. 北京:中国人民大学出版社,2004.
[3] (美)刘易斯·芒福德城市发展史——起源、演变和前景. 宋俊岭,倪文彦译. 北京:中国建筑工业出版社,2004.

天津滨海新区城市景观的色彩特征研究

尚金凯　张小开

天津城市建设学院 艺术系

摘　要： 本文从天津及天津滨海新区城市景观的色彩入手，观察城市景观的色彩特征，研究城市景观的色彩规划与设计。指出了天津市城市色彩是红色系的人文色彩和无色系的国际色彩，并以此为基础指出了天津滨海新区的城市色彩的规划设计定位和思路。强调"红——无"色系的滨海新区城市人文色系和"蓝——多"色系的城市自然色系，这两大色系共同构成了天津滨海新区现代化与特色化、人文化与自然化的城市景观色彩体系。

关键词： 天津滨海新区　城市景观　色彩　城市色彩体系

Abstract: This study has a research on urban landscape's color, observing the color characteristics of urban landscape, analyzing the color plan and color design of urban landscape. As an example, we have a study on the urban color of Tianjin and Tianjin Binhai New Area, pointing out that Tianjin urban colors are cultural color which is red color system and international color which is gray color system. Based on this study we have a further study on the color design and plan of Tianjin Binhai New Area urban landscape, emphasizing that the two color system which are red-gray color system and blue color system construct the modern, distinguishing, artificial and natural urban color system of Tianjin Binhai New Area.

Key words: Tianjin binhai new area, urban landscape, color, urban color system

1. 引言

英国学者迈克尔·兰开斯特（Michael Lancaster）针对色彩的主题提出了色彩景观（Color-scape）概念，关注色彩作为城市环境中重要景观元素的价值，并详细阐述了位置与周围色彩的含义，为深刻领会城市环境色彩奠定了坚实的基础。如何使承载重要历史、文化和美学信息的色彩在城市环境建设中发挥更大的作用，开始成为当今城市规划师所特别关注的问题。

2. 城市色彩与城市景观

城市色彩是指城市的外部空间中各种视觉事物所具有的色彩，包括建筑、道路、标牌、广告、装饰、绿地、河流等城市内人文景观和自然景观的色彩[1]。城市环境中的色彩景观是指城市实体环境中通过人的视觉所反映出来的全部色彩要素构成的相对综合的群体面貌。广义上的色彩景观研究涉及城市生活的方方面面，涵盖了城市的历史、气候、植被、建筑、产物、文化等诸多因素；而狭义上的城市色彩景观的概念则将"色彩"界定为特定的景观类型，主要包括建筑色彩和场所色彩。其中，场所色彩又包括街道色

图1 从五大道到九龙路上景观色彩的变化

彩、广场色彩、绿化色彩等。作为一个完整的色彩体系，城市色彩景观不仅成为装饰与美化城市的最有效的方法之一，而且还显著地影响人们对于城市空间和形象的感知，并体现城市的风格与特色。因此，对城市色彩景观进行合理有效的规划研究具有重要的意义，而目前针对性的相关研究仍不充分。为此，基于城市色彩景观规划的必要性和可行性的阐述，提出色彩景观规划的主要原则和方法，以促进城市环境建设。

3. 天津市城市景观的色彩体系

城市色彩是感知城市景观面貌的重要因子和体现城市地方性、文化性的重要因素。对城市色彩进行规划和定位，其出发点是以人的需求为核心而对城市的空间和环境进行设计和改造，追求便捷、舒适、赏心悦目的城市环境。

3.1 以红色系为主的城市色彩

红色系的城市景观色彩代表着天津的地域特色和文化底蕴，是天津城市文化的一种体现。红色系的景观很大一部分是天津传统的城市建筑的色彩，如鼓楼中的红色、普通民房中使用的红色砖块等都是天津传统的城市色彩。另外，红色在天津五大道地区的频繁使用则是外来建筑留在天津的传统色彩。红色系是天津本土及传统文化的具有地域特色的城市景观色彩，是能够反映天津城市人文特色的城市DNA。[2]

3.2 以无色系为主导的新建筑

无色系的天津城市景观色彩则是天津城市建设受到国际建筑影响的结果。

从图1中，我们可以看到从五大道的红色中，在马路对面的建筑则是红、白相间的色彩，进而转换到九龙路的亮白色新建筑景观。这种色彩的转变可以说是考察中最为典型的一种转变，因此也是极有代表性的。类似的景观色彩在其他地方也很常见。

由此可以看出在天津城市色彩中，还有一个以无色系为主导的新的城市景观色彩。

3.3 其他色系作点缀的辅色体系

在红色系和无色系的交互作用下，天津城市色彩的基调就被定格了，其他的各色系的色彩在整个城市色彩中的作用和地位就是点缀和锦上添花了。如偶尔出现的蓝色和绿化带的绿色，河水的深蓝的等。

4. 天津滨海新区的人文色彩体系

4.1 国际化城市应有的色彩

天津既然定位为国际化都市，天津还必须引入不带地域特色的无色系城市景观色彩，这样的色彩才是对世界的一种开放的色彩。无色系的色彩可以和任意一种色彩进行搭配，这本身就显示了城市色彩的一种无限延伸和包容性，也为天津城市景观的发展提供一个开放的平台。

作为现代化的一座城市，往往其发展都很迅速，在20世纪50至70年代欧、美、日等国家的发展就是这样的一个过程。经济发展、城市的大规模建设以及现代主义建筑的兴建，在某种意义上把以黑白灰为代表的无色系和现代化的城市联系起来，如纽约的摩天大厦、东京的办公大楼、巴黎的拉德芳斯新城等，基本上都能感受到这种简洁的无色系城市景观。

4.2 天津地域特色的代表色彩

但是具有通用意义的国际化色彩并不能代表所有城市，人类还需要文化的多样性、城市的多样化发展，从而地域特色就被人提起，显得越来越重要。在城市景观形象的建设中，加入本地的文化内涵是城市多样化的一种好思路，在城市色彩中也会有体现。

根据前面对天津城市色彩的分析，在新的城市景观的色彩定位中，将红色系定位天津城市的人文色彩，会受到重视天津文化和地域文化的一部分群体的审美认可，红色系的城市景观在天津已经有相当的文化心理基础。

4.3 红与灰的共舞

最终我们可以预见，天津城市色彩将会是红色系与无色系的一种共生。这样的城市色彩才是具有天津特色的城市色彩，也是向全世界人们开放的城市色彩。随着天津城市的发展，滨海新区作为中国经济增长的第三极，天津滨海新区将会作为一座新兴的现代化新城出现，那么无彩系的国际主义色彩将会得到极大的体现；同时由于现代城市规划的多样性和地域性要求，城市无论多么发展，还是应该体现城市的地域特色和文化底蕴，在这样的情况下，红色系也会很快的融入到天津滨海新区的规划与建设中。这其实在天津滨海新区的建设中已经有很大的体现。如在天津滨海经济开发区金融街大楼的建筑群，就很具代表性。整个建筑群采用红色和灰色的对比，这种对比既体现了城市的现代化，也体现了天津的地域特色。

图2 滨海经济开发区金融街建筑群

5. 天津滨海新区的自然色彩体系

5.1 天津滨海新区的环境DNA

城市，一般是经过长期的发展而逐渐形成的，即使是新兴的城市，也离不开自然资源、人脉和发展的需求等因素。这三个因素，如同生物的基因一样，构成了城市的基因（城市DNA）[3]。在对同等比例的天津城区和滨海新区的地形图的比较上（图3），我们可以发现天津城区虽然有海河、南北运河等水系，但基本上被大面积的城市构筑物覆盖了，而在滨海新区的核心区我们可以看到海河不但变得很宽，而且水系婉转曲折，形成了很大比例的水系；另一方面渤海也与海河相互映衬，使得滨海新区的水域特色十分明显。因此，滨海新区最大的环境特征就是水系，海与河相连。这种水系结构极大地影响着滨海新区的新城规划与设计。如著名的于家堡和响螺湾商务区就是在海河的转汇点依河而建。

作为一座典型的北方滨海城市，天津市属于暖温带半

图3 滨海新区和天津城区的地形图

湿润大陆性气候，四季分明色彩变化比较明显。冬季气候寒冷，草木枯萎，色彩单调沉闷，城市笼罩在一片没有色彩的灰暗之中；夏季气候闷热，树木成荫，色彩丰富多样，城市笼罩在一片色彩多样的环境之中[4]。由此可见，天津城市中的自然景观会随着季节的变化而产生变化，这一变化使得植物的造景不能长久，一到冬季便会变成单调的灰黄色。而有意思的是水系的存在，加上天津秋冬季的晴朗天气，水系映射天空之色对整个城市的景观产生重大影响。

5.2 海与河的交融

正如前文所说，天津滨海新区的城市色彩中，自然景观中的水对其产生了重要的影响，可以说对于城市的景观节点产生了决定性的作用。"水色"就是天津滨海新区城市色彩中的自然环境色彩，这一点不同于南方的广州、昆明等城市，植物的绿色等色彩是其景观的重要色彩。由于气候的影响，天津的植物对城市景观的影响显得不是特别的重要。由此，我们可以发现，天津的海河与渤海等水域才是天津城市色彩中需要重点考虑和利用的环境因素。水系的色彩中以蓝

色为主，也会因为天空色彩的变化而产生丰富的色彩效果，但是这个不影响水系的蓝色主体色调。同时不同的水面色彩也会作为点缀丰富城市的色彩。

城市色彩中海与河的交融，实际上就是以蓝色色系为主，不同色彩变换为辅的一种色彩构成体系，在这里我们可以归纳为"蓝—多"色系。

结语

通过分析，天津滨海新区的城市色彩体系可以总结为"红——无"色系和"蓝——多"色系，这二大色系共同构成了天津滨海新区的城市色彩印象，共同构成了天津滨海新区现代化与特色化、人文化与自然化的城市景观色彩体系。这将为天津滨海新区的总体城市景观形象规划与设计提供重要的线索。

色彩作为城市景观之美的一个重要因素，值得我们关注和研究。城市色彩最能形象地体现一个城市的风貌，而且能够反映出一个城市的政治、经济、文化、社会各方面的水平，同时还能显示出该城市民族传统、历史文化、人民生活、人民素质等物质文明和精神文明的发展程度。美的城市最终是要通过城市景观的造型、色彩、构造、肌理等等来体现的。城市景观色彩的美是城市之美的基础，没有美的城市景观色彩就没有美的城市的存在。因此，城市规划中应该对一个城市的色彩做仔细的分析和研究。

参考文献

[1] 杜小东、孙超．把握城市色彩 传达城市个性——论天津城市色彩的传承与发展 [J]．艺术教育，2010（2）：126-127．
[2] 尚金凯，张小开．关于城市景观形象的美学定位思考 [J]．城市环境设计，2008（5）：82-84．
[3] 尚金凯．探索城市景观形象建设的新思路 [J]．城市，2008（9）：68-72．
[4] 高金锁、梁丽娜．天津城市街区色彩的更新设计理念探讨 [J]．装饰，2009，Vol195（7）：78-79．
[5] 滕绍华．天津建筑风格 [M]．北京：中国建筑工业出版社，2002.8．
[6] 天津市城市总体规划（1996—2010）．专业规划说明．天津市人民政府．2000．
[7] 李在清 颜色测量基础 [M]．北京：技术标准出版社，1980．
[8] [美] 凯文·林奇 城市意象 [M]．北京：华夏出版社，2001．
[9] [美] CW亚历山大．城市设计新理论 [M]．北京：知识产权出版社，2002．
[10] 陈秉创．当代城市规划导论 [M]．北京：中国建筑工业出版社，2003：5．

文化差异下的中国建筑色彩

李洁　殷俊

长沙理工大学

摘　要：本文从中国古代建筑和规划的实例上解析中国古代建筑色彩的发展历史和特点，分析了"色"和"彩"两个词语在中国传统文化中的不同意义，从中国古代建筑色彩的风格中找到"五色"的调配是中国色彩的根本特性，结合古代建筑色彩探讨和研究现代建筑色彩对中国传统文化的传承与启示。

关键词：色彩　古代建筑色彩　色彩历史　中国色彩

Abstract: This article from the stand point of instance of the Chinese ancient architecture and planning, analyses the development history and features on Chinese architectural color, analysing of "color" and "variety" two words in the Chinese traditional culture which the different meanings from the ancient Chinese architectural colors style founded in the "colored". It is the basic characteristic of Chinese color. With the ancient architectural color, do some research on tradition and inspiration from Chinese traditional culture to the modern architect.

Key words: color, ancient architectural color, history, Chinese color

1. 绪论

在人类物质生活和精神生活发展的过程中，色彩起到了举足轻重的作用，人们不断的发现、观察、创造和欣赏着绚丽缤纷的色彩世界，并且不断深化着对色彩的认识和运用，色彩的感染力是非常大的。由于我们所处的时代呈现的文化差异性，色彩作为一种文化它不再是仅作为自然界面貌的真实反应，而是可以从文化的角度加以认识，它是一个民族情感、经验和思想在色彩应用中的显现，因此，中国色彩必须作为中国文化来思考和研究。不同文化之间色彩文化内涵的差异是由于各自民族的文化历史背景、审美心理的不同而产生的，是在社会的发展、历史的沉淀中约定俗成的，是一种永久性的文化现象。

建筑色彩是建筑情感最直接的表达方式，色彩为单调的混凝土赋予活力，为建筑创造出新的生命力，使建筑有了生动的形象，脱离了混凝土本身的冰冷。因此，一个成功的建筑色彩，是有生命力的，它可以感染观众的情绪，让建筑说话，从而与人达成心灵上的共鸣。

2. 中国历代建筑色彩概述

中国的建筑最早可以追溯到原始社会人类居住的洞穴，到了商周时期中国的建筑才有了真正意义上发展，形成了方正规整的庭院。在唐朝以前由于受儒家思想的影响，建筑色彩大多是为了体现建筑的使用功能，因此材料多以本色为主，并没有人工往上堆积色彩，建筑装饰极其纯朴。

唐代建筑色彩艺术则是一种等级的象征。建筑中出现了大量的色彩，出现了建筑的等级划分，而依附于建筑上面的色彩也成了划分等级的一个标志，黄色象征着至高无上的权利和地位，在宫殿，寺庙等地方多以黄色和红色为主，而对于平民来说只能用黑白灰等颜色。

宋代的建筑对唐代的建筑来说是一种继承和发展，是主流文化的一种印证。宋代的建筑比起唐代来说规模更小，色彩更加绚丽和多变，还出现了形式复杂的殿阁楼台，宋代建筑在装饰上多采用彩画，油漆也在这一时期被大量使用，而建筑构件也越来越趋于标准化，整体建筑给人一种柔和优美的感觉。

元代的建筑受到宗教文化的影响，色彩绚烂，风格秀丽。元朝有众多民族，不同的文化和信仰经过碰撞产生新的元素，元代建筑色彩艺术不仅在视觉上有很大的突破，色彩也变得更加丰富多彩，在使用功能上也有了很大的发展，较好的延长了建筑的使用寿命，而宫殿建筑的色彩更加精湛，风格秀丽且绚烂。

明代的建筑色彩艺术是鼎盛时期的开始，浓重悦目，细致华丽。明朝，北京宫苑的建设以南方工匠为主，因此形成了严谨、清秀、典雅的建筑风格，具有江南的特色，但是由于皇室等级的划分，其建筑体量庞大，色彩较为鲜艳，这虽然改变了江南建筑的雅淡之风，但是论其根系，还是与江南建筑相近。房屋的主体部分一般用暖色，尤其爱用朱红，表示这部分可以经常照到太阳，而阴影部分则多采用绿蓝相配的冷色，这样一冷一暖，形成了鲜明的对比。

清代的建筑色彩到达了巅峰时期，油漆彩画盛行，颜色走向复杂性。清朝的手工业生产水平比较明朝有较大的提高，规模也更大，在此背景下，清代建筑色彩越来越复杂，而彩画的功能也逐渐变成装饰，在等级制度的烘托下，建筑色彩出现了两极分化，艺术形式也通过内容表现出来，官式建筑以金龙和玺最为高贵，雄黄玉最为低贱。宫殿建筑的地位最为重要，其色彩也最强烈，而最普通的民居色彩也最简单，其建筑一般不施彩画。例如北京紫禁城的颜色是红黄色的，与紫禁城相连的一些重要建筑都是红色的，屋顶则呈现绿色，而北京其他的建筑颜色大多是灰色的，但是明代的装饰，由于过分追求细致而导致了琐碎最终成为了中国古代建筑史上的最后一个中国人以黄色为尊，源于古代对地神的崇拜建筑色彩样式。

3. 中国古代建筑色彩特点分析

在中国古代建筑色彩的发展过程中，大致可以形成了两种建筑色彩和风格，一种以北京的宫殿建筑为主，另一种以江南园林为主，两种风格各有特色，都是在当时的文化差异下产生的建筑色彩。

3.1 北京宫殿建筑色彩分析

《说文解字》云："黄，地之色也。"土地是万物生长的必须条件。五行观念产生后，土居中央，黄色成为中央之色，其神为黄帝。隋朝以后，黄色被钦定为帝王之服色而禁止一般庶民使用。因而"黄袍"就指天子之服，"黄袍加身"也就表示被拥立为帝之意。"黄车"则指天子所用的车，而其车盖称为"黄屋"。汉语中黄颜色象征"神圣"、"高贵"、"权力"等。中国人以黄色为尊，源于古代对地神的崇拜。《说文解字》云："黄，地之色也"。黄色乃"帝王之色"被历代帝王所推崇和垄断。因而明清的皇家建筑的屋顶皆为黄色。在西方，黄色未曾享受过在中国的礼遇。

我国汉族的传统观念是亲近红色的，"红"在中国人的心目中是喜庆、成功、吉利、忠诚和兴旺发达的象征。这源于古代对日神的崇拜，因为烈日如火，其色赤红。中国人对"红色"有着特殊的感情，从炎帝时的图腾崇拜，周人的尚赤之风一直持续至今，"红色"在汉民族的心目中始终与吉庆、热烈、顺利、光荣、受欢迎、革命及正方势力发生联想，可见，"红色"的联想意义是具有深刻的文化历史背景的。

北京宫殿建筑采用的是金黄色的琉璃瓦屋顶，屋顶下是绿色调的彩画装饰，屋檐以下是成排的红色立柱和红色门窗，整座宫殿都坐落于白色的石料台基之上，台下则是深灰色的铺砖地面。总体色彩效果鲜明与强烈。

宫殿建筑使用了大量的黄色和红色，红色给人以希望和满足，能够让人产生一种美感，所以人们把红色当成是一种喜庆的颜色，而黄色居于五色之中，象征着至高无上的权利和地位，由此根据封建社会的礼制把红色和黄色作为宫殿建筑的主要色彩。

古代帝王对宫殿的要求除了整体气魄华丽，而且要尽量体现封建帝王的权势和威严，在建筑色彩上采用了对比的手法，包括冷暖对比和补色对比，例如红色与绿色、黄色与紫色、蓝色与橙色。把这两种颜色搭配在一起可以起到相互衬托的作用，使建筑显得更加鲜明、夺目，并且通过黑色、白色等无彩色来进行视觉的调节，使这些对比色和谐平衡。建筑在蓝色的天空映衬下，黄琉璃顶，青绿色的彩画、大红的宫殿、柱子与门窗，白色的石基座和深色的地面，形成了蓝与黄、绿与红、白与灰黑之间的强烈对比，造成了宫殿建筑极其鲜明和富丽堂皇的总体色彩效果。使整个故宫建筑群具有金碧辉煌的色彩气氛。这种建筑的色彩是强烈的，醒目的，我们一眼就能感受到它的"主体性"，是这个环境的主宰者。

3.2 江南园林建筑的建筑色彩分析

江南以风景秀美、文人骚客聚集为名，造就了中国古典园林建筑富于艺术意境的空间环境，借助大自然的各种因素，园林建筑有自己的特色，其中没有大体量的建筑，也没有绚丽的色彩以及华丽的装饰，也不像北方皇家建筑给人辉煌壮观的感觉，其色调主要是深灰色的青瓦屋面，深棕、红棕色的木作，个别建筑中的部分构件使用墨绿或是墨色淡雅的彩画，而墙多数为灰色，这种属于稳静而偏冷的色调，不仅与自然山水、花草、树木等协调，亦创造出幽静、宁静的环境氛围。例如苏州网师园入口处的半亭为青瓦歇山屋顶，棕色深枋构架，两角高高翘起，一侧与矮墙相连，另一侧为假山环绕，在白粉墙衬托下格外醒目，色彩素洁。轮廓线条秀丽，就如一幅水墨画，显得清秀典雅。

总的来说这种建筑多是民间的，色彩一般说来比较素雅，隐蔽。其色彩多以灰、白、黑为主，混合一些低纯度的颜色，如棕色、土黄色、青灰色等，似乎是想将建筑融合在大自然当中，从而使人有一种"安静闲适"的感觉。

4. 古代建筑色彩的形成

4.1 文化差异下的建筑色彩

中国古代建筑色彩与封建统治阶级的思想意识有着紧密的联系，建筑色彩在建筑中是"明贵贱，别等级"的一种标志，帝王认为只有宏伟的建筑，华丽的色彩才能体现皇权的权威，为了体现这一点，统治者通过宫殿的内部空间安排，环境设计，建筑装修和颜色使用上等等来烘托皇家的至尊和高贵，把封建等级制度表现得淋漓尽致。宫殿建筑用金黄色调，而普通居民只能用黑、灰、白为墙面，屋顶的色调。与色彩艳丽的紫禁城比较，北京民居的外表朴素极了，千篇一律的灰墙灰瓦，显示出大臣与平民的等级差别，烘托出皇家建筑的壮丽宏伟。江南的建筑大多数为普通居民所建，人们生活安逸，情趣雅趣，建筑多表现为色调秀美。

4.2 气候，地形的差异下的建筑色彩

北京地处北方，天高且蓝，地广且平，红黄色调与北京的自然环境相配，使得这些皇家建筑更为突出，更有美感。而江南的自然条件相反，天有些灰白色，而地形也被大量的山峦和河流分割。从人文条件方面来说，古代的江南的平民

百姓没有资格做高官，他们也不愿意做，他们对宫廷和官僚文化充满了鄙视，他们更加喜欢闲云野鹤，所以建筑的色彩多采用黑、白、灰还有一些低纯度的颜色，看上去显得建筑文雅秀美。

4.3 功能差异下的建筑色彩

建筑的色彩需要给不同的使用者带来不同的视觉感受，给使用者一个空间，让他们感觉到自在舒服是最重要的，例如颐和园的东北角有一个园中之园叫做谐趣园，它的屋顶是用灰色的主色调，这是因为这里是皇上的游乐场所，具有特别的性质，皇上在谐趣园里面可以游玩休闲，享受普通老百姓能体会到的民间乐趣，因此这个院子的建筑色调接近大自然，没有太多的皇家气息。还有苏州的一些园林也是一些文人雅士的私家园林，因此建筑色彩布置得很有书卷气，配以花草树木，显得建筑文雅秀丽，美不胜收，这种建筑色调也带给人们一种不求功名利禄，淡薄人生的情趣。

4.4 古代建筑色彩对现代建筑的影响和启示

中国疆域辽阔，历史悠久，至今已有着7000多年的建筑历史，经过数千年的传承，我国出现过无比丰富的古代建筑，至今仍保存着丰富的建筑遗迹。中国古代建筑，集科学性、创造性、艺术性于一体，既具有独特的功能，又具有特殊的形式，在世界建筑中独树一帜。无论是秦砖汉瓦，明清故宫还是苏州园林等，无不凝聚着中华民族的智慧，成为中华文化的重要组成部分，因此中国古代建筑色彩对现代建筑产生着深远的影响。

4.5 中国古代建筑色彩的和谐之美

建筑色彩关系到一个城市的形象，其特色和品味是非常重要的，建筑色彩拥有和谐之美，可以使人感觉到安详、亲切、温馨。中国古代建筑的色彩不论其复杂华丽程度，都会基于一个统一的主色调之中，那就是宫廷建筑以红、黄的暖色调为主，天坛以蓝、白色调为主，园林则以灰、绿、棕色做主色调。这些色彩搭配并不会给建筑带来杂乱无章的感觉，反而会充满一种和谐的基调，使人们的感受更加的赏心悦目，耐人寻味。

拿老北京来说，灰墙、灰瓦和绿树构成了北京城市色彩的基调，显示出首都深厚、朴实的文化底蕴，同时也反衬出故宫金碧辉煌的帝王气派。老城青岛的红瓦还有朱红色的外墙，加上碧绿色的大海和蓝色的天空，充分显示出这座美丽的海滨城市的风采。还比如一些现代化的城市，深圳的高楼和道路构成了现代化的城市空间，建筑充满了强烈的现代色彩，给人强烈的视觉冲击，而厦门则以蓝色的大海为背景，建筑色彩鲜艳，充满装饰性，在大街小巷，到处种满了三角梅，点缀了城市的色彩，使城市更具有现代化的魅力。

这些城市色彩与环境相互呼应，达到和谐统一，但是随着城市发展的脚步，许多城市在色彩方面开始迷失自己，一些城市缺乏对色彩的认识和研究，相互模仿，互相攀比，追求豪华，不但没有提升城市的品位，反而造成色彩上的混乱与无序，使城市失去了原有的特色。有许多城市的新楼盘在开发时为了张扬个性，吸引顾客的眼球，楼盘大胆用色，设计前卫，更有不少开发商对楼盘色彩的选择随心所欲，完全没有考虑到对城市以及周边地区的影响，我们知道，现代建筑的使用寿命一般都会在50年以上，如果不及时地进行色彩控制，杂乱无章，反差过大的城市色彩会造成一种视觉污染，将会严重的影响城市的面貌。

城市不应通过张扬建筑的个性而使整个城市失去个性，因此任何一个城市的每一栋建筑都应该考虑到色彩的和谐统一。

4.6 中国古代建筑色彩中所蕴含的传统文化

建筑自产生以来就是一幅色彩丰富的图画，充满了活力和生机，色彩是建筑的重要外貌，城市由大量的建筑组成，城市的主色调更是城市特色的标志，随着人类的发展，城市的色调不仅反映了人们的物质生活，更体现了人们的文化底蕴，就像意大利的著名山城锡耶纳来说，城市的主色调是红色，而热尔纳城市的主色调是黑白色，还有法国巴黎的颜色是灰色，而水城威尼斯的主色调则为金色。

城市的色彩要建立在文化的基础之上，古代的城市建筑色彩取决于自然，更由于有较持久而且稳定的文化观念和伦理习俗的影响，往往获得了较为统一的色彩效果，中国古代建筑，无论是宫殿、寺庙、陵寝，还是园林、市镇、宅院，都是特定历史时期政治、经济、文化、技术诸方面条件的综合产物。透过它们不仅可以从中国古代建筑宝库中汲取营养，还可以更好地了解中华民族的历史，对建设美好的未来家园，产生了积极的影响。古都北京就是很好的例子，但是随着社会的发展，一些新的技术和材料出现，建筑色彩却出现了越来越混杂的局面，这是非常值得人们反思的。

马克思说"社会的进步就是人类对美的追求的结晶"。所以人类在创造出更多更美好的建筑作品的同时，也应该杜绝或减少由建筑色彩造成的视觉污染，使人们在追求美的同时推动社会的进步。

结语

城市是一个复杂的系统，色彩在这个系统中扮演了一个重要的角色，建筑色彩诉说着一个城市的文化底蕴，建筑色彩是一个历史积淀的过程，中国古代的建筑色彩追求的和谐统一在现代建筑色彩的应用中是非常重要的，人们应该从民族传统、地域文化、城市文脉等方面更加深入地去探索未来城市的色彩创造。但现在中西方文化的差异让我们的建筑经常陷入一种色彩实验的尴尬之中，在当今的中国社会中，在主流文化和中国民间文化的区分中，显现着中国色彩本性的民间文化越来越离开当代人的生活，因为它不是时尚的中心，不中不西的色彩遍布城市，我们在多例中国建筑色彩的分析中，不难发现中国建筑色彩正处于一个文化的巨大差异中，这种差异源于东西方文化的差异、源于时尚、主流文化与作为边缘文化的民间文化的差异中。我们要充分认识文化差异中的互认和生成。我们建筑工作者要做的不是回答什么是中国建筑色彩，而是如何在中国化和国际化中找到中国建筑色彩的自身价值。只有这样才能营造出富有地域特色的城市色彩和景观风貌，让城市的历史延续，让人们的记忆延续，让历史与未来通过色彩在时空中得以延续。

参考文献

[1] 李景成、韩红.《色彩与园林建筑环境》.
[2] 蒋小兮、陶振民.《中国古代建筑美学中所蕴含的传统文化》.
[3] 杨莉、梅晓冰.《浅谈城市建筑色彩视觉污染》.
[4] 沈福煦.《中国传统建筑中的色彩》.

备注：本文为湖南省科技厅项目（2010ZK3069）结题论文

现代雕塑在美国城市环境中的作用

邬春生

同济大学建筑与城市规划学院建筑系美术教研室

摘 要： 通过现代雕塑对美国城市环境的影响，雕塑在城市景观中所处的必不可少的地位和在城市复兴运动中的作用，认识环境艺术对城市环境的重要性及由此给我们带来的启示。

关键词： 现代雕塑　环境艺术　雕塑家　美国城市复兴运动

Abstract: The urban environment of modern sculpture, the impact of the United States, Sculpture in the urban landscape in which the essential status and urban renaissance in the role of environmental art on the importance of the urban environment and this gives us inspiration.

Key words: modern sculpture, environmental art, sculptor, renaissance U.S. cities

20世纪是一个科学技术迅猛发展，社会变化日新月异的时代，人们的思想观念和生活方式发生了翻天覆地的变化。在社会变革中，艺术家往往是最敏感的，他们捕捉着来自各个领域的信息，感受着人们的失望与向往，将自己的思想用天才的艺术方式表现出来。当蔑视传统、不守成规的现代艺术思潮冲击一切领域时，一些现代雕塑家开始探索各种崭新的艺术形式。

20世纪中期随着工业革命的发展，现代化的都市被机械化、工业化所充斥，社会呼唤着自然的回归。此时，西方国家兴起了的一股新的潮流，艺术家们向陈旧的艺术创作与表现形式提出了挑战，他们提倡艺术与自然广泛接触，艺术回到现实的世界，他们开始将视角转向自然，并尝试着表现生命延续的力量，创造出一种相对新颖的艺术形式——"环境艺术"。在这些作品中，艺术家追求的是打破生活与艺术之间传统的隔离状态，力图把观众置于作品之中，而不是仅把艺术作品置于观众之前；不单纯追求艺术性，而是强调艺术与大自然的广泛接触，使艺术与环境更加协调，创造出一种富有生气的环境氛围。雕塑可以营造一种环境的整体气氛，因此不少现代城市公共雕塑纷纷作为环境艺术的角色出现，而其中美国的现代城市雕塑最具有代表性。笔者曾作为中国艺术家，赴美国参加由世界各国现代艺术家组成的现代艺术交流考察活动。在此期间，我着重对美国现代城市雕塑艺术在环境中的作用进行了考察与研究，从这些作品和环境的关系中，得到了很大的启迪。

美国的城市雕塑的盛行涉及多方面的因素，20世纪60年代美国出现了一系列新的艺术流派如：把雕塑的造型简化到最基本的抽象状态，追求一种绝对统一的秩序美感和整体感，以使之与周围的环境空间融为一体，使人们在欣赏的同时又对整个环境进行心理上的体验的"极少主义"雕塑；提倡艺术面向生活、面向机械文明和消费文明，主张用大家熟悉的形象表达生活，艺术家通常采用放大复制日常生活用品的手段，使得被复制的物品更富有情趣，以此来强调艺术价值存在于任何平凡的物体之中的"波普艺术"等等。这些新的创作方法和审美观念，使美国艺术取得了独立于欧洲传统艺术的地位。同时，美国艺术家们正在寻找机会把他们的作品推广到城市中去。而此时，一些传统的工业城市如钢铁中心匹兹堡开始转型，老的城市需要改造，新兴的城镇正在崛起，后现代主义风格的建筑相继落成，带幕墙的高楼大厦拔地而起，建设留有足够活动空间的高大建筑的新趋向盛行一时。由于这些建筑因混凝土和玻璃材料的运用而显得缺乏生气，人们希望尽最大的努力使他们的居住环境得以改善，自然对更多的人造景观产生了需求。随着1967年美国国家艺术中心的成立，受惠于联邦政府的文化振兴政策，各地方政府都急于振兴自己的城市，迫切希望改进城市的人文环境。因此，遍及美国的城市复兴运动开展起来了，在这种因素的促成下，城市环境艺术发展的时机开始成熟，许多优秀的艺术家和杰出的作品脱颖而出。

1967年8月15日，在美国芝加哥市民中心大厦前的广场上，一座由毕加索创作的名为《无题》的大型雕塑与大厦同时落成。这座用坦克钢板和钢索做成的雕塑是一个的巨大钢铁怪物，它的脸像一把刀刃向上的斧子，额头当中有一只眼眶，里面长着两个眼睛；两个鼻孔朝天；侧面有左右两张嘴；两排钢索将细长的脖子与后面两片肺叶形的东西连接起来，颈下是一截露出双肩的身子，两排钢索与曲线形的钢板构成通透感，丰富了作品的空间关系。尽管它的外貌奇特、怪异，但在坚硬、冷漠的现代建筑群中，它像是有生命的，它能够与人们在感情上沟通，给人一种亲近感。从广场空间角度来说，32层高的大厦与行人在高度上形成的差距太悬殊了，有了它才得到了调和和缓冲，它调整了人与建筑的关系。所以越来越多的人喜欢上它，每天有许多人坐在它的身边，听它在风中"歌唱"，人们亲昵地称它为"芝加哥的毕加索"。

在芝加哥联邦政府中心广场上坐落着一个由美国雕塑家亚历山大·考尔德创作的纯红色巨型雕塑《火烈鸟》（图1），它形似一架弯下了吊臂起重机，高达15.9米，全部用钢板铆接而成的，人们可以在它的身体下穿行。《火烈鸟》是以斜线和弧线来展现形体的，在整个造型中几乎没有一条垂直线和水平线，其庞大而又空灵的形体与周围的立柱形现代建筑空间形成一种鲜明的对比，但是作品中的曲线感又与建筑的直线感构成一种内在的联系，故又显得协调合拍，创造了一种富有生气的环境氛围。考尔德的作品是他把具有美国本土特色的创造才能与广泛汲取的国际艺术养料巧妙结合的产物，他所创造的活动雕塑和固定雕塑是对二十世纪的重大贡献，他是艺术史上伟大的革新者之一。他那些壮丽庞大的城市雕塑成为美化环境的手段，他以其独特的创新精神展示了一种全新的雕塑类型，使城市居民在大都市的中心区域里感悟到美国人的乐观主义和幽默感，也使他们充分认识到大型抽象雕塑比起严肃的传统欧洲铜雕塑更适合美国的摩天大楼，同时也赢得了公众对城市雕塑在城市景观中所处的必不可少的地位的认同。

在美国现代城市雕塑作品中，亨利·摩尔的作品特别受到观众的喜爱，他的大部分作品位于美国的东海岸，如《拱门》（图2）、《躺着的人》等，已成为美国当今社会的标志。

图1

图2

在这些作品中,可以看到大胆的设想,野性的力量,牛仔的开拓精神。亨利·摩尔作品中巨大的弧形结构曲线的变化,形似人体曲线,又像大自然山谷,内涵的精神和力量与周围的摩天大楼形成鲜明对照,它是连接人与城市的纽带,使本来冰凉的缺少人性化的城市,通过艺术作品连在一起。他创造性地在雕塑上做出孔洞一样镂空的效果,使雕塑内部空间得到表现。而这种将虚空包入实体的雕塑作品,又具有一种吞噬外部空间的扩张倾向,与外部空间更有机地连成一体。作品形成的环境氛围,已超越了大自然的景观,使得这些雕塑作品更加赏心悦目,更能体现美国人民的生活,人们可以

在拥有大自然美丽景观的同时,与亨利·摩尔的作品融合在一个环境氛围之中。正是这个原因,使他在众多雕塑家中脱颖而出,成为在美国本土作品最多的一位艺术家。

纽约联合国总部秘书大厦前的草坪上的青铜雕塑《单一的形态》是英国女雕塑家芭芭拉·赫普沃斯的作品,它也是通过孔洞从一个封闭的实体转变为开放式的与环境合为一体的新形体,以充满弧线的形体,在坚硬呆板的建筑框架线条中起着柔化视觉的作用。而野口勇的彩色抽象雕塑《红色立方体》,仿佛一颗在转动中被"定格"的大骰子,保留着它那"金鸡独立"的奇妙姿态,在四周的几十层高楼大厦的包围中,在由现代建筑群的直线织成的巨网笼罩之下,显得那么的生动活泼,它以它的姿态所产生的斜线和本身具有的圆形孔洞,冲破了它所在的环境空间的压抑气氛。他的另一件大型喷泉雕塑作品坐落底特律市中心复兴广场上,喷泉上方的圆环,就像一个正在冲向宇宙的飞碟,充满了动感和气势,那种重生的感觉,成为这个昔日辉煌的汽车城复兴的象征。

美国雕塑家克莱斯·奥尔登伯格作为波普雕塑艺术的开创者,他的《衣夹》(图3)、《汤勺桥和樱桃》等作品建立起另一种审美观念。一个普通的木衣夹被放大到13.5米时,带给人们的是一种意境深远的感觉,雕塑《衣夹》高高地耸立在华丽精致的古典建筑旁,老式衣夹的造型与周围的老式建筑群构成了一种和谐的古典式情调,产生一种整体的艺术氛围。而在一个除了树木外,到处是毫无生气的粗大的钢筋水泥的城市空间里,他的作品戏剧性地改变了这种气氛。位于休斯敦的名为《几何鼠》(图4)的红色雕塑,由圆圈、方块、链条和尾状物组成,在空旷的广场和简练而整洁的图书馆楼衬托下,给人的幽默、匀整和和谐的感觉,就像在嬉闹一样。

每个人都希望在他工作的地方能过上与繁华的城镇上一样的富足和舒适的生活,希望能在生活的每个角落都能欣赏

70年代中期一些雕塑家在创作城市雕塑时，把城市的特征融入作品之中，他们的作品开始崭露头角。他们中的一些人尝试使城市消除沉重的压力，而另一些人则试图通过人工环境来调和人与城市的关系，他们所选用的材料和表达方式千差万别，城市雕塑的新风格逐渐从他们身上诞生。马克·迪·苏沃洛是个野性派雕塑家，作为一位改变了艺术概念的先锋，他已成为许多城市和人民重新回归自然的象征。他那位于大急流城中心市政府广场上的雕塑，好像一个儿童游玩的秋千，使得严肃呆板的市政府广场的气氛，顿时变得生动活泼。作为名副其实的水上花园城市，明尼阿波利斯市到处是优美的自然风景和喷泉。在美国城市复兴运动中，明尼阿波利斯扮演了一个重要角色，它的发展是从市中心的一条林荫道的建设开始的，随后沃尔克艺术中心和雕塑花园相

图3

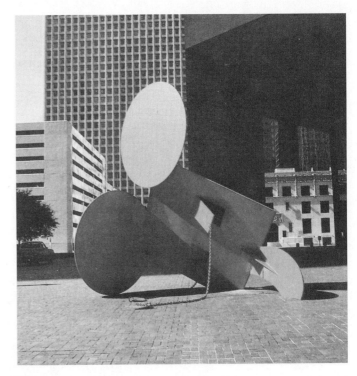

图4

到艺术作品，这种欲望直接促成了美国城市艺术的发展。斯蒂芬·安东纳斯科的城市光影视觉作品，表现的是以霓虹灯装饰为主的城市环境。他的一件作品在达拉斯市中心的南部贝尔电话公司的一堵墙上，作品从一间门廊的屋顶一直延伸到咖啡厅，霓虹灯的灯光和阳光交汇在一起，人们从远处观望，那闪烁的霓虹灯光，通过墙面材料的反射和投影，产生富有动感、变化莫测的视觉效果，构成一幅光和影的画面，这是一种现代都市富有激情的夜生活场景。

继落成，它们这些独一无二的想法和概念都开始于苏沃洛的伟大的构想。

位于达拉斯市政府中心广场上的亚历山大·利伯曼的雕塑作品（图5），是用斜向切割的粗钢管组成的，就像彼此竞高以显示成功的摩天大楼，利伯曼也获得了大而高的空间。从轮辐间可以看到风景，风和阳光也从这里穿过，上班的人每次都走过它的阴影，它象征着一个时代的门，这个轮子目睹在这里发生的每一件事。他的另一件作品《火炬》是在西雅图的尖塔脚下，鲜艳的红色，被截成各种形状的钢管堆积在一起参差错落，就像一把熊熊燃烧的火炬在空中飞扬，与高耸入云的尖塔相映生辉。

在奥尔巴尼州府大楼前光滑如镜的广场上，乔治·休格曼环状造型的雕塑环环相扣，就像一个穿梭于时空的时间隧道，地上的倒影随着光线的变换而不断地变幻，使宁静空旷的广场充满了动感；那鲜亮的黄色，给冰凉的广场带了丝丝暖意。罗伯特·英格曼在宾夕法尼亚大学医学院内，将一个白色圆柱体切成几块，弧型的切面被漆成红色的，强烈的红白对比，优美的弧型曲线，与周围直线型的建筑平面构成一个既变化又和谐的整体。而乔治·里奇和其他人创作的以风为动力的汽车雕塑，成为梅因市重现其农业城市形象的标志。

进入80年代后期，美国的城市雕塑经历了一系列的变化，艺术家们开始倾向于创作与城市景观有着密不可分且具有实用价值的作品，而不是简单的城市附庸品。从奈德·史密斯和玛丽·密斯的环保作品到劳伦·尤因的幽默型的作品，西亚·阿曼强尼的桥，斯科特·博顿的石椅，玛丽·密斯和伊琳·齐默尔曼的城市风景，他们不再刻意着力于艺术性，而是更贴近街道上的各种设施或与城市景观具有一致性。

美国环境艺术家在唤起人类对大自然的关心和反映一些特殊生态环境问题方面也有许多优秀的作品，如罗伯特·史密斯创作建造在犹他州风光迤逦的盐湖城海滩上的《螺旋防波堤》，它用附近的岩石修造，被盐湖虾污染的红蓝色湖水在螺旋形的岩石间流淌，海盐的晶莹和岩石的纹理有机的结合在一起，表现了时间的无限性，防波堤如钟表一样慢慢地旋转，象征着结构在缓慢而执著地变化。在西雅图迈克尔·海泽的作品也给人印象深刻，它的作品用巨石雕成，放置在距市中心稍远一点的海滩上，设计成三角形和五角形，用混凝土制成的基座，巨大的石头完全或部分地骑在基座上，给人一种沉重感，仿佛使人们感到人类生命的脆弱和微

图5

小，表现人类保护和遵循大自然的规律，如果违背定会受到大自然的报复。在这一类的作品中，桑弗斯特的作品也是别具匠心，他用分离的矿石水晶制成了万向圆球，随着光线和温度的变化，球内水晶会有不同的折射变化，以此来呼唤人们对大气污染问题的关注。

环境艺术之所以重要，不仅在于它提供了一个崭新的艺术创作方式，而且现代城市雕塑还像一个城市的眼睛，最能反映出城市建筑的风采和神韵。用雕塑陪衬空间，空间便有了动感，人们的视线也有了着落。每件微不足道的东西都会对空间环境产生影响，有节奏地安排它们，发挥它们的特性，就能激发人们的美好感觉。美国是一个经济高度发达的国家，他们对建立和改进城市的人文环境非常重视，在政府的资助下，城市景观的建设非常发达。树立在达拉斯市政广场上的亨利·摩尔最大的铜雕作品；芝加哥联邦政府中心广场上的《火烈鸟》；西雅图海滩上的巨型石雕以及洛杉矶市中心的著名雕塑街等等，已成为这些城市的重要标志。

反观我国的城市景观的现状，改革开放以来，我国的城市建设有了很大发展，城市面貌发生了巨大改变。但另一方面，无论是小区建筑群或广场街区仍然不同程度地存在着样式单调、风格雷同或与环境不协调等不足之处。许多开发商在筹划建筑时，往往只求高大、宏伟、气派、新潮，却不管整体环境的协调；许多建筑师在设计时只考虑建筑单体如何出奇制胜，却很少顾及整体环境，这不免令人感到美中不足。随着人们生活水平的不断提高，人们对环境的要求越来越高，城市公共雕塑将如何使建筑、环境与居住者和谐地融合在一起，从环境艺术的角度来看上述问题，美国的城市复兴运动可以给我们不少有益的启示和借鉴：首先，在建筑和城市规划中应当充分考虑环境艺术的要求，着力营造一种人、建筑与环境融合在一起的环境氛围，而现代城市雕塑正是这种有机联系的重要纽带和桥梁。其次，随着我国经济的快速增长，人们对生活环境的要求越来越高，国内环境设计市场的需求已逐步形成，国外许多著名的景观设计公司正在纷纷进入这一市场。但环境艺术是具有浓厚的人文背景和民族、地域特征的艺术，而这正是本国设计师具有的独特优势，应加以充分发挥。此外，加强对环境艺术的重视，政府要加以一定的投入和扶持，只有这样才能使得城市环境艺术得以真正的发展。